奶牛疾病
综合防控技术

王丽芳　主编

中国农业出版社

北京

图书在版编目（CIP）数据

奶牛疾病综合防控技术 / 王丽芳主编 . —北京：
中国农业出版社，2023.11
ISBN 978-7-109-31251-7

Ⅰ.①奶…　Ⅱ.①王…　Ⅲ.①乳牛－牛病－防治
Ⅳ.①S858.23

中国国家版本馆 CIP 数据核字（2023）第 205450 号

中国农业出版社出版

地址：北京市朝阳区麦子店街 18 号楼
邮编：100125
责任编辑：周晓艳
版式设计：杨　婧　责任校对：周丽芳
印刷：北京中兴印刷有限公司
版次：2023 年 11 月第 1 版
印次：2023 年 11 月北京第 1 次印刷
发行：新华书店北京发行所
开本：700mm×1000mm　1/16
印张：11.5
字数：225 千字
定价：65.00 元

编 委 会

主　　编：王丽芳
副 主 编：李军燕　罗晓平　凤　英
参　　编：崔露文　陈林军　郭晨阳　杜　琳
　　　　　郭志刚　郭少平　樊凤娇　高　娃
　　　　　黄　海　李光明　李　健　刘嘉琳
　　　　　刘　阳　乔　蕾　宋　洁　孙晓磊
　　　　　孙秀梅　苏　娇　邵国玉　邬宇航
　　　　　王文蕊　王鹏龙　王　飞　王　瑞
　　　　　杨　健　于志超　张　兵　钟华晨
　　　　　张腾龙　张燕飞　张　伟　张　超
　　　　　张晓东　赵治国　赵晓军　周　璇

奶业是健康中国、强壮民族不可或缺的产业，乳品是城乡居民日常消费的必需品，提供绿色、安全、优质牛奶是保障广大人民群众身体健康和公共卫生安全的必要条件。但奶牛生产中，疾病不仅严重影响产乳量、乳品质，延长产后发情时间和妊娠时间，也导致了巨大的经济损失；另外，大量使用抗生素导致乳中药物残留和耐药性的产生，严重危及人体健康。鉴于此，我国农业农村部农办医〔2018〕13 号文件也明确了饲料端"禁抗"、养殖端"减抗、限抗"政策。因此，做好奶牛疾病防控对奶业振兴和食品安全具有重要意义。

《奶牛疾病综合防控技术》一书重点介绍了奶牛行为与福利、奶牛场生物安全，以及奶牛常见的疾病（如传染病、寄生虫病、普通病）、疾病实验室诊断技术等。其中，奶牛传染病主要介绍了口蹄疫、牛结节性皮肤病、牛流行热等病毒病 8 种，布鲁氏菌病、大肠杆菌病等细菌病 11 种；奶牛寄生虫病主要介绍了血矛线虫病等 3 种线虫病、日本血吸虫病等 3 种吸虫病、棘球蚴病等 3 种绦虫病、蜱等 3 种节肢动物病、球虫病等 8 种原虫病；奶牛普通病主要介绍了瘤胃酸中毒等 3 种营养代谢病、乳腺炎等 6 种产科病、蹄糜烂等 4 种外科病、支气管炎等 10 种内科病；另外，本书还从乳、血液、尿液和粪便的检测几方面介绍了奶牛疾病的实验室诊断技术等。希望本书的出版，能为从事奶牛养殖、管理、疾病研究的工作者提供诊治参考资料。

本书的出版得到了内蒙古自治区科技计划项目（2021GG0029、2021GG0171、2023YFDZ0008）、内蒙古农牧业科技转移转化资金项目（2022TG16）、内蒙古农牧业创新基金项目（2020CXJJM12）等的资助，在此一并表示真诚的感谢！

鉴于我们对奶牛养殖知识和实践范围的局限，在编写过程中难免存在不妥之处，诚请读者、专家提出宝贵意见。

编 者
2023 年 9 月于呼和浩特

CONTENTS 目录

1

第一章　奶牛行为信号与奶牛福利

奶牛作为生物的一种，有其独特的行为及生活习性。奶牛行为即指其有类似于人类对环境或体内条件刺激而产生的反应，也就是通过视、听、嗅、味、触觉等刺激感知后，随即通过神经系统实现的行为与动作，如采食、饮水、反刍、泌乳、休息、运动、排泄和爬跨等行为。

通过观察奶牛的行为特点，如奶牛基本行为、姿势及身体特征等表现出来的特定信号，可以了解奶牛的情绪、欲望、健康水平，以及奶牛下一步可能做出的行为反应，并依此制定出相应的饲养措施和管理决策，兼顾奶牛应得的福利，保证奶牛健康，对充分发挥奶牛生产性能和获得更高的经济效益具有重要意义。

第一节　奶牛行为学概述

奶牛行为学是研究奶牛和周围环境条件的关系，以及牛群内个体之间相互关系的科学。奶牛行为通常分为个体行为（如采食、反刍、躺卧等）和群体行为（如群居、仿效、竞争等）。

奶牛行为受到诸多因素的影响，一方面是自身健康、繁殖行为、应激反应和性格等，以及其在牛群中的等级等因素影响下产生的行为；另一方面受到外部环境，如牛舍、挤奶设备、挤奶流程、饲养管理和气候等因素影响下产生的行为。在生产中，饲养管理者准确了解、掌握奶牛的行为特点，对奶牛的疾病预防、诊断和治疗，以及做好繁殖育种和饲养管理等工作都非常重要。

一、奶牛个体生理行为

奶牛个体正常的生理行为有采食、饮水、反刍、嗳气、休息、排泄、运动和性行为等。

1. 采食行为　奶牛一般习惯于自由采食，每天均有 10 余次采食行为，每次持续时间 20～30min，每天累计采食时间达 6～7h。奶牛的采食量按干物质计算，一般为自身体重的 2%～3%，个别高产奶牛可高达 4%。

奶牛异常采食行为有异嗜癖等，如出现舔食粪尿、舔土、舔毛等，说明奶牛日粮搭配不平衡，缺乏钙、磷和维生素等营养素。

1

2. 饮水行为 奶牛进行新陈代谢、生长发育、泌乳等生理行为都需要大量饮水，尤其是泌乳盛期的奶牛，代谢强度极大，对水的需要量就更大。据测定，成年母牛身体的含水量达 57%，牛奶中的含水量达 87.5%。奶牛一天的饮水量是其采食饲料干物质质量的 4～5 倍、产奶量的 3～4 倍。如一头体重 600kg、日产奶 20kg 的奶牛，饲料干物质摄入量约为 16kg，饮水量应在 60kg 以上，夏季则更多。因此，应保证给奶牛供应充足的、清洁卫生的饮水，且冬季注意要饮温水。

3. 反刍行为 反刍是奶牛独特的行为特征，奶牛的反刍即指逆呕—再咀嚼—再混入唾液—再吞咽四个步骤连续循环的动作。反刍不仅可以增加唾液量，进一步嚼碎饲料，而且还可促进瘤胃氮循环，维持瘤胃内环境平衡来保证其正常生理功能的发挥。奶牛一般在采食后 30～60min 开始第一次反刍，并持续 40～50min，成年母牛一昼夜进行 6～10 次反刍，累计时间达 7～8h。

奶牛的反刍频率和时间受年龄、牧草质量、日粮类型等因素的影响。一般犊牛的反刍次数要多于成年牛。当奶牛采食优质牧草时可延长反刍的持续时间，减少反刍次数；当采食劣质牧草时，会增加反刍次数和时间。若日粮精饲料比例高，则减少反刍次数和时间。

因此，饲养者可以通过观察奶牛的反刍行为有无异常变化，来判断奶牛的健康水平，便于科学饲养管理。

4. 嗳气行为 嗳气是反刍家畜的正常生理行为，是指胃中的食物消化与微生物反应产生的气体，经过反射动作由食管排出体外的生理行为。奶牛吃进的饲料到达瘤胃内，会在微生物的发酵作用下，不断地产生大量的 CO_2、CH_4 和少量的 H_2、O_2、N_2、H_2S 等气体，一昼夜会产生 600～1 300L 的气体，其中约有 1/4 的气体会被牛体吸收入血液后会经肺部排出，一小部分则是在瘤胃内被微生物利用，其余的则会通过嗳气排出。健康牛一般每小时嗳气 20～40 次。

检查嗳气，一般采用视诊和听诊法。奶牛健康出现问题时，常见嗳气异常。例如，当奶牛患有瘤胃积食、前胃迟缓、皱胃疾病、瓣胃积食和继发前胃功能障碍等时，常见嗳气减少；当患有食管梗阻、严重的前胃功能障碍和继发瘤胃臌气时，常见嗳气停止。

5. 休息行为 奶牛的休息行为包括伏卧或者立位休息的方式。奶牛通常在伏卧休息时进行反刍，其休息时间的长短直接与反刍相关，奶牛一天的休息时间为 9～12h。其中，伏卧休息的比例冬季为 83%、夏季为 67%。

奶牛采取伏卧或者立位休息的方式易受环境温度的影响，据报道，奶牛伏卧休息比例在气温高时显著大于气温低时。

6. 排泄行为

（1）排粪行为　奶牛是家畜中排粪量最多的动物，其排泄行为比较随意，通常站立排粪或边走边排，因此牛粪常呈散布状。另外，奶牛倾向于在洁净的地方排泄。奶牛的正常粪便呈螺旋饼状，高产奶牛的较稀，颜色发黄或为棕色，最理想的粪便呈粥样，高 4～5cm，有几个同心圆，中间较低或有凹陷窝。

成年母牛一昼夜排粪量约 30kg，占日采食量的 70%，年排粪量约 11t。产奶量与日排粪次数呈不同程度的正相关，泌乳盛期奶牛的排泄次数显著多于泌乳后期和干奶期。

（2）排尿行为　奶牛通常采取站立的姿势排尿。健康奶牛一昼夜排尿约 22kg，占饮水量的 30% 左右，年排尿量约 8t。其尿色清亮，微黄色。若尿液有氨气味、烂苹果味，且颜色较深，要考虑是否有膀胱炎或酮病；如果尿液混浊、不透明，要考虑是否有尿道炎。

7. 运动行为　适当运动对于增强奶牛抵抗力、维持奶牛健康、克服繁殖障碍、提高产奶量均具有重要作用。奶牛每天除饲喂、挤奶外，一般应在运动场自由活动 8h 以上。

放牧饲养时，奶牛每天有足够的时间在草场自由采食和运动，一般不存在缺乏运动的问题；但舍饲时，奶牛往往由于运动不足，容易引起肥胖、不孕、难产和肢蹄病等，同时也会降低抵抗力，引发感冒等疾病。

8. 性行为　奶牛性行为包括求偶行为和交配行为。母牛发情时体内雌激素增多，并在少量孕酮的协同作用下刺激性神经中枢，继而发生性兴奋，表现出精神不安、食欲减退、产奶量下降、不停走动、哞叫、爬跨其他牛或接受其他牛爬跨等行为；另外，还有尾根屡屡抬起或摇摆，频频排尿，外阴充血、肿胀，分泌黏液等生理现象的发生。干奶期母牛和青年母牛发情时乳房会增大，而泌乳母牛发情时经常会有产奶量急剧下降的情况发生。

二、奶牛群体行为

奶牛是群居性动物，因此个体之间存在着一定等级关系，经常表现出合群行为、竞争行为和仿效行为等。

1. 合群行为　放牧奶牛喜欢成群结队地采食，即使个别奶牛有时会离开群体，但都不会走得太远，稍受惊吓便会立即归队；舍饲奶牛也常喜欢成群结队地上槽，即使在运动场休息也喜欢结伴而卧。奶牛的群居行为具有一定的等级关系，牛群中通常是体型大而强壮的牛统治体型小而瘦弱的牛、年长的牛统治年轻的牛、具有攻击性的牛统治温驯的牛、先入群的牛统治后入群的牛。奶牛初组群时在一段时间内会相互抵撞、相互威胁，但经过一番较量，待建立了等级关系和等级次序及确立了强者在牛群中的统治地位后，牛群就会保持一定的稳定性。

2. 竞争行为　奶牛性情比较温驯，一般不爱打斗，高产奶牛更为明显。但生物界普遍存在竞争现象，奶牛中也存在。如运动场上常见若干头母牛在一起组成一个牛群时，开始有相互顶撞现象，以通过竞争或对顶等行为来确定自身在群体中的地位和等级。等级高的奶牛在采食、饮水或躺卧时，其他奶牛一般都要主动让位。适当的竞争行为对充分发挥奶牛的生产性能、提高奶的产量和质量都有良好影响。

3. 仿效行为　奶牛有很强的相互模仿行为，即仿效行为。如当一头牛开始从牛舍或牧场走向挤奶厅时，如果挤奶厅通道垫有橡胶垫或有土路，奶牛将沿着垫子或土路依次前行，第一头奶牛在前，其他奶牛跟随其后。在饲养管理中利用奶牛的仿效行为，可使奶牛统一行动，以减少人工费用并提高工作效率。但有的仿效行为也会带来某些不良后果，如一头奶牛翻越围栏，其他奶牛也会跟着跳出去而造成混乱。

三、奶牛行为信号观察

牛群健康水平良好是确保奶牛高效生产和养殖效益提高的基础，饲养人员和兽医需要在日常工作中反复巡查牛舍，尽可能多地收集奶牛传递的行为信号，并根据观察到的奶牛异常行为及信号表现，依此对奶牛疾病进行诊断，并及时做出相应的处置，从而可以做到早诊断、早治疗，进而避免疾病带来的损失。正确观察奶牛行为信号，主要通过以下步骤进行：

1. 从总体到细微再到总体　对奶牛行为信息观察时，应从全局到微小细节进行反复观察，顺序为：先对整个牛群进行观察，然后对每个群组的个体奶牛进行观察，再着眼到每头奶牛的各个细节部分，最后又回到总体观察上。

2. 分析奶牛动机　奶牛每天有 14h 躺卧、6h 采食和饮水、2h 挤奶及 2h 社交的时间，因此，在观察奶牛时，首先要分析奶牛的运动动机，不管是采食、饮水、行走或者躺卧，都需要了解这些行为是否为奶牛的生理需求，随后分析奶牛运动动机被扰乱的因素。

3. 正确描述及用数字表述奶牛行为　对奶牛行为进行认真观察和客观描述，并运用各种评分（如体况评分、行走评分、乳头评分、粪便评分和肢蹄评分等）是正确进行鉴别和判断奶牛行为的客观依据。例如，腹痛和两条后腿疼痛都能引起弓背，因此应客观判定。

4. 适时观测奶牛体温　奶牛正常体温一般为 37.5～39.3℃，妊娠母牛和犊牛的体温在 0.5℃上下浮动。如果超出正常范围，则说明奶牛健康出现了问题。

奶牛体温超过 39℃以上称之发热，多见于牛肿瘤、大叶性肺炎、牛副伤寒和牛败血症等。呼吸困难性发热奶牛伴有呼吸困难、口腔黏膜发紫、心跳过速，表明病牛心肺功能受损，是一种病理性呼吸障碍所致，如肺源性呼吸困难、心理性呼吸困难和中毒性呼吸困难等，多为病危牛。奶牛发热如不及时治疗，不仅会加重病情，严重的还会造成死亡，给养殖户造成损失。

第二节　奶牛福利

美国人休斯在1976年率先提出"动物福利"（animal welfare）的概念，是指动物如何适应其所处的环境，满足其基本的自然需求，即要求满足条件是动物健康、感觉舒适、营养充足、安全，能够自由表达天性并且不受痛苦、恐惧和压力威胁。奶牛行为表现了其感情和动机，显示了福利状况，是检验奶牛福利条件的最直接证据；同时，奶牛福利为实际应用奶牛行为学提供了参考依据。

例如，为给奶牛提供一个安静、舒适的环境，可以为其播放一些轻音乐，让其在舒适的卧床上休息，夏季采用风扇和喷淋设备来缓解热应激等，提高奶牛福利，从而促进奶牛健康和提高其生产性能。

一、奶牛行为与奶牛福利

奶牛行为是指奶牛对环境条件或体内刺激产生反应的方式，这些是通过视、听、嗅、味、触觉及体内神经感觉而实现的。奶牛福利可以作为观察奶牛行为时的对照。通过观察奶牛行为，我们可以了解和掌握奶牛在一定环境条件下的活动方式和生活规律，创造出适合于其行为习性的饲养管理条件，提高其生产效率和养殖的经济效益，进而提高奶牛福利。

二、应激行为与奶牛福利

奶牛应激是指奶牛所处环境因素突然发生变化，或因受疾病、药物、管理不当等因素的影响而引起的生理上的不适应，进而造成生产性能降低的现象。在日常生产过程中，奶牛的应激反应普遍存在，比较明显的是营养应激、管理应激、运输过程应激、热应激、冷应激、兽医服务应激和其他应激。这些由应激所造成的奶牛异常行为，会导致采食量下降，同时产奶量也会受到影响。

1. 奶牛受惊吓所产生的应激反应　奶牛受惊吓后极易产生应激反应，因此，饲养管理人员要做到日常管理有规律，建立奶牛良好的条件反射，温和地善待奶牛，应经常刷拭、按摩奶牛，不驱赶、鞭打奶牛。

2. 冷应激反应　相对其他家畜而言，奶牛虽然怕热不怕冷，但无论是在北方还是在南方，冬季尤其是在极低气温下，冷应激对奶牛的影响也比较严重。不但会造成产奶量下降，而且还可能引起多种疾病，致使经济效益降低。因此，寒冬季节应高度重视牛舍的防寒保暖工作，每天精饲料的供应量要比正常饲养标准增加10％～15％，并要注意饲料中脂肪的添加量，以提高奶牛的防寒能力；同时，还要加强日常管理，避免奶牛因拥挤而被滑倒；另外，还要清除运动场地积水，保持干燥，防止奶牛卧在冰面、冰水或雪地上。

3. 热应激反应 奶牛的耐热性能比耐寒性能差，特别是高产奶牛对温度的要求更高，当环境温度超过28℃时就会出现明显的热应激反应，其表现有食欲减退、呼吸急促、脉搏加快、体温升高等。热应激对奶牛生产会造成很大的负面影响，如抗病力降低、产奶量下降、奶品质降低等。如何减少热应激对奶牛的影响是提高奶牛生产性能、维护奶牛福利的关键所在。

在实际生产中，奶牛场要制定一些防暑降温的措施，以改善奶牛福利。例如，用隔热性能好的材料修建牛舍，安装排风扇、喷淋设备，加强通风；在牛舍周围种植树木等加大绿化面积；采取以调整日粮结构、增加营养物质浓度、添加抗应激物质等提高奶牛营养物质摄入量为主的营养措施；在高温时期经常用冷水刷拭牛体等。

4. 奶牛福利与牛奶品质 奶牛福利直接影响奶产品的质量安全，奶牛福利提高，奶品质也将得到提高。因此，饲养管理者要善待奶牛，尊重其自由的天性，并为其提供适宜的生存环境；给其饲喂安全、营养全面的日粮，减少添加剂的使用量；尽量不使用激素和抗生素类药物，减少牛奶中的药物残留。

第二章 奶牛场生物安全

第一节 生物安全概述

随着畜牧业的不断发展，生物安全逐渐引起了人们的重视。畜牧业生物安全体系所涵盖的内容非常广，目前分成以下两个层次：一个是宏观的社会层次，其中包括的范围有国际或者国内的检疫与畜禽调运监督控制等；一个是畜禽场层次，这本质上为微观的"畜禽场生物安全"。

虽然随着国家对奶牛产业的支持力度逐年加大，我国奶牛养殖业的规模化、标准化程度也越来越高，但是随着病原的不断变异进化，奶牛疾病种类不断增多，疾病防控的压力也逐年增加。虽然奶牛疾病防控倡导"预防为主，防重于治，防治结合"的理念，但由于对生物安全重视程度还不够，奶牛场生物安全水平未能得到相应提高，致使奶牛疾病不断发生，不仅给奶牛养殖业造成了巨大经济损失，而且严重威胁着人类健康。因此，牛场疾病防控急需建立一套可行的生物安全体系。奶牛场生物安全体系是指从环境和经济社会需求出发，采取一切能够防止引起人兽共患病及病原进入奶牛体内的措施，建立涉及养殖场建设、兽医诊疗、管理、防疫、产品可追溯体系、无害化处理、奶牛福利等多个方面内容的一种立体的、全方位的生物防控系统工程。

实施生物安全体系是确保奶牛优质高产高效的基础，也是奶牛疾病防控体系建设的根本。建设现代奶牛养殖场生物安全体系是提高奶牛产业科技创新能力和奶牛生产效率的新思路、新机制，可有效解决奶牛养殖环节中疾病防控的技术难题，提升奶牛养殖企业的经济效益和产品竞争力。然而，目前我国还没有一套系统的、完善的奶牛养殖场生物安全体系建设规范可作为标准。此处在全面分析当前国内奶牛养殖场生物安全体系建设现状及存在问题的基础上，对体系建设中所涉及的基础设施建设、人员配置、种源管理、饲养管理、防疫管理、牛奶质量可追溯体系、无害化处理、奶牛福利等要素提出了针对性对策和建议，旨在为进一步规范我国奶牛养殖场生物安全体系建设提供参考。

第二节　我国奶牛场生物安全体系建设的现状及问题分析

我国现阶段奶牛养殖业主要是由小规模组成大群体，奶牛养殖企业在追求集约化和规模化获得经济效益的过程中，往往忽视了新病流行、环境污染、奶牛福利等诸多方面的生物安全隐患，造成了奶牛养殖生物安全体系建设方面特殊的艰巨性和复杂性，使得我国奶牛产业的发展面临极其严峻的考验。从成本上讲，建立生物安全体系是最经济有效的预防和控制奶牛疾病流行的手段及方法。现阶段我国奶牛养殖场生物安全体系建设存在的主要问题包括以下几个方面：第一，还没有统一的奶牛养殖场生物安全体系国家规范或行业标准，现行的法律法规、标准、技术规范中的部分内容已经落后于最新科学技术研究成果及在生产中的应用；第二，由于没有对于奶牛产业的强制性生物安全规定，因此导致政府部门宣传引导力量不足、监管力度不够；第三，很多奶牛养殖企业存在资金限制、生物安全理念缺失、对奶牛疾病防控工作认识不到位、奶牛饲养管理水平和技术条件参差不齐等不同情况，具体分析如下。

一、基础设施建设不合理

国内大部分奶牛养殖场都存在养殖场选址不当、场区建设不符合防疫要求、牛舍设计不合理及配套设施设备不齐全等现象，为奶牛养殖过程中出现呼吸道疾病、肢蹄病、创伤等埋下了隐患。

二、生物安全管理不到位

大部分奶牛养殖企业在人员配置、种源管理、饲养管理、防疫管理、牛奶质量可追溯系统、无害化处理、奶牛福利等方面存在着生物安全措施不完善、管理不到位、执行不力等情况，造成奶牛生产年限下降、疾病不断、原料乳质量难以保证，以及严重污染周边环境等问题。

第三节　完善我国奶牛场生物安全体系建设的对策

虽然生物安全体系与传统的奶牛疾病防控体系十分相似，但不同的是生物安全体系更加注重工程的系统性，并且强调不同部分之间的相互关联。生物安全体系是单独的动物疾病防控体系的扩展，除了强调对病原的控制消灭之外，更注重对环境生态的影响与产品的安全性。因此，建设科学完善的生物安全体系需要进行综合考虑，从疾病防控、产品质量控制、生态环保方面着手实施全方位的生物安全措施。

一、改善基础设施建设

1. 场址选择　选择合适的地理位置是奶牛场建立生物安全体系的关键环节，适宜的地理条件对于预防奶牛的呼吸道疾病、肢蹄病、创伤等有积极作用，具体如下：

（1）奶牛场应建在地势高燥、背风向阳、地下水位较低、总体平坦及易于排水、粪污处理方便等地方，不宜建在低凹、风口处。如果在丘陵山地建场，则应尽量选择坡度不超过20%的向阳坡。

（2）土质以沙壤土、沙土较适宜，避免在黏土地质上建场。

（3）综合考虑当地的气象因素，如最高温度、最低温度、湿度、年降水量、主风向、风力等。

（4）应选距离村庄、城镇居民区、文化教育科研场所等人口集中区域1 000m以上的下风处，距离化工厂、屠宰场、畜产品加工场、动物和动物产品集贸市场、兽医院等容易产生污染的企业、单位1 500m以上，距离奶牛隔离场所、无害化处理场所3 000m以上，距离生活饮用水源地、公路、铁路、其他动物养殖场（养殖小区）500m以上，距离种畜禽场1 000m以上。

（5）不得在饮用水源保护区、旅游区、自然保护区、环境严重污染区、畜禽疾病常发区、山谷洼地等处建场。

2. 场区规划　奶牛场场区规划应本着建筑紧凑、节约土地、布局合理、利于防检疫的原则。四周应修建围墙或防疫沟等隔离带，防止传染病传播；内部按照管理、饲料加工、饲养、挤奶、技术服务、粪污处理等功能分区布置，根据功能设立管理与技术服务区、生产区（饲养区、挤奶区）、饲料储存加工区、隔离区和粪污处理区等。各区域布局要方便生产并有利于阻断病原传播，按照人、料、牛、污四者以人为先和污为后，风与水以风为主的排列顺序。各区域之间应尽量减少人员、牛交叉，人员跨区作业时应严格消毒。各分区内的生产工具专用，避免跨区使用，不得已时应消毒后使用。

（1）管理与技术服务区　包括日常办公区和专业兽医室，配置疫苗冷冻（冷藏）设备、临床诊疗器械及消毒设施等，用于日常诊疗、采样和血清分离等工作需要。应设在场区上风处，与生产区之间设立隔离带，并设更衣室，更衣室应清洁、无尘埃，具有紫外线灯及衣物消毒设施。

（2）生产区（饲养区、挤奶区）　位于隔离区和粪污处理区上风处，分阶段、分群饲养布局，泌乳牛舍、干乳牛舍、产房、犊牛舍、育成牛舍、青年牛舍按顺序排列，泌乳牛舍靠近挤奶厅。各牛舍设独立运动场，舍间距离大于

10m，布局整齐，以便防疫。舍门、牛床、饲槽、颈枷和粪尿沟大小应符合奶牛生理和生产活动需要。牛舍坚固，利于防暑保暖、防疫和饲喂，耐冲刷、消毒。

（3）饲料储存加工区　设于生产区上风处，与生产区之间设隔离带或隔离墙。

（4）隔离区　位于生产区下风处，与生产区之间设隔离带或隔离墙。

（5）粪污处理区　要求排污设施良好，环境整洁。牛粪堆积在下风口处，发酵后作为肥料使用。隔离区和粪污处理区距最近牛舍应不少于200m。

（6）场区关口与道路　牛场应根据要求配有合格的消防设施、供电设施、给排水设施。牛场入口处有车辆强制消毒隔离设施；各区域车辆出入口处设置与门同宽，长4m、深0.3m以上的消毒池；场区、生产区人员入口处设置更衣消毒室；各牛舍出入口设置消毒池或者消毒垫。设置专门供运粪车等污染车辆通行的通道。场内道路应净、污分道，污道在下风向。运牛车和饲料车走净道，出粪车和死牛处理车走污道，两道互不交叉，出入口分开。道路和两旁排水沟底要做硬化处理，排水沟要有一定坡度，以便从清洁区向污染区排水。

3. 牛舍设计　牛舍建设既要为奶牛提供安全、卫生、舒适的环境，还要考虑到能够方便实施防疫措施和进行饲喂操作，尽量降低人工成本，牛舍布局要满足奶牛分阶段、分群饲养的要求。

4. 配套设施　指奶牛场应配备现代化挤奶设备的挤奶厅，如玻璃容量瓶式挤奶机械和电子计量式挤奶机械等，既可以有效降低人工成本，也能够减少奶牛乳腺炎的发生。此外，还需要设置专业的兽医室、疫苗冷冻（冷藏）设备，以及常用的临床诊疗器械、医疗器械消毒等设备，以满足日常诊疗、采样和血清分离等工作需要。

二、优化人员配置

科学合理的人员配置是生物安全体系能够顺利运行的重要保障。奶牛养殖场应实行场长负责制，配备生物安全负责人，落实场内生物安全制度，制定、维护和监督有效的生物安全措施，保障生物安全体系有效运行。同时，场内应配备与其规模相适应的技术人员及执业兽医，进行奶牛保健、疫苗接种、疾病诊疗和监测等工作；定期对所有工作人员进行生物安全技术培训，提高他们防范疾病的安全意识，等等。

定期安排所有工作人员进行身体健康检查，建立职工健康档案，要求持健康合格证上岗。如患传染病应及时在场外治疗，治愈后方可上岗。新招员工必须经健康检查，确认无结核病与其他人兽共患传染病后方能上岗。患有腹泻、伤寒、弯杆菌病、病毒性肝炎、活动性肺结核、布鲁氏菌病、化脓性或渗出性皮肤病等病症者不得从事饲料收购、加工、饲养、挤奶和奶牛疾病防治等工作；挤奶员手部受刀伤和其他开放性外伤，伤口未愈前则不能挤奶。

实行封闭式管理，建立出入登记制度，谢绝参观。进入生产区必须穿戴工作服，并进行喷雾消毒、紫外线照射消毒；也不得将工作服、鞋等穿出场外，以防止病原的相互传播。非生产人员不得进入生产区，维修人员经严格消毒后方可进入。饲养员吃住应在场内，严禁随意带入动物、动物产品或离开牛场，离场期间避免与动物、动物产品加工场所的人员接触。严禁兽医人员、配种人员等对外服务，兽医分区监控治疗，进入隔离区处置患病奶牛时需穿生物安全防护服。严禁从疫区及周边地区采购草料及牛场用品。从疫区归场人员必须隔离 1 周，待无异常现象后方可入内；因公外出人员回场前必须洗澡、更衣、消毒后方可进入场内；发现人兽共患病患者，应暂时将其调离生产区，痊愈前不得再次进入生产区。

三、严格种源管理

引种是导致奶牛养殖场发生新疫病的重要原因之一，各种传染性病原都可能在引种时被带入场内，给奶牛养殖造成巨大的经济损失。养殖场应建立科学合理的引种管理制度，严格遵守，并建立相关档案，选择的国内种源单位必须具备种畜禽生产经营许可证，引进的奶牛、精液、胚胎应具备动物检疫合格证明、种畜禽合格证及系谱证；从国外引进种牛、精液、胚胎时应有我国行政主管部门签发的审批意见，以及出入境检验检疫系统出具的检测报告。奶牛养殖场在引种过程中应严格遵循《种畜禽调运检疫技术规范》（GB 16567—1996）等的相关规定。生产中建议自繁自养。若需引种则严格执行备案、监测、隔离、消毒等程序，入场后隔离观察 45d 以上，对口蹄疫、布鲁氏菌病、结核病等国家规定的疾病进行检测，病原学检测结果为阴性，确保健康后并群。淘汰及出售奶牛时应经检疫并取得检疫合格证明后方可出场。

四、加强饲养管理

良好的饲养管理能够促进奶牛生长发育，提高奶牛对疾病和有害环境的抵抗能力。奶牛场应采用自繁自养、全进全出的管理模式，满足分阶段、分群饲养的基本要求，保证场内牛群相对封闭。处在季节变换、分群过渡期时应改善饲养环境和营养，减少危害因素，避免出现奶牛应激。场内温度、湿度、气流、风速和光照应满足奶牛不同饲养阶段的生理需求，以降低牛群发病的概率。同时，场内还应建立奶牛健康巡查制度，对具有相关临床症状或行为异常的奶牛进行跟踪观察，及时安排驻场兽医进行诊断治疗。除此之外，奶牛场应定期采取奶牛群体保健措施。如应注意保持牛体卫生，挤奶后及时进行药浴，在干乳期向每个乳头注入干乳药物，预防乳腺炎的发生；牛群应定期进行蹄部药浴，每年于春、秋两季定期修蹄，预防蹄叶炎等肢蹄病的发生；高产奶牛应坚持供应平衡日粮；加强临产牛的监护，对奶牛酮体水平进行监测，预防奶牛酮病的发生，保证牛体健康。应使用来自同一生物安全管理体系的饲料厂提供的饲料，饲料和饲料添加剂应符合国家规定的要求，饮用水应符合《生活饮用水卫生标准》（GB 5749—2006）的要求，应对饲料营养成分、病原菌、有毒有害成分、饮用水细菌总数和大肠菌群最近似数进行检测。饲料储存室应保持清洁、干燥，并采取防鸟、防鼠等措施。

五、规范防疫管理

1. 免疫预防　生物安全体系中效益最高、最可行的方法是预防，良好的免疫措施是预防奶牛疾病暴发的有效保证。奶牛场应根据《中华人民共和国动物防疫法》及其配套法规的相关要求，结合当地传染病的流行趋势和本场实际情况，采取疫苗免疫为主的预防控制措施，因病设防，精心设计免疫程序，对规定疾病进行预防接种工作，并注意选择适宜的疫苗、免疫程序和免疫方法。牛场应按照国家有关规定和当地畜牧兽医主管部门的具体要求，对结核病、布鲁氏菌病等传染性疾病进行定期检疫。养殖场应选用通过 GMP 认证与 GSP 认证的兽药企业生产经营的产品，选用的疫苗应与本地流行疾病血清型相符合。疫苗运输及储存过程中，应严格遵循保存条件，避免因温度、光照条件变化而造成失活。疫苗免疫程序应科学、合理，适应本场的实际情况。同时，疫苗使用操作应规范，避免因稀释不当造成效价降低等情况的发生。

2. 卫生消毒　卫生消毒是奶牛场生物安全体系中消灭病原微生物的重要环节，也是奶牛场控制传染病的一项重要措施。消毒是用物理或化学方法消灭停留在不同传播媒介物上的病原，切断其传播途径，防止疫病的发生。不同传播机制引起的传染病不同，则其消毒方式和效果会有所不同。例如，患消化道传染病时，病原随排泄物或呕吐物排出体外，污染范围较为局限，如能及时正常地进行消毒，切断传播途径，则中断传播的效果较好；患呼吸道传染病时，病原随呼吸、咳嗽、打喷嚏而被排出，再通过飞沫和尘埃扩散传播，污染范围不固定，进行消毒较为困难，因此须同时采取空间隔离才能中断传染；患虫媒传染病时，采取杀虫灭鼠等方法。

奶牛场应按照《奶牛场卫生规范》（GB 16568—2006）中的相关规定做好各项卫生清洁工作，建立卫生消毒制度，按规定填写卫生消毒记录，对来往人员、环境、牛舍、牛体、用具等进行消毒。工作人员进入生产区必须穿工作服和胶鞋，严禁将工作服穿出场外，工作服保持清洁，并定期消毒。负责诊疗巡查、配种和免疫的人员，每次出入牛舍和完成工作后都要严格消毒。保持场内

外的清洁卫生，定期清理排污沟、下水道出口和污水池，每半个月至少进行 1
次喷洒消毒。牛舍在奶牛下槽后要清扫干净，定期进行喷雾消毒或熏蒸消毒，
每周消毒 1 次。挤奶、助产、配种、注射治疗等对奶牛进行任何接触操作前，
先将奶牛相关部位，如乳房、乳头、阴道口和后躯等进行消毒擦拭。定期对饲
喂用具、料槽和饲料车等进行消毒，在使用前后对相关用具、挤奶设备、奶罐
车等进行清洗和消毒。周围有疫情或者遇刮风天气，应该根据具体情况增加消
毒次数。同时，还应搞好牛舍的外部环境卫生，消灭杂草和水坑等蚊蝇孳生
地，控制啮齿类动物，切断疫病传播媒介。定期喷洒消毒药物，或在牛场外围
设诱杀点，消灭蚊蝇；定时、定点投放灭鼠药，及时收集死鼠和残余的鼠药，
并对其进行无害化处理。牛场常用的消毒剂主要有氢氧化钠、生石灰、百毒
杀、福尔马林、高锰酸钾、漂白粉、新洁尔灭等。

（1）牛场清洁　每月对全场场地清扫 1 次，干燥时先洒水再清扫，污染处
应撒药后清扫。生产区应定期清除牛粪，喷洒杀虫剂，灭蚊、蝇、鼠。确保运
动场无积水、积粪、硬物及尖锐物。饮水池应保持清洁，无沉积物。排水沟保
持畅通无杂物，定期清除杂草。清洁的顺序应自上而下、由里到外。

（2）场区大门消毒　场区门口消毒池内定期加 10% 来苏儿，北方冬季也
可放生石灰等，每周更换 2~3 次；人行通道用紫外线或喷雾消毒，地面铺消
毒垫，定期喷洒消毒液。每天将消毒药品如生石灰等喷洒于大门周边及进出通
道。外来人员必须经消毒通道，洗手消毒后沿指定参观通道入内，但不得进入
生产区（特殊情况须经场长批准，经严格消毒后方可进入）。禁止外来车辆进
入牛场，进入牛场的饲料车、运奶车、运粪车等须进行全车消毒。

（3）生产区消毒　每天 1 次，对产房、病房进行彻底清洗、喷雾消毒，消
毒液如 2% 氢氧化钠溶液、5% 来苏儿、0.1% 过氧乙酸等要轮换使用。犊牛舍
每周消毒 2 次，轮换用 2% 氢氧化钠溶液、5% 来苏儿、0.1% 过氧乙酸进行消
毒。产后至 60d 的饲养牛舍，每周消毒 3 次，5% 来苏儿、0.1% 过氧乙酸消毒
液要轮换使用。产后 60~140d 的饲养牛舍、干奶牛舍、青年牛舍及育成牛舍，
每周消毒 2 次，3% 的 84 消毒液、5% 来苏儿消毒液轮换使用。每周 1 次对所
有牛舍饲槽消毒，0.5% 的 84 消毒液、0.5% 过氧乙酸消毒液轮换使用；每周
2 次对所有饮水槽进行消毒并清洗，0.01% 过氧乙酸、0.1% 的 84 消毒液轮换
使用。空舍须消毒、清洗、再消毒后方能转入奶牛。

3. 疾病监测及净化　监测净化是经过国内外实践证明了的一种非常有效
的根除（消灭）动物疾病的方法，一些国家已经用该方法消灭了多种奶牛疾
病；另外，开展奶牛疾病净化也可促进无疫区和生物安全隔离区的建设。奶牛
养殖场应制订疾病监测计划，开展疾病免疫抗体和病原监测工作，及时掌握免
疫保护水平、疾病流行现状及相关风险因素，适时调整疾病控制策略。对《乳

用动物健康标准》中规定的口蹄疫、布鲁氏菌病、结核病等奶牛疾病进行定期监测，留存疾病检测记录与检测报告3年以上，检测记录应能追溯到奶牛的唯一性标识（如耳标号）。同时，制定本场疾病净化方案，每年开展2次以上的普检，对检出的结核病、副结核病、布鲁氏菌病等阳性奶牛及其产品按规定进行处置。

牛场应按照国家有关规定和当地畜牧兽医主管部门的具体要求，对结核病、布鲁氏菌病等传染性疾病进行定期检疫，同时采取其他措施。

（1）疾病检疫

①结核病检疫。奶牛场要配合检疫部门，在每年的春季和秋季各进行一次全群牛的结核病检疫。

②副结核病检疫。每年对月龄以上的牛进行一次副结核病检疫，定期开展牛传染性鼻气管炎和牛病毒性腹泻的血清学检查。如发现病牛或血清抗体阳性牛，则应采取严格的防疫措施，必要时注射疫苗。当本场或所在区域发生烈性传染病时，为保护牛群健康，应该立即进行紧急疫苗接种，以提高牛群的免疫力，控制和预防传染病。每个牧场要密切注意奶牛场附近的疫情，严防重大疾病传入，确保奶牛安全。

③布鲁氏菌病检疫。奶牛场应配合检疫部门，在每年的春季和秋季各进行一次布鲁氏菌病检疫，凡月龄以上的奶牛均需采血检疫，采血针头和采血部位应严格消毒，保证一牛一针。

（2）其他措施

①定期驱虫。每年于春、秋两季全群驱虫，各奶牛场可根据当地寄生虫病的感染程度和流行特点来制定最佳驱虫程序并长期防治。犊牛在断奶前后必须进行保护性驱虫，防止断奶后产生营养应激。母牛要在进入围产前进行驱虫，以保证母牛和犊牛免受寄生虫的侵害。育成奶牛应在配种前驱虫，以提高受胎率。新进奶牛进场后必须驱虫并隔离后合群。转场或转舍前必须进行驱虫，以减少对新场的污染。

②应急处置。本场奶牛发生疑似传染病或附近牛场发生传染病时，应立即采取隔离、封锁本场和其他应急措施，必要时进行紧急预防接种。病牛应立即隔离，其间继续观察诊断，必要时给予对症治疗。对隔离的病牛要设专人饲养和护理，使用专用的饲养用具，禁止病牛接触健康牛群。发现应该上报的传染病时应及时上报，并详细汇报发病时间、发病地点、发病头数、死亡头数、临床症状、剖检病变、初诊病名及已采取的防制措施。必要时应通报邻近地区，以便共同防治。对病牛所在牛舍及其活动过的场所、接触过的用具进行严格消毒。被病牛污染的饲料经消毒后销毁，病牛排出的粪便应集中到指定地点堆积发酵和消毒。同时，对其他牛舍进行紧急消毒。对同牛舍或同群的其他牛要逐

头进行临床检查，必要时进行血清学诊断，以便及早发现病牛。对多次检查无临床症状、血清学诊断阴性的假定健康牛要进行紧急预防接种，以保护健康牛群。对严重病牛及无治疗价值的病牛应及时淘汰处理，以便尽早消灭传染源。对病牛尸体要按规定进行无害化处理。

六、建立牛奶质量可追溯系统

牛奶质量是奶牛养殖企业生物安全体系管理水平的重要指标，生产高质量牛奶也是满足市场化竞争的必然需求。为了对牛奶质量进行严格把控，奶牛场应从加强标识管理、完善信息记录方面着手，建立牛奶质量可追溯系统，对所有生产环节中的奶牛及其产品、生产资料实施可追溯管理，建立生产记录档案，包括泌乳牛耳号、胎次、泌乳天数、产奶量、平均乳脂率、平均乳蛋白率、平均细菌数、兽医诊疗记录和饲料消耗等记录。对奶牛做到"一畜一标"，做好记录并保存3年以上。

七、完善无害化处理措施

实施规范的粪污废弃物、病死牛及其产品的无害化处理措施，能够防止由污物携带的大量病原引起的疫病传播，是保护养殖场周边生态环境的重点工作。奶牛养殖企业应根据本场实际情况，配备与自身规模相适应的无害化处理设施，并制定相应的操作规程。对于处理后的终末产物应进行无害化评价检测，做好处理记录，并及时归档。牛场粪便及其他污物应由专人管理，将场内生活垃圾、普通垫料、残留饲料等废弃物分类放在指定位置，统一进行处理。对于牛粪、污水的处理应遵循减量化、无害化和资源化的原则，处理后进行还田利用；没有充足土地粪肥消纳能力的奶牛场，应配备有机肥生产设备，对污水进行净化，重新用于牛场冲刷等。除此之外，奶牛场还应配备与其生产规模相适应的焚尸炉、化尸池等无害化处理设施设备，以处理病死奶牛及其流产胎儿、胎衣、排泄物等。

场内应设有粪尿处理设施，粪便和垫料以封闭方式运输并进行无害化处理。定点堆放牛粪，定期喷洒杀虫剂，防止蚊蝇孳生。污水、污物处理应符合环保要求。

八、保障奶牛福利

奶牛养殖过程中的福利应该包括饲养福利和运输福利两个方面。

1. 饲养福利 饲养人员对奶牛的态度和行为应亲切、缓和，避免奶牛受到惊吓而产生应激反应；有条件的可以播放轻音乐，以舒缓奶牛情绪；养殖环境应适宜，以满足奶牛生长、发育和生产需要。

2. 运输福利 运输前应对奶牛进行诱导，创造适合的氛围，禁止出现棍打脚踢等粗暴引导行为；长途运输时应保持适度的光线和足够的整洁空间，避免奶牛相互殴斗；运输过程中保持车辆行驶平稳，中途适当停车休息，以减轻奶牛的应激反应。

第三章 奶牛传染病

第一节 病毒病

一、口蹄疫

【概念】口蹄疫俗称"口疮"和"蹄癀"，是由口蹄疫病毒感染引起的偶蹄兽的一种急性、热性、高度接触性和传染性极强的疾病。临床上患病牛和隐性感染牛是最危险的传染源，病毒能遍布患病牛的水疱、乳汁、尿液、口腔分泌物、泪液和粪便中，主要经消化道损伤的皮肤黏膜和呼吸道传播。世界动物卫生组织将本病列为法定报告的动物疫病名单之首，我国也将本病列为一类动物疫病名单之首。

【病因】口蹄疫病毒属于微RNA病毒科、口蹄疫病毒属，是目前所知病毒中最细小的，粒子直径为20～25nm，似圆形，呈二十面体，无囊膜结构。口蹄疫病毒变异性强，目前世界上共发现7个主型（A型、O型、C型、南非Ⅰ型、南非Ⅱ型、南非Ⅲ型和亚洲Ⅰ型），每个型又按照抗原的亲缘关系分为不同亚型，导致牛群即使在接受防疫时也会引发口蹄疫。该病在各个季节均有可能发生，春季的发病率相对较高。

【症状】潜伏期一般为2～4d，最长可达1周左右。病牛体温升高达40～41℃，精神委顿，食欲减退，闭口，流涎，开口时有吮吸声，1～2d后在唇内面、齿龈、舌面和颊部黏膜有蚕豆至核桃大的水疱，口温高。此时流涎增多，呈白色泡沫状，常挂满嘴边，采食、反刍完全停止。水疱破裂后形成糜烂，体温降至正常。糜烂逐渐愈合，如有细菌感染，则糜烂加深，发生溃疡，愈合后形成瘢痕。趾间及蹄冠的皮肤红肿、疼痛，有水疱且水疱很快破溃，破溃处出现糜烂或干燥结成硬痂，然后逐渐愈合。糜烂部位如发生感染，则出现化脓、坏死，甚至蹄匣脱落，病牛站立不稳，跛行。乳房皮肤也可出现水疱，破裂后形成烂斑，泌乳量显著减少，有时泌乳量损失高达75%，甚至泌乳停止。

本病在成年奶牛中一般良性经过，发病奶牛经1周即可痊愈，病死率一般不超过3%。如果蹄部出现病变，则病期可延至2～3周或更久。有时病牛全身虚弱，肌肉发抖，心跳加快，节律失调，行走摇摆，站立不稳，突然倒地死亡。犊牛患病时，水疱症状不明显，主要表现为出血性肠炎和心肌麻痹，死亡

率高达 $50\%\sim70\%$。病愈牛可获得 1 年左右的坚强免疫力。

【危害】本病是一种严重危害奶牛健康的烈性传染病，传播途径多、传播速度快、流行范围广，会给奶牛养殖业造成严重的经济损失。一旦有一头奶牛感染，整个牛群都难以幸免。统计显示，2001 年口蹄疫在英国的大规模暴发，使该国经济损失高达 90 多亿英镑；2005 年巴西因发生口蹄疫每天损失 400 万美元。

目前，绝大部分发达国家已宣布消灭了口蹄疫，即使再次发生也能很快将其扑灭，达到世界动物卫生组织认定的消灭标准。发生和流行口蹄疫的国家主要集中在经济落后和发展中国家，一旦发生则很难彻底消灭。

【诊断技术】

1. 流行病学诊断 该病发生时能够根据临床症状和流行特点给出初步诊断。流行病学上主要根据以往病例和发病特征进行判断，病理检查发现病牛皮肤细胞明显肿大，情况严重的出现心肌细胞变性或坏死等情况。

2. 临床诊断 病牛口腔黏膜、蹄部、乳房等部位会有花生米大小的水疱，伴随病情的发展，水疱破裂。同时，病牛的支气管和咽喉部位也出现水疱，水疱溃烂后结痂，胃部呈血性病变。犊牛患病后，心肌切面可见许多斑点，或似虎斑花纹，或呈淡黄色，心包膜有出血情况。

3. 实验室诊断 对病牛乳房、蹄部流出的液体或口腔黏膜进行检测可以完成诊断。检测时在采集的标本中滴入 50% 甘油缓冲生理盐水溶液，然后用显微镜观察细胞变化，如出现变色情况则可确诊。

【防治措施】口蹄疫作为一种发病率高的疾病在奶牛中易发，虽然发病奶牛的死亡率极低，但也会影响奶牛健康，造成病牛生长缓慢，增加饲养成本。

1. 未发生口蹄疫采取的措施

（1）严格按照动物防疫制度和管理规则进行防疫及管理，坚持常规性的卫生清理和消毒工作（可用 2% 氢氧化钠溶液对牛场及其用具进行消毒），坚持每隔 1d 消毒 1 次。及时清理粪便，保证牛舍和牛床洁净。

（2）加强检疫，做到及时发现病牛。

（3）不要从病区引入奶牛，更不要把病牛引入场，以防止疾病传播。

（4）定期接种口蹄疫疫苗，提高奶牛对疾病的抵抗力和免疫力。常用疫苗有口蹄疫弱毒疫苗、口蹄疫亚单位疫苗和基因工程疫苗，结合区域口蹄疫流行趋势，强制性免疫接种，可选取 O 型、O-A 型口蹄疫乳剂灭活疫苗。接种时对接种剂量及方法进行有效控制，接种后加强免疫检测。若免疫失败，则应积极复免。

2. 已发生口蹄疫采取的措施

（1）任何单位和个人发现奶牛出现疑似口蹄疫症状，应立即向所在地畜牧兽医主管部门等机构报告，并按国家有关法规采取相应措施。

（2）在兽医人员的严格监督和指导下，及时扑杀病牛和同群牛，对尸体进行无害化处理。

（3）严格封锁疫点疫区，消灭疫源，杜绝疾病向外散播，禁止奶牛和牛场工作人员随意进出牛场。粪便通过堆积发酵处理或用5%氨水消毒，用2%～4%氢氧化钠溶液、10%石灰乳、0.2%～0.5%过氧乙酸对器具、场地、牛舍进行喷洒消毒。

（4）疫区内最后1头病牛扑杀后，要经过一个潜伏期的观察。潜伏期内如果未发现新感染病牛，且牛场经过彻底消毒，待有关单位批准后方能解除疫情。

二、牛结节性皮肤病

【概念】结节性皮肤病也称结节性皮炎或牛疙瘩皮肤病，是由结节性皮肤病病毒引起的牛全身性感染疫病，临床上以皮肤出现结节为特征。世界动物卫生组织将其列为法定报告的动物疫病，我国将其列为二类动物疫病。

【病因】本病病原为痘病毒科、脊椎动物痘病毒亚科、羊痘病毒属的结节性皮肤病病毒。感染牛和发病牛的皮肤结节、唾液、精液等中都含有病毒，病毒主要通过吸血昆虫（蚊、蝇、蠓、虻、蜱等）叮咬传播，也可通过奶牛相互舔舐、摄入被污染的饲料和饮水、共用被污染的针头传播。感染公牛的精液中带有病毒，可通过自然交配或人工授精传播本病。

【症状】该病症状与牛的健康状况及感染的病毒量有关。

感染牛主要表现为厌食，精神委顿，不愿活动；体温升高达41℃，可持续1～2周；发热48h后全身皮肤、黏膜出现直径为5～50mm的结节；四肢、腹部、会阴等部位水肿；眼结膜炎、鼻炎；鼻涕和唾液过度分泌；浅表淋巴结肿大，特别是肩前淋巴结肿大。

剖检可见心脏肿大，心肌外表充血、出血，呈现斑块状淤血；肝脏肿大，边缘钝圆；胆囊肿大，为正常的2～3倍，外壁有出血斑；脾脏肿大，质地变硬，有出血状况；肺脏肿大，有少量出血点；肾脏表面有出血点；小肠弥漫性出血；淋巴结肿大，出血；口腔、气管、生殖道和消化道黏膜表面有痘样病变；气管黏膜充血，气管内有大量黏液；胃黏膜出血等。

【危害】本病的发病率可达2%～45%，病死率一般低于10%。患病奶牛食欲减退，产奶量下降；眼、鼻、口、直肠、乳房和生殖器黏膜处结节破溃，易吸引蝇蛆，造成局部溃烂、反复结痂，迁延数月不愈，甚至继发细菌感染而死亡。公牛出现暂时或永久性不育，妊娠出现母牛流产与暂时性不孕，犊牛生长发育受阻。

【诊断技术】通过临床症状和剖检病变可做出初步诊断。确诊应采集有临床症状牛的结节、抗凝血进行实验室诊断，或采集未见明显临床症状牛的抗凝血、唾液、鼻眼分泌物进行实验室诊断，具体操作按照《牛结节性皮肤病诊断技术》（GB/T 39602—2020）执行。

【防治措施】按照《中华人民共和国动物防疫法》和农业农村部的规定，对牛结节性皮肤病疫情实行快报制度。任何单位和个人发现出现疑似牛结节性皮肤病症状奶牛，均应立即向所在地畜牧兽医主管部门等报告。

日常管理中应提高牛场的生物安全水平，实施吸血虫媒控制措施，包括灭杀吸血昆虫及幼虫、清除其孳生环境等。

与牛结节性皮肤病流行的国家和地区接壤省（市、区）的相关县（市）应建立免疫隔离带。免疫时，应采用国家批准的山羊痘疫苗（按照山羊使用的 5 倍剂量），对全部牛进行免疫，同时对免疫日期、疫苗批号、免疫剂量等信息进行记录。免疫程序包括大群免疫（每年 3 月对 3 月龄以上牛进行免疫）和犊牛免疫（每月对 2~3 月龄犊牛进行免疫）。时间安排上，应与口蹄疫免疫间隔 15d。免疫操作时，先对 10 头牛进行小群免疫，若 2h 内无过敏现象再进行大群免疫；免疫时，应将疫苗注射到牛尾根部皮内，出现鼓泡为注射成功，注射剂量以 0.3mL 为宜。

三、牛病毒性腹泻

【概念】牛病毒性腹泻也称牛病毒性腹泻-黏膜病，是由牛病毒性腹泻病毒引起的，感染牛出现腹泻、黏膜烂斑、繁殖障碍、出血性综合征等临床症状。世界动物卫生组织将其列为法定报告的动物疫病，我国将其列为三类动物疫病。

【病因】本病病原为黄病毒科、瘟病毒属成员，与绵羊边界病病毒及猪瘟病毒在血清学上有交叉反应。感染牛群具有长期带毒、持续性感染的特点，其血液、精液、分泌物及很多组织器官（如脾脏、肠淋巴结、骨髓等）中都存在病毒，主要通过消化道、呼吸道及垂直传播。

【症状】该病往往呈地方性流行，全年都能够发生，其中以春、冬季较为多见。潜伏期：自然感染时为 7~10d，短的 2d，长的可达 14d；人工感染时为 2~3d。

1. 急性型 多见于幼犊，感染后有较高的病死率，体温明显升高，可达到 40~42℃，同时出现呼吸加快、咳嗽、流涎、流鼻涕等明显的上呼吸道症状。随着病程的进一步发展，病犊的口腔黏膜（唇内、齿龈）和鼻黏膜发生糜烂或溃疡，严重者整个口腔覆有灰白色的坏死上皮，像被煮熟的一样；并有明显腹泻，早期排出淡黄色的水样稀粪，后期排出混有血液的粪便，并散发恶臭味；病犊精神萎靡，食欲减退，消瘦，有些甚至没有腹泻症状就突然死亡。妊娠母牛产奶量减少或者停止，发生流产或者产出的犊牛有先天性缺陷。有些病牛的趾间皮肤会出现溃烂或者发生蹄冠炎等。病牛症状严重时，经过5~7d会由于脱水而死亡。

2. 慢性型 病牛不会有明显的炎症反应，口腔黏膜基本没有出现溃疡或者发生坏死，但齿龈发红，并发生间歇性腹泻，且流鼻液、鼻镜干燥；眼睛有黏糊状的透明分泌物流出，有些会伴发青光眼；而有些病牛会发生慢性蹄叶炎，行动不灵活，食欲减退，发育缓慢，最终由于机体各项功能衰竭而死亡。剖检可见肠壁变厚，肠淋巴结肿大，食管黏膜出现呈直线排列且不同大小的糜烂，胃黏膜出血等。患病母牛流产后排出的胎儿口腔内壁、食管、气管、皱胃中都出现局部血斑或者溃疡等。

【危害】牛病毒性腹泻病毒感染带来的危害主要体现在以下三个方面：

（1）产奶量下降，牛奶品质降低，甚至引起患病奶牛死亡，造成较大的直接经济损失。

（2）引起牛的繁殖障碍，公牛感染后会造成精液质量下降，同时在配种时会造成病毒传播；引起母牛感染，导致母牛流产或者产出的犊牛有先天性缺陷。

（3）亚临床感染、持续感染时会导致该病诊断困难，使病毒在牛群中传播扩散，对奶牛造成持续性的威胁。

【诊断技术】根据发热、腹泻、口腔糜烂、白细胞减少，结合剖检时发现食管、皱胃和肠糜烂及溃疡，可对本病进行初步诊断。确诊常用血清学试验，如血清中和试验和免疫扩散试验。

【防治措施】本病发生时尚无有效治疗方法。目前用弱毒疫苗、灭活疫苗来预防和控制本病，根据牛群的抗体反应制订免疫计划，适当进行加强免疫。严格管控进场的生物制品、动物及动物产品等。对已发病奶牛，应加强护理，采用收敛剂和补液疗法可缩短恢复期，用抗生素和磺胺类药物可降低继发细菌感染的可能。

四、牛传染性鼻气管炎

【概念】牛传染性鼻气管炎是由牛传染性鼻气管炎病毒引起的一种牛的急性、热性、接触性传染病，又称坏死性鼻炎、红鼻子病或牛媾疫。世界动物卫生组织将其列为必须通报的疫病之一，我国将其列为二类动物疫病，并列为进出口牛、牛遗传物质及肉制品的必检项目。

【病因】本病病原属疱疹病毒科、甲（α）疱疹病毒亚科的水痘病毒属，可通过空气、飞沫、物体和病牛的直接接触、交配，经呼吸道黏膜、生殖道黏膜、眼结膜传播，但主要通过飞沫经呼吸道黏膜传播，病牛可出现终生潜伏感染。病毒核酸在宿主神经元中长期存在，导致宿主持续不定期地向外排毒。

【症状】通常情况下，该病的潜伏期为4～6d，有些可达到21d。结合临床症状可分为呼吸道型、生殖道型、流产型、脑炎型和结膜炎型等。

1. 呼吸道型　较为常见，主要的临床症状为鼻气管炎。患病牛体温升高，采食量下降，反刍次数逐渐减少，流脓性鼻涕，鼻黏膜充血。母牛染病之后产奶量下降，呼吸困难，呼出的气体带有恶臭味，经10～15d后症状消失。犊牛感染后症状较急，发病严重，可能会因窒息或者继发感染而死亡。病死犊牛喉头和气管炎性水肿，黏膜出现溃疡。

2. 生殖道型　潜伏期较短，一般为24～72h。病牛外阴部轻度肿胀，且有少量的黏稠分泌物流出，排尿时有明显的疼痛感。严重时外阴表面出现脓疱，后逐渐变成淡红色斑块或痂皮，阴道分泌物大量增加。感染牛经10～14d可康复，但阴道分泌物的排出需要持续一段时间。

3. 流产型　病毒通过呼吸道感染后直接经血液循环进入胎膜部位，导致胎儿早产或者死胎比例大大提升。

4. 脑炎型　主要危害犊牛。病犊运动失调，沉郁或者兴奋交替发生，吐沫，惊厥，最后卧倒，角弓反张。发病率较低，但死亡率达50%以上。临床上病变部位除脑膜有轻度出血外，肉眼观察无明显变化。

5. 结膜炎型　表现为角膜下水肿，其上形成灰色坏死膜，呈颗粒状，眼、鼻流出浆性或脓性分泌物。有时与呼吸道型同时发生。

剖检可见口腔黏膜潮红，鼻腔黏膜增厚，鼻甲骨上存在严重的坏死病灶，气管黏膜表面存在大量出血点。大多数病死牛的肺脏组织存在不同程度的气肿和水肿现象，肺脏组织表面存在大量出血点，有时可见化脓性肺炎、肺间质显著增宽、肺小叶严重坏死等。肝脏出现肿胀，表面存在大量灰白色到灰黄色不一的坏死病灶，且在肝脏表面可见粟粒大小的结节。肾脏乳头高度充血、出血，表面可见坏死病灶。

【危害】牛传染性鼻气管炎发病速度快，传染性强，可造成病牛食欲不振、产奶量下降、体重减轻及妊娠母牛流产等，甚至导致病牛死亡，对奶牛养殖业危害较大。

【诊断技术】根据病史、流行病学及临床症状可做出初步诊断，确诊需结合病原学诊断、血清学诊断或分子生物学诊断等。血清学诊断中，以中和试验最为常用，用于检查病毒抗体。基于PCR方法的分子生物学诊断技术，具有快速、灵敏、准确的特点，用于检查病原。

【防治措施】当前对本病没有特效的治疗方法，需通过改善饲养条件、加强饲养管理和提高机体免疫力等方式来做好预防，同时要避免疫情的大规模扩散和蔓延。有些病例出现隐性感染，需要通过接种基因缺失弱毒疫苗和灭活疫苗等做好预防工作。

五、牛恶性卡他热

【概念】牛恶性卡他热是由恶性卡他热病毒引起的牛的一种急性、热性、非接触性传染病，临床症状为高热、角膜水肿、黏膜糜烂和淋巴结肿大等。我国将其列为三类动物疫病。

【病因】恶性卡他热病毒又称角马疱疹病毒Ⅰ型，属疱疹病毒科、疱疹病毒亚科的猴病毒属。该病毒在侵入动物机体后，通过血流进入组织器官，在皮肤、黏膜、中枢神经系统，以及血管中发生变性、坏死和单核细胞浸润，从而引发疾病。该病毒对外界的抵抗力较弱，冷冻处理或腐败均能被杀灭，在干燥环境中也不易存活。因此，在采集样本时，含毒血液通常保存在5℃的环境中。

【症状】该病的潜伏期为3~8周，病牛主要特征是高热稽留，口、鼻有黏性、脓性分泌物流出，眼黏膜发炎，角膜混浊，并伴发脑炎症状。根据病牛的症状该病有不同的类型，临床上以头眼型最常见，其他型常发生于混合感染中。

1. 最急性型　病牛发病突然，精神沉郁，体温升高（最高至42℃），食欲减退，喜饮，反刍减少甚至停止，呼吸加快，鼻镜干热，眼结膜发红，部分病牛有明显的胃肠炎特征。

2. 头眼型　该型最常见，病牛精神不振，体温升高（最高至40~41℃），呈稽留热，濒临死亡前体温下降；发病后1d食欲锐减甚至拒绝采食，并停止反刍；呼吸急促，口腔黏膜肿胀、充血和出血，嘴角有许多泡沫状液体；齿龈、嘴唇上有许多灰白色小丘疹，破裂后出现溃疡，且溃疡向鼻镜、鼻腔方向发展，直至鼻镜溃疡、鼻腔黏膜出血，鼻内流出恶臭味的黏性液体。病牛出现明显的角膜炎和结膜炎。随着病情的发展，病牛消瘦，站立和运动不稳，初期便秘，后期腹泻，且夹杂血液和脱落的肠黏膜，甚至出现排尿疼痛。部分病牛出现间歇性咳嗽。若妊娠母牛发病，则通常会流产。头眼型症状可持续7~14d，部分延长至30d。

3. 肠型　病牛精神萎靡，体温持续高热（最高至41℃），有轻微结膜炎症状。消化道和肠道出现严重的炎症现象，口腔黏膜红肿，齿龈、背腹面、两颊内侧均有许多灰白色丘疹或糜烂，溃烂后出现溃疡面。病牛咀嚼、吞咽有明显疼痛感，流涎。发病初期便秘，后期排腥臭味粪便，并伴有血液和脱落的肠黏膜组织。多尿，且尿液浑浊，有时夹杂蛋白和血液，尿液为酸性。

4. 皮肤型　病牛体温升高，最高至40℃。颊部、背部皮肤有大量丘疹、水疱和龟裂，肢蹄部、角基部、会阴部也有水疱。

【危害】 该病往往呈散发，多见于冬季和早春时节，发病率低，但死亡率高。恶性卡他热病毒具有很高的细胞结合性，在母牛分娩或运输时易传播。目前对该病尚无有效疗法，奶牛发病时可造成较大的经济损失。

【诊断技术】 可通过临床典型病症，如高热，鼻镜糜烂，黏膜充血、出血，以及流行病学做出初步诊断。实验室确诊需采集疑似发病牛样本，分离病原，利用特异性抗血清做病毒中和试验。

【防治措施】 本病发生后没有特效药，因此做好日常管理是预防该病的重要手段，如做好环境卫生、无害化处理病死牛、做好防寒保暖工作、提高饲料的营养水平等。牛场一旦发现该病，应立即扑杀并无害化处理病牛，被污染的场所等用卤素类消毒药彻底消毒。

六、牛白血病

【概念】 牛白血病又称牛淋巴瘤病，是由牛白血病病毒引起的牛的一种慢性肿瘤性疾病，其临床特征以持续性淋巴细胞增生和淋巴肉瘤形成为主。世界动物卫生组织将其列为法定报告的动物疫病，我国将该病列为三类动物疫病。

【病因】 本病病原为反转录病毒科、肿瘤病毒亚科、丁型反转录病毒属的牛白血病病毒。牛白血病由病毒感染宿主淋巴细胞而传播，所以血液可能是传播牛白血病病毒的主要来源。当对兽用注射和采血针头、静脉穿刺针头、去角器械、耳标钳、去势工具等器械的消毒不彻底时，均可将牛白血病病毒传播给其他奶牛，具有较大口器的吸血性昆虫牛虻也是机械传播该病毒的主要媒介。另外，母体可以通过胎盘将牛白血病病毒垂直传播给胎儿，传染率为3%～18%。

【症状】 根据临床症状和发病情况，本病可分为地方流行型白血病、胸腺型白血病、犊牛型白血病和皮肤型白血病。

1. 地方流行型白血病 以4～6岁奶牛多发，又称"成年型"。淋巴肉瘤可发生于多数组织器官（胃、肠、子宫、心脏、眼球、脾脏、淋巴结等），病牛都有体重减轻、食欲下降、产奶量下降等症状。根据侵害部位，临床症状如下：发生于皱胃的淋巴瘤可引起粪便潜血和黑粪症、腹部膨胀及由皱胃疼痛而出现的磨牙；发生于子宫和生殖道的淋巴瘤可引起母牛不孕，胸前浮肿；眼球后区受侵时，眼球突出，角膜损伤、干燥，呈急性症状。

剖检可见病变脏器和组织呈弥漫性肿大，如淋巴结呈白色至灰红色；脾脏肿大，切面外翻糜烂；肝脏、肾脏有多发性瘤体；胃肠黏膜有弥散性结节；心脏内有乳头状突起，心肌有白色病灶。

2. 胸腺型白血病 以7～24月龄牛多发，以胸腺瘤性肿大为特征。从下颌至中颈部可触到肿块，颈静脉怒张和波动，另有食欲不振、发热、腹泻等症状。

3. 犊牛型白血病　多见于 6 月龄以内犊牛，以发热和淋巴结肿大为特征，并伴有呼吸困难、心跳加快、可视黏膜苍白、全身出汗、腹泻、黄疸和起卧困难等症状，体表淋巴结呈对称性肿大。

4. 皮肤型白血病

（1）幼龄牛躲避接触，出现荨麻疹样皮疹，以真皮层为主形成肉瘤。

（2）成年牛颈、背、臀和大腿出现肿块，肿块处脱毛形成痂皮，痂皮可自然脱落，皮肤增厚、干燥而失去弹性。

【危害】感染牛多数无临床症状，但会持续带毒，是病毒传播的主要源头。约 1/3 的感染牛可发展为良性 B 淋巴细胞肿瘤，引起消化障碍、体重减轻、产奶量下降，以及母牛不孕、流产等。同时，部分感染牛免疫功能失调，常诱发其他疾病。只有不到 5％的感染牛会发生恶性淋巴瘤，脏器组织肿大、破裂，预后不良。

【诊断技术】通过流行病学、临床症状和病理变化可进行初步诊断，确诊应采集抗凝血进行实验室诊断，具体操作依《地方流行性牛白血病琼脂凝胶免疫扩散试验方法》（NY/T 574—2002）执行。

【防治措施】本病暂无有效预防的疫苗和特效治疗药物，准确诊断和及时淘汰感染牛是控制该病最有效的措施，具体如下：

（1）及时淘汰有临床症状的发病牛。

（2）保护犊牛，防止其感染，尽早做血清学检测；及时隔离阳性牛，饲喂巴氏杀菌乳，并定期检测奶中的病原。

（3）对阳性牛做血统基因检测，其后代不能留作种用。

（4）坚持定期对牛群进行普查或抽查，凡阳性牛或可疑牛均需隔离饲养。

（5）引进牛时应及时进行相关病原检测，阳性牛一律不得入场。

（6）严格执行防疫消毒制度，保持场内清洁，消灭吸血性昆虫。

七、牛流行热

【概念】牛流行热也称"三日热""暂时热"，是由牛流行热病毒引起的牛的急性、热性传染病，临床上以高热、气喘为特征。我国将其列为三类动物疫病。

【病因】本病病原为弹状病毒科、流行热病毒属的牛流行热病毒。本病传染源为病牛，其在高热期间血液中含有病毒。自然条件下，吸血昆虫是本病的主要传播媒介，当无吸血性昆虫时则流行终止，因此该病发生具有明显的季节性。

【症状】该病发生时潜伏期 3～7d，发病前可见牛恶寒、战栗，有轻度失调；突然高热（40℃以上），并维持 2～3d，精神萎靡；鼻镜发热，从鼻腔流出透明而黏稠的分泌物；大量流涎，口角有泡沫；呼吸急促，伴有呻吟声；胃肠蠕动减慢，甚至反刍停止；尿量减少，排出暗褐色浑浊尿；后期排出干黑色粪便，且附有黏液和血丝；妊娠牛可发生流产、产死胎；部分病牛关节肿痛，出现跛行，起卧困难；多数病牛为良性经过，病程 3～4d，并很快恢复。

剖检可见气管、支气管充血和点状出血、肿胀，内含大量泡沫黏液；肺脏肿大，压之有捻发音；胸腔积有大量暗紫色液体；全身淋巴结充血、肿胀；胃肠道黏膜淤血，呈暗红色，并伴有卡他性炎症和渗出性出血。

【危害】 本病的发病率高，但病死率一般不超过 1%。急性病例可于发病后 20h 内死亡；少数病例因瘫痪发生褥疮，出现败血症或被淘汰；泌乳牛发病后，产奶量降幅可达 70%，甚至停产；高热和缺水可导致奶牛对外界病原的抵抗力大大降低，极易引起继发感染，个别病牛因窒息或继发肺炎而死亡；妊娠母牛在患病时可发生流产或产死胎，甚至延迟到下一个产奶周期的到来；公牛的生殖能力下降，精子畸形率增高，严重者可高达 73%。

【诊断技术】 本病的发病特点是大群发病、传播速度快、季节性明显、发病率高、死亡率低，综合这些临床症状可做出初步诊断。确诊应采用病毒分离、血清学等技术进行实验室诊断，具体操作依《牛流行热微量中和试验方法》（NY/T 543—2002）执行。

【防治措施】 一旦发生该病应立即采取有效措施，贯彻"三早四查原则"，即"早发现、早隔离、早治疗""查体温、查食欲、查粪便、查产奶"；凡有异常者，应立即隔离；严格封锁，彻底消毒，杀灭场内及其周围环境中的蚊蝇等吸血性昆虫，防止疫情蔓延和传播。

牛流行热发病时暂无特效药，为恢复病牛健康，发病时可采取对症治疗，使用抗炎药物并联合强心药控制高热，采食量下降时可适当补充生理盐水和葡萄糖，为防止继发感染可用抗生素治疗。在高发地区，接种疫苗是控制该病最重要的措施，一般于每年的 4—5 月注射疫苗可达到一定的保护效果。

八、牛冠状病毒病

【概念】 牛冠状病毒病也称新生犊牛腹泻，是由牛冠状病毒感染引起犊牛腹泻的传染病，临床上还可引起成年奶牛的呼吸道感染和血便，导致产奶量下降，影响奶品质。我国将其列为三类动物疫病。

【病因】 本病病原为冠状病毒科、β冠状病毒属的牛冠状病毒。感染途径是通过粪-口或气溶胶等传播，病牛的鼻腔分泌物、肺脏和粪便中均含有病毒。本病常呈地方流行性，已发病的牛场几年内可继续发生本病。消化道和呼吸道是本病的主要传播途径，饲养管理差、寒冷、潮湿可促使本病的发生。

【症状】根据临床症状，可将本病分为肠道型和呼吸道型。

1. 肠道型　潜伏期短，通常为 1～3d。犊牛感染后可出现精神沉郁，食欲废绝，发病初期排黄色且含有乳块或者血块的水样粪便，病情严重的可出现脱水，甚至死亡。大多数感染犊牛可以康复，但少数感染犊牛可能会出现发热、趴卧，并发展到心脏血管塌陷、昏迷，如果不加以治疗则会死亡。被感染犊牛不仅通过粪便，而且还通过鼻腔分泌物排出病毒。成年牛感染后可发生冬季腹泻，泌乳牛会发生产奶量下降。剖检后可见小肠红肿、盘状结肠、盲肠空虚，小肠黏膜上皮发生脱落坏死，含有少量黏液，呈条纹状。

2. 呼吸道型　临床症状包括发热、咳嗽、流涕、呼吸急促和呼吸困难等，严重时出现呼吸窘迫，如喘息、张口呼吸，并流脓性黏液鼻涕等。

【危害】在自然条件下，犊牛的发病率为 15%～70%。成年牛的潜伏期为 2～8d，急性阶段会持续 3～6d，发病率为 50%～100%，死亡率一般低于 2%，以急性腹泻、发热和产奶量下降为主要特征。

【诊断技术】牛冠状病毒常与其他病毒、细菌和寄生虫混合感染，如牛病毒性腹泻病毒、轮状病毒、大肠埃希氏菌、沙门氏菌和隐孢子虫等。因此，临床诊断较困难，根据病史、流行情况、临床症状和病理变化只能进行初步诊断。可以通过实验室确诊，如间接 ELISA 或者分子检测方法等。

【防治措施】

1. 预防

（1）日常管理　加强饲养管理，保持牛舍清洁、干燥很重要。定期消毒，牛冠状病毒对温度和消毒剂敏感，次氯酸钠、乙醇和福尔马林等都可以达到很好的消毒效果。定期检查粪便，检出并淘汰阳性牛，以达到净化牛群的目的。特别要加强犊牛的护理，及时喂初乳，使犊牛从初乳中获得高滴度的母源抗体。

（2）免疫接种　妊娠母牛可接种灭活疫苗，通过初乳增强犊牛的被动免疫；改良的犊牛口服活疫苗，也可预防犊牛腹泻；出现冬季腹泻可以使用富含血凝素抗原的灭活疫苗来预防。另外，还可鼻内注射多价灭活疫苗或减毒活疫苗。

2. 治疗　本病发生时目前尚无特效治疗办法，只能对症治疗。给脱水牛补充体液，最好同时加入碳酸氢钠或乳酸钠溶液，以解除酸中毒；注射抗生素，如环丙沙星、恩诺沙星等防止细菌继发感染，用庆大霉素、新霉素等抑制肠道致病菌和呼吸道致病菌；有腹泻症状者可注射止血剂或内服磺胺脒等药物。由于继发细菌感染很常见，因此仍建议采取抗菌治疗，配合使用非甾体抗炎药效果更好。

第二节　细　菌　病

一、链球菌病

【概念】链球菌病是一种由链球菌属引起的人兽共患传染病的总称，临床症状多种多样，可引起败血症、局限性感染等，严重者可导致家畜死亡，严重威胁着人和动物健康及养殖业的安全生产。致病性链球菌可简单分为甲型溶血性链球菌（也叫 α 溶血性链球菌）和乙型溶血性链球菌（也叫 β 溶血性链球菌）两类，其中甲型溶血性链球菌为条件性致病菌，乙型溶血性链球菌的致病力强，可引起人和动物多种疾病。我国将其列为三类动物疫病。

【病因】大多数感染牛的链球菌为环境病原，牛链球菌病的发生发展主要是由饲养管理条件差、消毒不严格等问题引发的，一旦发生治疗难度大，且致死率高。因此，生产中应当以预防为主，并加强饲养管理，同时及时进行诊断治疗，避免造成更大的经济损失。

【症状】根据临床症状，可将本病分为乳腺炎型、肺炎型、败血型和脑膜炎型四种。

1. 乳腺炎型　主要由无乳链球菌、停乳链球菌和乳房链球菌感染引起的，多在挤奶时感染，保证挤奶卫生可大大降低感染。其他比较少见链球菌，如乳酸乳球菌和格氏乳球菌也会造成乳腺感染。乳腺炎型在发病初期不易被发现，往往因为奶牛拒绝挤奶才被发现，呈急性或慢性经过。

（1）急性型　可引起奶牛体温升高，食欲下降，乳房明显肿大、质地偏硬，产奶量下降，并伴有全身症状。

（2）慢性型　往往由于在急性型期没有引起足够重视发展而来，感染牛产奶量下降，当在整个牛群中广泛流行时产奶量下降尤为明显。患慢性乳腺炎型奶牛分泌的乳汁多带有咸味，稀薄如水。随着患病时间的延长，乳汁中的病菌数量增多，乳出现凝块。

2. 肺炎型　主要由引起肺炎型的链球菌感染造成的，在冬、春季发病率较高。主要传染源为病牛或带菌牛，通过呼吸道飞沫传播而造成整个牛群的感染。发病初期没有明显的临床症状，随着病菌对呼吸道及肺部的侵蚀，病牛会突然出现体温升高、精神不振、食欲降低、呼吸困难、咳嗽、流涕等症状。如不及时治疗，还会出现急剧恶化乃至死亡。肺炎链球菌病牛剖检后可见肺部病变，常出现纤维素性胸膜炎、小叶肺炎和一定程度的积液。严重者会出现肺部坏死，可见败血症、腹腔积液及脾脏肿大、有硬化等。

3. 败血型　临床上分为最急性型、急性型和慢性型。

（1）最急性型　发病急、病程短，病牛常无任何症状而突然死亡，或突然减食或饮食废绝，体温高达 41～43℃，呼吸迫促，多在 24h 内死于败血症。

（2）急性型　多为突然发生，病牛体温升高到 40～43℃，呈稽留热，呼吸迫促；鼻镜干燥，流浆液性或脓性鼻涕；结膜潮红，流泪；颈部、耳郭、腹下及四肢下端皮肤呈紫红色，并有出血点。

（3）慢性型　病牛表现为多发性关节炎，一肢或多肢关节发炎；关节肿胀，跛行或瘫痪，最后因衰弱、麻痹致死。

4. 脑膜炎型　通常以脑膜炎为主，多见于哺乳犊牛和断奶犊牛，主要表现为神经症状（如磨牙、口吐白沫），做转圈运动，抽搐，倒地后四肢划动似游泳状，最后麻痹而死。

【危害】该病治疗难度较大，致死率高，传染性强，且为人兽共患病，大面积流行不仅会造成奶牛产奶量下降、影响奶牛生长发育和生产性能、给养牛户造成巨大经济损失。同时，还可通过伤口、消化道等传播途径引起特定人群发病甚至导致死亡，对公共卫生安全造成很大威胁。

【诊断技术】可依据流行病学特征、临床症状及病理变化做出初步诊断，确诊则需要实验室检验。无菌收集乳腺炎病牛所产牛奶样本、呼吸道分泌物或者其他病变组织，在血琼脂平板上培养得到单一菌落，随后做革兰氏染色，如结果为阳性，则可初步诊断为链球菌病，通过 PCR 方法可进行快速、特异性诊断。

【防治措施】生产中应对牛链球菌病的各种症状引起足够重视，以预防为主，做到早发现、早诊断、科学治疗。

1. 预防　加强饲养管理，定期消毒，保持牛舍清洁、干燥，定期对被发病犊牛污染过的圈舍、器具、垫草等彻底消毒，给牛群提供优良的生活环境；定期检测牛群的健康状况，保持牛体洁净；规范挤奶操作规程，对挤奶员工加强技术培训，减少人为发病的概率；开展定期免疫。

2. 治疗　对于发病牛首先进行隔离治疗，多采用对症疗法，同时进行强心补液，加强饲养管理。乳腺炎型的治疗通常使用青霉素、链霉素等药物，同时配合中药治疗和生物制剂、基因治疗等。败血型、脑膜炎型等的治疗用大剂量青霉素、磺胺嘧啶钠肌内注射，同时配以其他抗菌类药物肌内注射或内服磺胺类抗菌药等，疗效明显，可控制病情。

二、布鲁氏菌病

【概念】布鲁氏菌病简称布病，是由布鲁氏菌属细菌引起的人兽共患变态反应性传染病。世界动物卫生组织将该病列为必须报告的动物疫病，我国将其列为二类动物疫病。

【病因】牛对布鲁氏菌病的易感性随着性器官的成熟而增强，犊牛有一定的抵抗力。患病牛流产或分娩时会排出大量布鲁氏菌，流产后还要长时间随乳汁排菌，有时经粪便排菌。易感牛接触了被污染的饲料、饮水、用具或与病牛交配时易受到感染。另外，布鲁氏菌还可通过鼻腔黏膜、眼结膜、破损的皮肤及昆虫叮咬而传播。

【症状】牛布鲁氏菌病的潜伏期不一，一般为1~3周，但也会出现潜伏期为数月或1年的现象。本病是一种引起牛生殖障碍的慢性传染病，临床上以母牛发生流产和不孕、公牛发生睾丸炎和不育为特征。该病分布很广，严重损害人和动物的健康。

牛患病后的症状几乎类似，大多数为隐性感染，早期出现结膜炎、体温升高、流产、关节炎、乳腺炎和睾丸炎等。母牛在流产前主要表现为精神萎靡、食欲下降、时起时卧、阴唇肿大、阴道黏膜潮红、乳房肿胀，并从阴门流出黄红色或灰褐色黏液，流产的胎儿多为死胎或弱胎；子宫内膜发炎，导致胎衣不下。绝大部分流产母牛经过2个月后均可再次妊娠，但牛群中胎衣不下、子宫内膜炎、不孕和关节炎等症状的增多。

【危害】牛布鲁氏菌病是人兽共患传染病，不仅造成母牛流产、不孕、空怀、繁殖成活率降低、产奶量下降。同时，易感染人，造成重大公共安全隐患。

【诊断技术】早期的检测方法是细菌培养，费时费力，存在操作人员感染的危险。随着分子生物技术的不断发展和完善，PCR技术在布鲁氏菌病的检测中得到了迅速发展，其可直接检测组织、精液、血液等样本，具体操作按照《动物布鲁氏菌病诊断技术》（GB/T 18646—2018）执行。

【防治措施】目前，我国主要使用牛种布鲁氏菌A19菌株弱毒疫苗、猪种布鲁氏菌S2菌株弱毒疫苗预防牛布鲁氏菌病。对种用牛、奶用牛采取只检不免，阳性牛扑杀的措施；对非种用牛采取检疫、监测，阳性牛扑杀、阴性牛免疫的综合防治措施。由于布鲁氏菌是兼性细胞内寄生，因此抗生素对其的作用不大，使用疫苗是控制本病的有效方法。

三、牛分枝杆菌病

牛分枝杆菌病主要包括由分枝杆菌、副结核分枝杆菌引起的牛结核病、牛副结核病。

（一）牛结核病

【概念】牛结核病主要是由分枝杆菌引起的一种慢性消耗性传染病，以病牛贫血、消瘦、体虚、乏力、精神不振等为特征。世界动物卫生组织将该病列为必须报告的动物疫病，我国将其列为二类动物疫病。

【病因】病牛粪尿、乳汁、生殖道分泌物、唾液、鼻液、痰液等均能排出病菌，从而污染饲料、食物、饮水、空气等。牛主要通过呼吸道、消化道感染，吸入被污染的飞沫、被媒虫叮咬、交配是最主要的感染方式，犊牛主要是因吮吸了带有细菌的牛奶而被感染。饲养管理不当，如圈舍拥挤、通风不良、潮湿、阳光不足、卫生条件差及日粮营养不足、缺乏运动等均可诱发本病。

【症状】 本病的潜伏期长短不一，一般为10～45d，长者可达数月乃至数年，通常呈慢性经过。牛结核病中肺结核最常见，病初症状不明显或仅有短促干咳。随着病情的发展，病牛咳嗽频繁而痛苦，呼吸加快，胸部听诊有干性或湿性啰音，有时可听见摩擦音。体表淋巴结肿大、日渐消瘦、贫血。另有乳房结核、犊牛肠结核（腹泻）、生殖系统结核（性机能紊乱）、脑膜结核（神经症状）等。

剖检可见肺脏结核结节呈白色、黄色，切开后有干酪样坏死，有的结节坏死，组织软化溶解，排出后形成空洞，此种现象多见于浆膜，俗称为"珍珠病"。

【危害】 牛结核病是一种严重威胁人类健康和影响养牛业发展的人兽共患慢性传染病。患结核病的奶牛寿命缩短，产奶量明显下降，牛奶品质下降，母牛经常不孕。另外，还可造成乳腺炎、结核性胸膜炎等疾病的发生。

【诊断技术】 通过临床症状和剖检病变可做出初步诊断，确诊需结合结核菌素试验或 ELISA 等检测方法进行综合判定，具体操作按照 GB/T 18645—2002 执行。

（二）牛副结核病

【概念】 牛副结核病是由副结核分枝杆菌引起的牛的一种慢性消耗性传染病，牛感染后表现为长期顽固性腹泻和进行性消瘦，肠黏膜增厚并形成皱褶。世界动物卫生组织将该病列为必须报告的动物疫病，我国将其列为三类动物疫病。

【病因】 本病病原副结核分枝杆菌属于分枝杆菌属，是一种短的抗酸性杆菌，与结核杆菌相似，为革兰氏阴性菌。本菌主要存在于病牛的肠壁薄膜和肠系膜淋巴结，病牛是主要传染源，能从粪便持续或间歇向外排菌，进而通过被污染的体表、场地、草料和水源感染其他牛。一部分病牛，病原可侵入血液，随乳汁和尿排出体外，在性腺中也发现过副结核分枝杆菌。

【症状】 本病潜伏期为数月至2年或更长，幼龄牛感染后往往要到2～5岁时才表现出临床症状，主要有周期性顽固腹泻，严重时呈喷射状，粪便稀薄、恶臭，并带有气泡、黏液和血凝块。随着时间的延长，病牛食欲减退、脱水、眼窝下陷、消瘦、被毛粗乱、下颌水肿、进行性消瘦、泌乳量减少、久治不愈，最后因全身衰竭而死亡。

死后剖检发现病变常限于空肠、回肠和结肠前段且肠壁增厚，比正常增厚3～30倍，呈硬而弯曲的皱褶，为脑回样外观。肠系膜呈灰白色或灰黄色，皱褶突起处常呈充血状态，黏膜无结节和坏死，也无溃疡。肠系膜淋巴结高度肿胀，呈条索状。

【危害】本病的病死率约 10%，病牛表现出慢性腹泻，体重迅速减轻，有弥漫性水肿，产奶量减少，繁殖力下降。

【诊断技术】用抗酸染色做粪便检测可以作为牛副结核病确诊的一种可靠手段，检出率和准确性都较高；对临床上怀疑患有副结核病且粪便检测呈阴性或疑似病牛，要做补体结合反应，结果为阳性者便可确诊。对大群牛做副结核病普检时，可用补体结合反应和变态反应相结合的方式，既可以检出开放期病牛又可检出静止期病牛。对于临床症状比较明显的病牛，以粪便检测为主。补体结合试验操作规范参见 SN/T 1085—2002。

【防治措施】对牛结核病、牛副结核病必须坚持"预防为主"的方针，除建立健全相关的规章制度、加强饲养管理、改善卫生条件外，还要采取"监测、检疫、扑杀、消毒、无害化处理"相结合的综合性防控措施，最终将所有牛群净化。

定期检测是预防该病的有效措施，养殖场应于每年春、秋两季进行 2 次检测，检出阳性牛时坚决予以淘汰，以达到净化奶源的目的；对疑似反应牛于检测后 2 个月用同样方法进行复检，凡出现 2 次疑似反应的牛可判定为阳性，予以淘汰。

对奶牛场要做到定期消毒、经常消毒与临时消毒相结合，每个季度要至少对全场进行 1 次彻底消毒；养殖场出入口要设置消毒池，消毒剂可选择 3% 氢氧化钠溶液或 20% 石灰乳等。及时清理、消毒病牛及其分泌物和排泄物，对被其污染的草料、饮水、器具等进行无害化处理。

牛分枝杆菌对外界环境的抵抗力较强，对干燥、湿冷、腐败的耐受力很强。无机酸、有机酸、碱性物质和季铵盐类消毒剂对该菌无效，但 5% 来苏儿、3%～5% 福尔马林、75% 酒精和 10% 漂白粉溶液对其均有效。

四、产气荚膜梭菌病

【概念】产气荚膜梭菌病是由产气荚膜梭菌引起的以肠毒血症为主要特征的疾病。该病病菌广泛分布于土壤、污水、饲料、食物、人与动物粪便及肠道中，属典型的条件性致病菌。本病发病急、死亡快、死亡率高，以排出褐色带血的稀粪、全身实质器官出血、小肠坏死为主要特征。我国将其列为三类动物疫病。

【病因】产气荚膜梭菌属厚壁菌门、梭菌纲、梭菌目、梭菌科、梭菌属。健康奶牛采食了被病菌污染的饲草、饲料、饮水后，病菌即进入肠道。突然改变饲料，如饲喂大量青嫩多汁或蛋白质丰富的饲料，肠道正常消化机能被破坏或发生紊乱时，病菌会大量繁殖，产生毒素并经机体吸收引起奶牛疾病。

【症状】该病病程短，奶牛一般无任何症状而突然发病。短则几分钟，长则几小时。发病牛精神不振，腹痛，急性腹泻。病初粪便呈水样，很快排出带血、胶冻样或黑褐色水样粪便，有特殊的腥臭味；呼吸困难，全身肌肉震颤，大量流涎，随后倒地，四肢划动，继而死亡。发病急的奶牛死后腹部膨大，舌脱出口外，从口腔流出带有红色泡沫的液体，肛门外翻。

【危害】不同年龄段的奶牛一年四季均能发病，以 4—5 月、10—11 月发病较多，且多为体格健壮、高产奶牛。

【诊断技术】根据临床特征，结合血清学诊断和病原学诊断可以确诊。临床病理变化以全身实质性器官出血为主要特征，胃黏膜脱落、肠管大面积出血甚至溃疡，溃疡周围有一条血带；肠系膜淋巴结充血或肿大、出血。血清学诊断可以通过间接血凝试验、酶联免疫吸附试验完成。病原学检测主要有涂片镜检、细菌分离鉴定、毒素检测、反向间接血凝试验、PCR 及核酸探针技术等方法。

【防治措施】在本病的预防方面，国外主要使用福尔马林灭活疫苗，并且在绵羊、山羊和牛上使用了多年。国内在本病的常发地区，每年可定期注射羊快疫-猝狙-肠毒血症三联疫苗或羊快疫-猝狙-肠毒血症-羔羊腹泻-黑疫五联疫苗；同时，还有使用兔出血症-巴氏杆菌病-A 型产气荚膜梭菌病三联疫苗、兔出血症-产气荚膜梭菌病-巴氏杆菌病三联疫苗、鹿出血性肠炎疫苗的报道。

五、牛大肠埃希氏菌病

【概念】牛大肠埃希氏菌病又称牛白痢，是由致病性大肠埃希氏菌引起的牛的一种急性传染病，对犊牛危害最大。奶牛感染后主要表现为肠炎、肠毒血症、乳腺炎、产后急性败血症、急性子宫内膜炎等相关临床症状。我国将其列为三类动物疫病。

【病因】本病病原属于肠杆菌科的埃希氏菌属。目前认为，与牛腹泻有关的大肠埃希氏菌有 3 种，包括产肠毒素性大肠埃希氏菌、肠致病性大肠埃希氏菌和肠出血性大肠埃希氏菌。病菌可通过消化道、脐带或产道进行传播。母牛分娩前后营养不良、牛舍环境差、天气突变冷、犊牛未吃到初乳等都能促使本病发生和流行。犊牛大肠埃希氏菌病一年四季均可发生，但在冬、春季节舍饲时多发，呈散发性或地方流行性的流行特点。

【症状】根据病牛的临床症状，本病可分为败血型、肠毒血型和肠炎型 3 种。

1. 败血型 病牛体温升高，精神萎靡，食欲减少或废绝，数小时后出现腹泻，有的病牛可并发出现关节炎、肺炎和胸膜炎，有的还出现卧地不起、神经症状和呼吸困难。潜伏期短，有些临床病例会在几个小时内出现急性死亡。

2. 肠毒血型 病程较长，病牛出现典型的中毒症状。初期情绪不安且焦躁，精神状态逐渐萎靡至低沉、失落，昏迷甚至死亡。

3. 肠炎型 病牛主要表现腹泻，体温升高可达 40℃。发病初期粪便呈淡黄色，有恶臭味，稀粥样；后期呈水样，颜色呈淡灰白色，并混有血丝、气泡和血凝块。另外，后期病牛出现大小便失禁的情况，严重时会伴随关节炎症状。

皱胃中可见凝血块，胃黏膜有水肿、充血、出血现象，并有胶状黏液；小肠内容物如血水样，内含有气泡，黏膜充血、出血，有恶臭味；肝脏和肾脏呈苍白色，肾乳头有针尖大小的出血点和坏死灶，实质变性，被膜或内膜有点状出血；气管有出血性炎症；肠系膜淋巴结肿大，切面多汁或充血；脾脏肿大；心脏实质变性；病程长的可继发肺炎和关节炎。

【危害】大肠埃希氏菌病是在新生犊牛中最容易暴发流行的一种传染性疾病，往往群体发病，具有很高的发病率和致死率。犊牛发病时卧地不起，有神经症状和呼吸困难，若不及时治疗就会出现死亡，死亡率高达 80%。即便恢复健康也常表现为生长发育不良，甚至停止生长成为僵牛，给养殖场造成较大的经济损失。

【诊断技术】根据发病情况、发病日龄、临床症状和病理变化可初步判定本病。确诊需要在实验室对细菌进行分离鉴定，无菌采集病料（败血型病例采集血液、内脏；肠毒血型病例采集小肠前段黏膜；肠炎型病例采集发炎的肠黏膜）分离大肠埃希氏菌进行生化和血清型鉴定，具体操作可参照《犊牛腹泻病防治技术规范》（DB 13/T 988—2008）执行。

【防治措施】

1. 预防 加强环境消毒，保持牛舍干燥、卫生、温度适宜。加强妊娠母牛、哺乳牛的饲养管理，避免营养缺乏。及时给新生犊牛饲喂初乳，做好防潮、防寒措施；母牛分娩前要将后躯、外阴、乳房清洗干净；将产房清扫干净，严格消毒。奶牛一旦感染大肠埃希氏菌病，临床上治疗困难，且康复过程缓慢。所以在生产中应勤观察牛群，发现异常牛应及时采取隔离措施，避免疾病扩散。

2. 治疗 本病治疗原则主要是抗菌、补液和保护胃肠黏膜，促进毒素排出。抗菌消炎选用广谱抗生素，以增强犊牛机体的抵抗力，输液补碱能防脱水及酸中毒，改善胃肠机能等。补液剂量依据脱水程度来定，若病牛有食欲或能自吮，则可以口服补液盐，不能自食时可一次静脉注射生理盐水 2 份、5% 葡萄糖 1 份。同时采用其他对症治疗措施，如适时止泻、强心补液和调整改善胃肠机能。对消化不良的犊牛及时用药，可用多酶片、胃蛋白酶等助消化药物或灌服益生素活菌制剂。

六、巴氏杆菌病

【概念】巴氏杆菌病是由不同血清型的巴氏杆菌引起的牛的出血性败血症，简称牛出败或地方性流行性肺炎，以高热稽留、纤维素性肺炎、急性胃肠炎及内脏广泛出血为主要特征。世界动物卫生组织将其列为法定报告的动物疫病，我国将其列为三类动物疫病。

【病因】本病病原为巴氏杆菌科、巴氏杆菌属的多杀性巴氏杆菌或溶血性巴氏杆菌。病菌主要通过消化道或飞沫经呼吸道传播，也可通过损伤的皮肤和黏膜及吸血昆虫叮咬传播。应激因素（如长途运输、冷和热应激、过劳、饥饿、突然更换饲料等）可促使本病发生及加重病情。该病可常年发生，呈散发或地方性流行。

【症状】根据病牛的临床症状，将本病分为败血型、水肿型和肺炎型 3 种类型。

1. 败血型　病牛主要表现为体温升高到 40～42℃，精神沉郁，鼻镜干燥，食欲废绝，反刍停止。腹泻，粪便初期为黏粥样，后期呈液状，并混杂黏液或血液。在没有得到有效治疗的情况下病牛可在短时间内死亡。

2. 水肿型　病牛的主要表现除类似败血型的全身症状外，颈部、咽喉部和胸前的皮下结缔组织处有炎性水肿，同时舌及周围组织高度肿胀，舌为暗红色，常伸出口腔外。肿胀能导致病牛呼吸困难，进而全身缺氧，眼结膜发绀，常因窒息死亡。

3. 肺炎型　在犊牛中最为常见，病犊呼吸困难，颈部肿胀，口角有白色黏液，采食与反刍减少甚至停止。泌乳牛产奶量明显减少或停止产奶。排粪减少，粪便中带有黏液和血块。听诊肺部有支气管呼吸音和湿啰音，叩诊胸部有痛感并出现浊音区。

剖检后，败血型病牛全身黏膜、浆膜、皮下及肌肉有散在的点状出血，肺部膈叶有大面积出血斑，全身淋巴结充血、水肿，体腔内有大量浆液性纤维素性渗出物。水肿型病牛尸检可见咽喉部、下颌间、颈部与胸前皮下发生明显水肿，切开水肿部位会流出微混浊的淡黄色液体。胃肠黏膜及上呼吸道黏膜呈急性卡他性或出血性炎症。肺炎型主要表现为纤维素性肺炎和浆液纤维素性胸膜炎，肺脏切面呈大理石样，后期常发生化脓和坏死，严重者可见胸膜积聚大量絮状纤维素的渗出液并与肺脏粘连。

【危害】由多杀性巴氏杆菌感染导致的发病率可达 10%～50%，急性病例可在 24h 内死亡；由溶血性巴氏杆菌感染导致的死亡率可达 30%～50%。奶牛患病后食欲减退，产奶量下降，引起的慢性肺炎可导致呼吸困难，口鼻处有脓性浆液，常导致继发感染。溶血性巴氏杆菌肺炎的危险性很大，应激条件下该病病原的毒性增强。

【诊断技术】 可根据奶牛在某种环境因素突变时发病，并结合临床症状和剖检病变即可做出初步诊断。确诊需在实验室进行细菌分离、鉴定，活体以气管分泌物为病料，病死牛则以水肿液、心脏血液、肝脏、脾脏和病变淋巴结为病料。对于急性死亡的牛，应注意与炭疽、气肿疽、恶性水肿病的鉴别。具体操作可参照《OIE陆地动物诊断试验和疫苗手册》第三章（4.10）执行。

【防治措施】

1. 预防 日常生产中应加强奶牛的饲养管理和牛舍的清洁卫生，严格执行定期消毒的措施，避免各种应激因素的刺激；定期接种疫苗，增强牛体的抵抗力。牛巴氏杆菌病疫苗以灭活疫苗为主，犊牛可在8月龄时进行首次免疫，皮下或肌内注射1mL，免疫有效期可长达半年以上。在该病的常发地区，应定期进行免疫接种。

2. 治疗 用于治疗本病的抗菌药物有恩诺沙星、硫酸链霉素、头孢噻呋等。恩诺沙星，每千克体重静脉注射0.1～0.15mL；硫酸链霉素，每千克体重肌内或静脉注射10mg；头孢噻呋，每千克体重肌内注射2.2mg。以上药物，1～2次/d，连续3d。

当发生本病后，应对被污染的厩舍和用具消毒（5%漂白粉、10%石灰乳、百毒杀等消毒剂），妥善处理尸体和粪便等废弃物。对病牛立即进行隔离治疗。对同群牛进行仔细观察，每日逐头检查体温2次并作好记录，直至最后一头病牛检出后5～7d为止。

七、沙门氏菌病

【概念】 沙门氏菌病又称副伤寒，是由沙门氏菌属的多种血清型引起的急性或慢性人兽共患传染病。我国将其列为三类动物疫病。

【病因】 沙门氏菌属于肠杆菌科，为兼性厌氧的革兰氏阴性短杆菌，不产生芽孢，无荚膜，能运动，在普通培养基上生长良好。该菌的血清型种类多，国内外报道表明，从病牛腹泻物中分离到的沙门氏菌主要有都柏林沙门氏菌和鼠伤寒沙门氏菌。沙门氏菌的抵抗力强，对干燥、腐败、日光均有一定的抵抗力，在牧场草地中可存活200d，在牛粪中能存活300d，在潮湿的液体肥料中可存活4周到1年。对热相对敏感，60℃经1h、70℃经20min、75℃经5min可被杀死。该菌可产生耐热的内毒素，引起动物发热、黏膜出血。研究表明，沙门氏菌可以产生肠毒素，引起肠炎并提高侵袭力。该菌对化学消毒剂的抵抗力不强，可被一般消毒剂杀灭。

奶牛食入被沙门氏菌污染的饲料、饮水或吸入含该菌的飞沫后，经消化道和呼吸道而被感染。应激、营养不足、长途运输等因素会诱发本病，成年奶牛散发，30～40 日龄的新生犊牛最易感。病牛的临床特征为败血症、急性肠炎、慢性肠炎，妊娠奶牛感染出现流产的特征性症状。

【症状】部分奶牛感染沙门氏菌后临床上无明显的眼观症状，成年奶牛感染后一般散发，表现为发热、反应迟钝、产奶量下降、腹泻带血或严重腹泻，75％未经治疗的妊娠奶牛会发生流产。犊牛通常在出生的 15 日龄后感染，30～40 日龄更易发病，临床上表现为发热、迟钝、厌食、腹泻，粪便为深棕色水样，并伴有恶臭，部分粪便表面含有假膜，呈黏性。

1. 最急性型　奶牛于发病 2～3d 内死亡，出现败血症，仅部分表现为腹泻症状。

2. 急性型　病牛体温升高到 40～41℃，精神沉郁，食欲减退，继而出现胃肠炎症状，排出黄色或灰黄色并混有血液或假膜的恶臭糊状或液体粪便，有时表现咳嗽和呼吸困难，死亡率高达 70％。

3. 慢性型　病牛关节肿大或耳朵、尾部、蹄部发生贫血性坏死，病程数周至 3 个月。

【诊断技术】结合临床症状和病理剖检可做出初步诊断。实验室诊断多采集病死牛的肝脏、脾脏、淋巴结、子宫胎膜、流产胎儿的胃肠等进行细菌分离培养。可直接将病料接种 SS 琼脂培养基，37℃经 18～24h 培养后如形成圆形、光滑、湿润、半透明、灰白色、大小不等的菌落则可确诊。

【防治措施】

1. 预防　对发病牛群采取严格的消毒措施，使用 2％～4％氢氧化钠溶液消毒。加强饲养管理和环境消毒，搞好牛舍的环境卫生，维护好卧床并及时清理卧床上的粪便，注意饲料和饮水的清洁、卫生，防止犊牛采食被污染的垫草和饮水。对饲喂犊牛初乳的器具进行清洗、消毒、晾干，初乳经过 60℃、60min 的巴氏杀菌处理，常乳经过 65℃、30min 的巴氏杀菌处理。针对存在发病风险的牛群，定期使用牛副伤寒疫苗进行免疫接种。

2. 治疗　对沙门氏菌病有治疗作用的药物很多，应选用抗生素与磺胺类药物。该病暴发期间全群奶牛立即按每千克体重口服磺胺嘧啶 0.2g 或磺胺间甲氧嘧啶 0.1g，并按每千克体重配伍三甲氧苄啶 0.05g，每天 2 次，连服 5d。对病牛可静脉注射硫酸庆大霉素注射液或恩诺沙星注射液，与 5％葡萄糖氯化钠 500～1 000mL 一起，每天 2 次。对腹泻严重且有代谢性酸中毒的奶牛，静脉注射 5％NaHCO₃ 250～500mL，同时肌内注射维生素 C，连用 3d。在治疗期间，应根据病牛的临床症状随时调整治疗方案，必要时分离细菌进行药敏试验，选用较为敏感的抗生素进行治疗。

八、李氏杆菌病

【概念】李氏杆菌病（又称"转圈病"）是人兽共患传染病，是由产单核细胞李氏杆菌引起的一种疾病，家畜和人患病后主要表现为脑膜脑炎、败血症、流产及单核细胞增多症。临床上以成年奶牛脑炎为特征，偶尔有犊牛败血症和成年母牛流产的报道。我国将其列为三类动物疫病。

【病因】该病病原是产单核细胞李氏杆菌，其为一种细小、能运动、不形成芽孢、无荚膜的革兰氏阳性菌，主要在泥土及动物消化道内存在，尤其是在制作工艺较差的青贮饲料中数量较多。李氏杆菌对外界环境有较强的抵抗力，耐酸碱，在 pH 为 5.0～9.6 时仍可正常生长；对干燥环境有较强的抵抗力，65℃经 30～40min 才能被杀死；对消毒剂敏感。产单核细胞李氏杆菌和伊氏李氏杆菌对奶牛的危害较大。

【症状】奶牛自然感染李氏杆菌后潜伏期一般为 2～3 周。患病奶牛和带菌奶牛是本病的主要传染源，通过口腔黏膜损伤处感染，继而感染神经系统。本病一般散发。

病牛可能出现发热（39.4～40.5℃），特别是在发病的最初几天，不久体温降至常温。症状主要表现为脑炎型和流产型。

1. 脑炎型 感染集中在脑干，主要发生于育成奶牛和青年奶牛，表现为神经症状，造成厌食、昏迷、嗜睡、定向障碍、转圈、斜靠墙边等症状。病初奶牛容易受惊，胆小怕人，如将其赶出舍外则强力奔跑，甚至在奔跑中因失去平衡而摔倒。有的病牛表现吞咽障碍，初期口角流涎增多，舌尖外露，表现口衔草而不能咽下，饮水时水从口角流出，消瘦，脱水，最后衰竭死亡。重要的并发症为角膜炎，是由面部神经机能障碍、治疗不及时发展为角膜溃疡所致。犊牛表现败血症或胃肠道机能障碍。

2. 流产型 零散发生，妊娠母牛通常无任何症状而突发流产，且多发生于妊娠后期。

【诊断技术】李氏杆菌病可根据发病奶牛出现特殊的神经症状，以及厌食、抑郁、发热、流产等表现做出初步诊断。采集有神经症状奶牛的大脑、流产胎儿和胎衣进行实验室诊断可确诊。

【防治措施】

1. 预防 避免给奶牛饲喂腐败的青贮饲料及尖硬、品质低劣的饲料。奶牛一旦发病应及时隔离，避免交叉感染。发病奶牛所产牛奶应废弃，死亡奶牛、流产胎儿及胎衣应进行无害化处理。对环境每日进行喷雾消毒，以防止疾病交叉传播。

2. 治疗 对病牛进行隔离，选用青霉素、头孢类药物或四环素等抗生素进行治疗。

磺胺类药物可通过大脑屏障，是治疗脑炎的必选药物，如 10％磺胺间甲氧嘧啶注射液，按每千克体重 100mg，1 次/d，连用 5～7d。

青霉素，按每千克体重 44 000IU，2 次/d；用药 7d 后改为 1 次/d，每千克体重 22 000U，2 次/d，肌内或皮下注射。如患病奶牛恢复采食和饮水，则应降低药物剂量，大多数病牛需治疗 7～21d。

对不能饮水但不流涎的病牛，可经静脉补充水和电解质。对流涎的病牛，根据唾液的损失程度，每天需补充 120～480g 的碳酸氢钠；另外，需每天补液直至流涎停止。

严重脑炎、运动障碍、躺卧不起、吞咽障碍的奶牛预后不良，应尽早淘汰。

九、溶血性曼氏杆菌病

【概念】溶血性曼氏杆菌病的病原溶血性曼氏杆菌，是一种革兰氏阴性球菌，作为一种条件性致病菌常存在于牛、羊等反刍动物上呼吸道的鼻腔和扁桃体隐窝等部位。我国将该病列为三类动物疫病。

【病因】本病病原属于巴氏杆菌科、曼氏杆菌属，本属至少有 7 个种，代表种为溶血性曼氏杆菌。当奶牛因长途运输、饲养条件及天气环境变化而受到应激，或因支原体和病毒等病原感染而导致免疫功能下降时，该病病原会迅速增殖并下行扩散至肺部，引起严重的肺炎。此病病原是引起牛呼吸道疾病综合征（运输热）最为重要的病原之一。

【症状】奶牛发病后的临床症状多种多样，从没有明显的临床症状到很快发病死亡都可以观察到。一般会有如下特征：不同程度的精神沉郁和食欲减退，体温升高至 42℃，心跳加快，体重下降，流黏脓性鼻涕。发病初期，呼吸频率升高，随后出现呼吸困难，严重病例张口呼吸，有些病例呼气时可以听到呼噜声。听诊，腹前肺泡音和支气管杂音升高，发病初期为湿性啰音，后期为干性啰音，还可以听到胸膜摩擦音。病牛站立时可以看到肘部外展，颈部向前延伸，有些病牛还会出现腹泻。

剖检时胸腔和心包内出现大量淡黄色液体，肺部的病灶分布在腹前肺叶，以中性粒细胞浸润和纤维蛋白渗出到肺泡腔为特征。肺小叶间隔扩大，水肿，呈凝胶状，含有纤维蛋白、白细胞，扩张的淋巴管常常形成血栓。支气管管壁正常，但存在坏死和上皮细胞脱落现象，较深度的炎症常常含有坏死的碎片、白细胞和纤维蛋白等。由于存在上述炎症反应，加上出血、梗死、坏死和组织实变，切开后的肺脏通常会表现不同的颜色，因此在急性期和亚急性期均可观察到不同的颜色变化。自支气管末端开始，小的气体通道发生炎症。肺泡水肿，含有纤维蛋白，有时会有出血现象，但出血部位没有特定限制。坏死是多灶性的，有时会涉及整个小叶，或者坏死的小叶融合成一片，但不是整个肺叶坏死。

溶血性曼氏杆菌也可导致严重的乳腺炎和乳房坏死，且尚无有效预防手段。

【危害】曼氏杆菌病特别是溶血性曼氏杆菌病是一种对奶牛危害十分严重的呼吸道传染性疾病，该病传播速度快、致病性强、致死率较高。由于存在严重的呼吸道症状，因此本病很容易和其他呼吸道疾病混淆。各个生长阶段的奶牛都可以感染，能给奶牛养殖造成巨大的经济损失。在国际上，该病被称为"船运热"，同样给养牛业带来重大经济损失。

【诊断技术】可以从患病死亡奶牛的肺脏、水肿液等病料中分离细菌，然后根据形态、培养及生化特性进行鉴定。菌体形态呈多形性，大小为$0.5\mu m\times 2.5\mu m$；有荚膜、菌毛，无芽孢，不运动；瑞氏染色呈两极着色，革兰氏染色阴性。在血脂平板上培养24h，能长成光滑、半透明的菌落，直径为$1\sim 2mm$。大多数菌株在牛血平板上出现β溶血。

血清学方法主要有间接血凝试验和ELISA等。研究表明，表达的重组蛋白PlpE具有较好的反应性，以其作为包被抗原建立的间接ELISA方法具有不错的敏感性和特异性，应用前景较好。分子生物学的诊断方法也有报道，如PCR、荧光定量PCR等。

【防治措施】

1. 预防　溶血性曼氏杆菌的血清型较多，因此很难研制出一种高效且广泛应用的疫苗。国外已研制出牛曼氏杆菌病疫苗，包括弱毒疫苗、活疫苗、类毒素疫苗及菌体-类毒素疫苗。近年来主要以联苗形式存在，通常与多杀性巴氏杆菌、牛病毒性腹泻病毒、牛传染性鼻气管炎病毒、牛呼吸道合胞体病毒等组成联苗，用于预防牛呼吸道疾病。

2. 治疗　广谱抗生素是治疗曼氏杆菌病的主要药物。随着抗药性的普遍出现，替米考星成为治疗曼氏杆菌病的新型药物，在抑菌的同时还可以减轻肺部炎症。

十、牛支原体病

【概念】牛支原体病是由牛支原体引起的以肺炎、关节炎、乳腺炎等为症状的传染病，是规模化奶牛养殖中的常见传染性疾病，发病率较高，死亡率低。我国将其列为三类动物疫病。

【病因】牛支原体属柔膜体纲、支原体目、支原体属，是一类没有细胞壁、介于细菌和病毒之间的最小原核微生物。牛支原体病的传染源主要是病牛及带菌牛，牛支原体能在被感染的奶牛呼吸道中存在数月至数年，成为传染的储存器。因此，孳生于呼吸道的牛支原体通过咳嗽、打喷嚏被排出体外，随着病程的转变，尿及乳汁内也能检测出；另外，支原体还可随产犊时的子宫渗出物被排出，人工授精时被感染的精子也成为重要的传染源之一。

【症状】患病奶牛的症状主要表现在呼吸系统，可见精神萎靡、咳嗽、气喘；部分病牛体温升至42℃，流清亮或脓性鼻液，严重时会出现食欲废绝，身体消瘦，被毛粗乱无光，伴有腹泻，粪便呈水样甚至带血。一些病牛还会继发结膜炎、中耳炎、乳腺炎、关节炎，严重时还会流产甚至死亡。牛支原体常与其他细菌或病毒发生混合感染，导致临床症状复杂化，且部分隐性感染牛不出现或仅有轻微的临床症状。

对病死奶牛进行剖检可发现气管和鼻腔部位有大量的黏性分泌物。肺脏部位病变明显，肺脏和胸腔粘连。较轻病例肺部能够看到化脓灶，严重病例肺部出现干酪样坏死，甚至溃烂，有些病牛肺部有少量的积液。心包部位出现黄色积液，有明显的腐败味。有些病例心脏肥大，肝脏、脾脏肿胀。如果病变部位在关节，将关节切开之后会发现明显肿胀，并有脓汁和积液，韧带和软骨变性，出现坏死症状。

【危害】感染牛支原体后除导致牛肺炎、乳腺炎、关节炎外，还可导致角膜结膜炎、耳炎、生殖道炎症、流产与不孕等。自首次发现该病病原后的数年间，诸多国家或地区先后发生牛支原体病，以欧洲感染最为严重，危害也最大。在英国，因牛支原体感染造成的死亡率高达82%，且经济损失巨大，高达5 400万美元；在美国，该病感染率达70%，由此造成的直接经济损失高达1.40亿美元。在中国关于牛支原体病的报道较零散，发病率为35%～100%，病死率为5%～50%。

【诊断技术】掌握牛支原体病的流行特点，熟悉临床症状和病理变化有助于在疾病发生时缩小范围。病原分离鉴定、分子检测、免疫学检测、电化学法检测等诊断方法为精确诊断牛支原体病提供了可能，但各种诊断方法均有其固有的优缺点。在开展牛支原体病诊断时，应因地制宜并扬长避短，按照不同的诊断需求选择相应的方法。

【防治措施】

1. 预防 封闭饲养是防治牛支原体病的一种较好方式。严格隔离与检疫从其他地区引进的牛群对于控制由牛支原体引起的乳腺炎有很好的效果，而减少应激因素、降低引起呼吸道疾病的继发感染，以及适时免疫接种对于因牛支原体引起的肺炎和关节炎也可获得较显著效果。牛群引进前期应做好检疫检测，做好预防接种，防止引进病牛与隐性感染牛。牛群引进后需要隔离喂养30d以上，经全面检查、免疫和消毒，确保无病后方可与健康牛混群。在饲养管理方面，保持牛舍通风良好、清洁、干燥。牛群饲养密度适当，避免过度拥挤。不同年龄及不同来源的牛应分栏饲养，适当补充精饲料、维生素及矿物质元素，保证日粮的全价营养。确保犊牛至少在运输前30d断奶，并已经适应粗饲料与精饲料喂养。定期消毒牛舍，及时发现并隔离病牛，尽早诊断与治疗。

2. 治疗 "早诊断、早治疗"是有效控制牛支原体病的基本原则。在病牛出现临床症状时，可以选取抗生素进行对症治疗，常用的抗生素有四环素类、替米考星或壮观霉素等。此外，也可以选择中药治疗方式，将中药煎煮之后给病牛灌服，能够起到很好的治疗效果。在饲料中可以添加黄芪多糖或电解多维，可以提高牛群的整体免疫力。

十一、牛生殖道弯曲杆菌病

【概念】 牛生殖道弯曲杆菌病是由胎儿弯曲杆菌引起的牛的一种生殖道传染病，以暂时性不孕、胚胎早期死亡和少数孕牛流产为特征，主要发生于自然交配的牛群。本病对养牛业发展的危害较大，世界各国已将其列为进出口动物和精液的检疫对象。世界动物卫生组织将本病列为B类动物疫病，我国将其列为三类动物疫病。

【病因】 患病母牛、康复后母牛和带菌公牛是主要传染源。病菌存在于母牛生殖道、流产胎盘和胎儿组织中，寄生于公牛的阴茎上皮和包皮的穹隆部。公牛可带菌数月甚至数年，带菌时间往往与年龄有关，一般5岁以上公牛带菌时间较长。母牛感染后1周即可从子宫颈、阴道黏液中分离到病菌，但感染后3周至3个月时含菌数最多，3～6个月后多数母牛能自愈，但有些母牛在整个妊娠期乃至产后都可能带菌。

本病经交配和人工授精而传染，也可由采食被污染的饲料、饮水等而经消化道传染。

【症状】 公牛感染本病后一般没有明显症状，但精液可带菌。母牛于交配感染后，病菌在阴道和子宫颈部繁殖，引起阴道卡他性炎症，表现为阴道黏膜发红、黏液分泌物增多。妊娠母牛可因阴道卡他性炎症和子宫内膜炎导致胚胎早期死亡并被吸收，或发生早期流产而不孕。病牛不断地假发情，发情周期不规则。6个月后，大多数母牛可再次受孕，但也有经过8～12个月后仍不受孕的。康复母牛对再次感染有一定的抵抗力，即使与带菌公牛交配仍可受孕。有些被感染母牛继续妊娠时，直至胎盘出现较重的病损才发生胎儿死亡和流产。胎盘水肿、胎儿病变与由布鲁氏菌病引起的病变相似。流产多发生在妊娠的第5～7个月，流产率为5%～10%。剖检可见子宫颈潮红，子宫内有黏液性渗出物。病理组织学变化不显著，多呈轻度弥散性细胞浸润，并伴有轻度的表皮脱落。流产胎儿皮下组织有胶胨样浸润，胸水、腹水增多，腹腔脏器表面及心包呈纤维蛋白性粘连，肝脏肿胀，肺脏水肿。

【危害】本病在美国、加拿大、澳大利亚、英国、日本、马来西亚、印度等已广泛流行，中国部分地区也有发生的报道。

胎儿弯曲杆菌分为胎儿弯曲杆菌性病亚种和胎儿弯曲杆菌胎儿亚种。前者可引起奶牛流产和不孕，不在人和动物肠道中繁殖，存在于母牛阴道黏液、公牛精液、包皮及流产胎儿的组织和胎盘中；后者可引起母牛流产（包括不孕）和胃肠炎，除存在于流产奶牛的胎盘及胎儿胃内容物中之外，还存在于人和动物的肠道、胆囊及人体血液、脊髓液、脓肿中，能引起菌血症、败血症、急性化脓性脑炎（脑膜脑炎、脑脊髓炎）、急性化脓性关节炎，亦能引起流产和不孕。

【诊断技术】根据母牛暂时性不孕、发情周期不规律及流产等临床症状可做出初步诊断，但本病与其他生殖道疾病难以区别，因此确诊有赖于实验室诊断。

发生流产时，可采集流产胎儿的胃内容物、肝脏、肺脏、胎盘，以及母牛阴道分泌物进行检查。发情不规则时，采集处于发情期母牛的阴道黏液则检出病菌的概率最高。公牛可采集精液和包皮洗涤液进行检查。血清学检查时可采集病牛的血清或子宫颈阴道黏液，用试管凝集反应检查其中的抗体。

实验室诊断时先作涂片染色镜检，若见有弯曲杆菌则可做出初步诊断。具体做法是，刮取或用吸管吸取包皮腔和穹隆处的样本，或灌注缓冲液后充分按摩穹隆处收集液体，再用荧光抗体试验检查吸取或冲洗样本，并做细菌培养。在采集的样本中胎儿弯曲杆菌只存活 6～8h，但是如果接种在克拉克（Clark）培养基或类似的培养基上则可存活 48h。为了更准确地诊断，间隔约 1 周时间，两次采集公牛样本做检查。进行细菌学检查时，按照《牛生殖道弯曲杆菌病检疫技术规范》（SN/T 1086—2011）进行病原分离和鉴定。

应注意，从胎盘分离到弯曲杆菌，有可能是被非病原性胎儿弯曲杆菌污染所致。相反，未能从感染流产的胎儿或胎盘分离到胎儿弯曲杆菌，常常是因为污染微生物菌落的过度生长或是空气中的氧气对弯曲杆菌产生了致死作用。

【防治措施】

1. 预防

（1）免疫接种　免疫接种能够避免易感牛感染弯曲杆菌。一般来说，最好在配种前 30～90d 内注射疫苗。由于免疫保护期持续时间短，因此在每年配种季节开始前都需要进行接种。

（2）加强饲养管理　对于后备母牛或没有与感染公牛配过种的母牛最好采取严格的隔离措施，避免其接触感染牛，并逐渐淘汰感染牛。淘汰患病种公牛和带菌种公牛，严防本病通过交配传播。

使用人工授精技术是防止母牛生殖道弯曲杆菌病的最好途径，因为妊娠结束后从大于 6 个月的母牛体内还能分离到胎儿弯曲杆菌。建议一直使用人工授精技术，直到牛群中所有的母牛都有至少 2 次的妊娠为止。

2. 治疗　牛群暴发本病时，应暂停配种 3 个月，同时用抗生素治疗病牛。对公牛，可采取局部或全身使用双氢链霉素或局部使用红霉素和新霉素，都有较好的疗效。对于母牛，抗生素的疗效非常微弱。

第四章　奶牛寄生虫病

第一节　线　虫　病

一、血矛线虫病

【概念】血矛线虫病是由寄生于奶牛皱胃内的血矛线虫属线虫引起的一类寄生虫病，以感染奶牛消瘦、贫血为主要特征，我国将其列为三类动物疫病。

【病因】血矛线虫属于线虫纲、圆线目、毛圆科、血矛线虫属。虫体具有非常强的繁殖能力，以吸食宿主胃黏膜毛细血管获取营养，常导致奶牛贫血、水肿、衰弱及消化紊乱甚至死亡，能给全球奶牛养殖业造成巨大损失。

血矛线虫的整个生活史包括自由生活期和寄生生活期。按照虫卵孵化后的发育结构可划分为 5 个阶段，即自由生活期的一期幼虫、二期幼虫和三期幼虫 3 个阶段，寄生生活期的四期幼虫和成虫 2 个阶段。奶牛摄入三期幼虫而受到感染。

【症状】根据病牛的临床症状，可将血矛线虫病分为超急性型、急性型和慢性型。

1. 超急性型　是由大量虫体感染导致，感染牛有出血性胃炎甚至死亡症状，但一般情况下该型很少发生。

2. 急性型　病牛长期贫血，个别病例在感染后 4～6 周死亡。剖检可见大量血矛线虫负荷，每克粪便中虫卵数可达 5 000 个。

3. 慢性型　为绝大多数奶牛感染后所表现出的症状，主要是感染初期（感染后 6 周）表现为红细胞减少，随后由于代偿性造血而贫血症状稍有好转。当替代红细胞耗尽或体内缺铁时贫血会再次发生，病牛表现为黏膜苍白、下颌水肿、尸检时血液淡红色且稀薄、肉质发白等。

【危害】血矛线虫对奶牛造成的危害非常严重，在进入体内 3d 后即开始吸血，同时引起寄生部位出血和炎症反应，在感染后 10～12d 奶牛即可出现贫血。对于成年血矛线虫而言，每天每条虫体可导致奶牛失血 30～80μL，而贫血在很大程度上与奶牛血液代偿性生成能力有关。血矛线虫感染后的危害与幼虫数量、奶牛对其的抵抗力及造血能力息息相关。

【诊断技术】根据流行病学、临床症状和粪便虫卵检测发现特征性虫卵即可做出初步诊断。同时，利用分子生物学技术扩增出特异性条带或尸检发现虫体可确诊。

【防治措施】血矛线虫病的控制技术主要包括基于化学药物的防控技术、基于植物源药物的防控技术、基于捕食性真菌的生物防控技术、基于疫苗开发的免疫学防控技术、基于遗传育种的抗虫品种培育技术和基于划区轮牧的物理防控技术等。

目前，对奶牛场血矛线虫病以药物防控为主，主要包括预防性驱虫和治疗性驱虫。常用驱虫药物主要包括伊维菌素、阿苯达唑、芬苯达唑、枸橼酸哌嗪、盐酸左旋咪唑等；另外，还有合成的莫西菌素、乙酰氨基阿维菌素等。在驱虫过程中，应特别注意休药期制度的执行，故应在干奶期驱虫为好。

二、犊新蛔虫病

【概念】犊新蛔虫病是由犊新蛔虫寄生于新生犊牛的小肠，以引起肠炎、腹泻和腹痛等消化道症状为特征的寄生虫病。感染严重时可引起犊牛死亡，对养牛业的危害十分严重。

【病因】犊新蛔虫属于线虫纲、弓首科、新蛔属。犊牛吞食犊新蛔虫的感染性虫卵后，幼虫从小肠逸出，穿过肠壁移行至肝脏、肺脏、肾脏等器官组织，变为三期幼虫并寄居。母牛妊娠至 8.5 个月时，幼虫移行至子宫，进入胎盘羊水中变为四期幼虫。后者进入胎牛体内，在小肠中长大，经 10～42d 发育为成虫并产卵。在胎牛体内，另一条感染途径是，幼虫从胎盘移行到肝脏和肺脏，然后经细支气管、支气管、气管等，随黏液到达咽、口腔，再次被咽下，进入小肠引起生前感染，故犊牛出生不久小肠中已有成虫。也有报道称，幼虫在母体内移行到乳腺，犊牛经吮吸乳汁而受到感染。

【症状】移行幼虫可机械性损伤肠壁、肝脏和肺脏等组织，造成黏膜出血和溃疡，继发细菌感染，从而导致肠炎，其症状表现为排出大量黏液或血便，有特殊的腥臭味；腹部膨胀，有疝痛症状；虚弱，消瘦，精神迟钝，后肢无力，站立不稳。幼虫侵入肠壁移行至肝脏的过程中损害消化机能，破坏肝脏组织，影响食欲；移行到肺脏，造成点状出血并引起肺炎，临床症状为咳嗽，呼吸困难，口腔内有酸臭味，并伴有肌肉痉挛等神经症状。

【危害】成虫大量寄生时可造成肠阻塞或肠穿孔，引起死亡。

【诊断技术】根据流行病学、临床症状和粪便检测发现特征性虫卵或虫体即可确诊，检查粪便可用连续洗涤法、漂浮法或集卵法。

【防治措施】

1. 预防 搞好牛舍清洁卫生，垫草和粪便要勤清扫，尤其是犊牛的粪便要集中进行发酵处理，以杀灭虫卵。对 15～30 日龄以内的犊牛进行预防性驱虫，不仅有益于犊牛健康，还可减少虫卵对外界环境的污染。将小牛和母牛隔离饲养，可有效减少母牛感染。

2. 治疗 大多数驱虫药物对本病均有良好效果：①左旋咪唑，按每千克体重 8mg 一次口服或肌内注射。②阿苯达唑，按每千克体重 10～15mg 一次口服或肌内注射。③伊维菌素，口服剂型，按每千克体重 0.25mg 口服；或注射剂型，按每千克体重 0.2mg 一次皮下注射。④乙酰氨基阿维菌素，口服剂型，按每千克体重 0.25mg 一次口服；或注射剂型，按每千克体重 0.2mg 一次皮下注射。

三、毛首线虫病

【概念】毛首线虫病又称毛尾线虫病或鞭虫病，是由毛首属的线虫寄生在家畜大肠（主要是盲肠）引起的一种消化道寄生虫病，奶牛场易发。

【病因】毛首线虫属于线虫纲、毛首目、毛首科，主要包括球鞘毛首线虫、绵羊毛首线虫和长刺毛首线虫。奶牛吞食了感染性虫卵是主要的感染途径。感染后，一期幼虫在小肠后半段孵出并钻进肠绒毛进一步发育，8d 后幼虫移行到盲肠和结肠，并固着在肠黏膜上，感染后 30～40d 发育为成虫。感染性虫卵可在土壤中存活 5 年。

【症状】本病病变限于盲肠和结肠。虫体以其纤细的体前部刺入肠黏膜内，引起盲肠、结肠的慢性卡他性炎症，有时也有出血性炎症。虫体还可分泌毒素，使牛体发生中毒。严重时，盲肠和结肠黏膜有出血性坏死、水肿和溃疡，有时在腹泻物中混有虫体。轻度感染时，临床症状可见间歇性腹泻，轻度贫血；感染严重时，病牛食欲减退、消瘦、贫血、腹泻，有时排出水样血便并伴有黏液，生长停滞，步态不稳。

【危害】轻度感染时，病牛的生长发育会受到影响；重度感染时，病牛最后会因恶病质而死亡。

【诊断技术】诊断主要依靠粪便检查，其虫卵形态具有特征性，易于识别，但该虫卵较小，需仔细检查。死后剖检，见大量虫体可确诊。

【防治措施】

1. 预防 由于毛首线虫虫卵的抵抗力较强，因此发生过本病的奶牛养殖场要定期使用驱虫药物进行预防；同时，及时清扫舍内粪便和垫草，加强牛舍消毒；加强饲养管理，合理补充精饲料，增强奶牛的抗病能力。

2. 治疗 可以使用伊维菌素、依普菌素或多拉菌素。

第二节 吸虫病

一、日本血吸虫病

【概念】日本血吸虫病也称日本分体吸虫病，是由日本血吸虫感染引起的一种危害严重的人兽共患寄生虫病，临床上以肠炎、肝硬化、严重腹泻、贫血、消瘦为主要特征。世界卫生组织将该病评为分布最广的寄生虫病之一，我国将其列为二类动物疫病。

【病因】本病病原为分体科、分体属的日本血吸虫。日本血吸虫中间宿主为钉螺。人和牛、羊、猪、马、犬、猫、兔等均可感染本病。日本血吸虫尾蚴通常经口、皮肤感染，也可经胎盘垂直感染。该病主要分布于中国、日本、菲律宾、印度尼西亚及马来西亚等国，在中国主要分布于长江下游流域及长江以南的省（自治区、直辖市）。

雄虫较粗短，乳白色。虫体长 9.5～22mm，宽 0.5mm。口、腹吸盘均发达，口吸盘在前端，稍向后方不远处的腹面有一带柄状的腹吸盘。从腹吸盘起向后，虫体两侧卷起，形成抱雌沟。寄生时雌虫常居雄虫抱雌沟内，呈合抱状态，交配产卵。虫体体表光滑，仅吸盘内和抱雌沟边缘有小刺。口吸盘内有口，缺咽，下接食管，两侧有食管腺。雌虫较雄虫细长，呈暗褐色，长 15～26mm、宽 0.3mm，口、腹吸盘均较雄虫小，生殖孔开口于腹吸盘后方。

【症状】该病症状与奶牛的健康状况及感染程度有关，一般情况下，犊牛感染后症状较为严重。大量感染时，往往表现出急性型症状。病牛精神沉郁，食欲不振，行动迟缓，逐渐消瘦，体温升高达 40～41℃，可视黏膜苍白、水肿，最终因衰竭而死亡。慢性型症状为消化不良、发育缓慢，犊牛往往成为侏儒牛。有里急后重表现，腹泻，粪便中含有黏液、血液，甚至有块状黏膜。患病母牛可发生不孕、流产等。轻度感染时症状不明显，常呈慢性经过。

剖检可见尸体消瘦、贫血，腹腔内有多量积液。肝脏表面凹凸不平，表面或切面上有粟粒大到高粱米大的灰白色或灰黄色虫卵结节。病初肝脏肿大，后期萎缩、硬化。严重感染时肠道各段可见虫卵结节，尤以直肠段最为严重，肠黏膜溃疡，肠系膜淋巴结和脾脏肿大，门静脉血管肥厚。在肠系膜静脉和门静脉内可找到大量雌雄合抱的虫体。此外，在心脏、肾脏、脾脏、胰脏、胃等器官有时也可发现虫卵结节。

【危害】大量感染日本血吸虫可导致幼犊死亡、成年奶牛生产性能下降，在流行地区对奶牛养殖业造成的危害很大。奶牛感染后，被粪便污染的水源可导致人体感染。

【诊断技术】通过临床症状和剖检病变可做出初步诊断。实验室诊断方法为血清间接血凝试验和病原学检查法，具体操作按照《家畜日本血吸虫病诊断技术》（GB/T 18640—2017）执行。

【防治措施】

1. 预防　该病应采取人兽同防的措施。针对流行地区定期实施人兽普查及驱虫，感染病例应尽快治疗，粪便经发酵后再次利用，避免污染水源；选择适宜的时间采用物理、化学或生物学方法灭螺，消除中间宿主；本病流行季节尽量避免奶牛饮用地表水，防止奶牛涉水，以切断传播途径。

2. 治疗　该病可用抗吸虫药进行治疗，如吡喹酮、硝硫氰胺、硝硫氰醚、六氯对二甲苯等，具体剂量依据药物说明书进行。

二、东毕吸虫病

【概念】东毕吸虫病是由东毕属的几种吸虫寄生于哺乳动物的门静脉和肠系膜静脉内引起的。临床上以长期腹泻、贫血、水肿、消瘦和发育不良为主要特征，我国将其列为三类动物疫病。

【病因】本病病原属于分体科、分体亚科、东毕属。目前普遍认为该属共有 6 个虫种，我国报道的有 4 种：土耳其斯坦东毕吸虫、土耳其斯坦东毕吸虫结节变种、程氏东毕吸虫和彭氏东毕吸虫，以土耳其斯坦东毕吸虫常见。其中间宿主为椎实螺类，主要的有耳萝卜螺、卵萝卜螺和小土窝螺等。虫体感染途径为经皮肤刺入或胎盘垂直感染。该病在我国分布极其广泛，尤以东北地区和西北地区为重。该病的发生具有季节性，常在 5—10 月流行。

土耳其斯坦东毕吸虫雌雄异体，但雌、雄虫常呈合抱状态。虫体呈线形。雄虫为乳白色，雌虫为暗褐色，体表光滑无结节。口、腹吸盘相距较近，无咽，食管在腹吸盘前方分为两条肠管，在体后部再合并成单管，抵达体末端。雄虫大小为（4.39～4.6）mm×（0.36～0.42）mm，腹面有抱雌沟，生殖孔开口于腹吸盘后方。雌虫较雄虫纤细，略长，大小为（3.95～5.73）mm×（0.07～0.116）mm，卵巢呈螺旋状扭曲，位于两肠管合并处的前方。

程氏东毕吸虫雌雄异体，体表有结节。雄虫粗大，大小为（3.12～4.99）mm×（0.23～0.34）mm，抱雌沟明显。雌虫较雄虫细短，大小为（2.63～3.00）mm×（0.09～0.14）mm。肠管在虫体后半部合并成单管。

东毕吸虫的生活史经历有性世代和无性世代，可划分为卵、毛蚴、母包蚴、子包蚴、尾蚴、童虫和成虫 7 个阶段。

【症状】该病常呈慢性经过。病牛表现为长期腹泻、贫血、水肿（下颌和胸腹下部）、消瘦、发育不良，影响受胎或发生流产，最后可因衰竭而死亡。一次大量感染尾蚴时，可引起急性症状，体温升高到 40℃以上，食欲大减或废绝，精神高度沉郁，呼吸迫促，严重腹泻、消瘦，直至死亡。病理变化与日本血吸虫病的基本相似，主要在肝脏和肠壁。

剖检可见尸体明显消瘦、贫血，腹腔内有大量积水且混浊不清，心冠脂肪呈胶胨样，大肠和肠系膜脂肪呈胶样浸润，小肠壁肥厚，黏膜上有出血点或坏死灶，肠系膜淋巴结水肿。病初肝脏肿大，后期萎缩、硬化，表面凹凸不平、质硬，被膜下可见大小不等的散在灰白色虫卵结节，虫体主要存在于肝脏叶下静脉、肠系膜静脉、肝门淋巴结和肠系膜淋巴结。虫体寄生于心血管系统时，经血液循环进入全身各器官，可引起血栓性静脉炎、纤维性淋巴炎、肝硬化、胃肠炎、肾小球肾炎等。

东毕吸虫的尾蚴可以钻入人体皮肤，引起稻田性皮炎（尾蚴性皮炎）。尾蚴进入人体皮肤后，不能继续发育。

【危害】大量感染东毕吸虫可导致幼犊死亡及成年奶牛生产性能下降，因此，该病在流行地区对奶牛养殖的危害较大。

【诊断技术】通过临床症状和剖检病变可做出初步诊断，实验室诊断方法为病原学检查法和免疫学检测法。目前尚无国家标准和行业标准，具体诊断操作可参照相关地方标准和相关文献。

【防治措施】

1. 预防　针对流行地区定期实施普查及驱虫，感染病例应尽快治疗，粪便经发酵后再利用，避免污染水源，控制传染源；选择适宜的时间采用物理、化学或生物学方法灭螺，消除中间宿主；放牧尽量选择非流行季节，在流行季节尽量避免奶牛饮用地表水，防止其涉水。

2. 治疗　该病可用抗吸虫药进行治疗，如吡喹酮、硝硫氰胺、硝硫氰醚、六氯对二甲苯等，具体剂量依据药物说明书进行。

三、肝片形吸虫病

【概念】肝片形吸虫病是由肝片形吸虫感染所致的重要寄生虫病，其宿主范围广泛（包括人），可感染多种反刍动物。人类通常通过食用被寄生虫幼虫（囊蚴）污染的生豆瓣菜等而被感染，摄入被污染的水也可能发生传播，但感染不会直接在人与人之间进行。我国将其列为三类动物疫病。

【病因】病牛和带虫牛不断地向外界排出大量片形吸虫虫卵，成为本病的感染源。在我国，片形吸虫有 2 种：片形科、片形属的肝片形吸虫和大片形吸虫。

肝片形吸虫呈世界性分布，在我国遍及 31 个省（自治区、直辖市）。该吸虫成虫外观呈树叶状，大小为（21～41）mm×（9～14）mm，体表被有小的皮棘，棘尖锐利。

肝片形吸虫成虫寄生于动物肝脏、胆管中，产出的虫卵随胆汁进入肠腔，随粪便排出。根据环境温度的不同，虫卵经 11～12d 的时间在水中孵化成毛蚴，毛蚴游动于水中，感染中间宿主如淡水螺（有小土窝螺、斯氏萝卜螺）。毛蚴在中间宿主螺体内繁殖发育，分别经过胞蚴、雷蚴（有时存在子雷蚴）和尾蚴 3 个阶段。2 个月后（如果温度低则需时更长），尾蚴形成包囊并由螺体逸出附着于水生植物的茎叶上或浮游于水中。含囊蚴的水或草被宿主摄入体内后，囊蚴在十二指肠脱囊释出，渗透并穿过小肠壁进入宿主肝脏。童虫通过肝脏的被膜进入肝脏实质，在其中游离和繁殖数周，常在感染 6～8 周后进入胆管，居此并成熟产卵。根据感染吸虫数量及种类不同，该病的潜伏期为 2～3 个月。

【症状】肝片形吸虫病的临床症状差异较大，通常取决于短时间内摄入囊蚴的数量。肝片形吸虫病呈季节性流行，临床症状为腹胀、腹痛、贫血及突然死亡等。患病奶牛一般在感染吸虫 6 周后即可引起死亡。亚急性肝片形吸虫病持续时间更长（7～10 周），同时还可能伴有典型的肝脏损伤，但死亡通常是由出血和贫血引起的。慢性肝片形吸虫病可发生于各个季节，临床症状为贫血、瘦弱、胸下水肿、腹水及泌乳量下降。虽然严重感染肝片形吸虫的奶牛不表现任何临床症状，但对其他病原（如沙门氏菌）感染后的免疫力会降低。

【危害】肝片形吸虫能引起肝炎和胆管炎，并伴有全身性中毒现象和营养障碍，危害相当严重。慢性感染时，病牛消瘦，贫血，发育障碍，泌乳量下降，给奶牛养殖带来较大损失。

【诊断技术】在发生急性肝片形吸虫病的病畜粪便中一般不能分离出肝片形吸虫虫卵。但奶牛发生亚急性和慢性吸虫病时，肝片形吸虫的数量每日都会发生变化，因此，需对粪便进行多次重复检查。肝片形吸虫感染 2～3 周后（即潜伏期之前），可通过 ELISA 试剂盒进行辅助诊断。尸检时，可通过肝脏的损伤程度予以确诊。肝片形吸虫成虫在胆管中可直接看到，而未成熟的肝片形吸虫则需要在切面处通过挤压或挑出后方能观察。

【防治措施】肝片形吸虫病的控制措施包括驱除感染奶牛体内的吸虫，减少中间宿主螺的数量，加强饲养卫生管理。在生产实践中，化学药物灭螺虽然可以杀死宿主螺，但会对生态环境造成不良后果。进行定期驱虫是行之有效的方法。可以有效治疗肝片形吸虫病的药物有三氯苯达唑、阿苯达唑、羟氯扎胺、氯氰碘柳胺等，要根据药物种类和具体情况加以选用。驱虫时间和次数可根据流行地区的具体情况而定。在我国北方地区，每年应进行冬、春季 2 次驱虫；南方因为终年放牧，每年进行 3 次驱虫，急性期病例可随时驱虫。要加强饲养卫生管理，选择在高燥处放牧，保持水源清洁，防止奶牛接触并摄入被螺类寄生的牧草，从流行地区运来的牧草须经处理后再饲喂。

第三节　绦　虫　病

一、棘球蚴病

【概念】棘球蚴病又称包虫病（Hydatidosis），是由寄生于犬、狐狸等动物体内的棘球绦虫的中绦期幼虫——棘球蚴感染包括牛在内多种动物而引起的寄生虫病，也是一种世界范围流行的人兽共患病。棘球蚴病是《"健康中国2030"规划纲要》中列出的五大寄生虫病之一，也是纳入我国免费救治的六大重大传染病之一。我国将其列为二类动物疫病。

【病因】本病病原为带科、棘球属的棘球绦虫。世界上流行的棘球绦虫有5种，即细粒棘球绦虫、多房棘球绦虫、少节棘球绦虫、伏氏棘球绦虫和石渠棘球绦虫。棘球绦虫的虫卵和孕节随终末宿主粪便排出体外，牛等中间宿主食入后可被感染。虫卵内的六钩蚴在消化道孵出，钻入肠壁随血液和淋巴散布至肝脏、肺脏等部位。

【症状】幼虫对奶牛的危害依体积大小、数量及寄生部位不同而不同。棘球蚴多寄生于肝脏，其次为肺脏。患病奶牛临床症状为体温升高、精神不振、消瘦、腹泻、反刍无力，常有轻度臌气；寄生于肺脏时，则出现明显的咳嗽、呼吸困难等症状；寄生于肝脏时，肝部肿大，肝区疼痛。剖检后，肝脏、肺脏等被感染器官可见粟粒大至足球大甚至更大的棘球蚴寄生。

【危害】患病奶牛食欲不振，产奶量下降。随时间的推移，棘球蚴包囊在肝脏、肺脏逐渐发育，占位和压迫组织器官，导致寄生部位组织产生严重的功能障碍和萎缩。代谢产物被吸收后，周围组织发生炎症，囊泡破裂后会产生严重的过敏反应，甚至导致患病奶牛死亡。

【诊断技术】牛棘球蚴病的诊断可以通过血清学试验，如皮内试验、间接血凝试验、酶联免疫吸附试验、酶联免疫电转印迹法等。剖检是检测棘球绦虫感染的最准确方法，剖检肝脏、肺脏后如看到明显病变，表面凹凸不平，有各种大小的突出部位，切开病变部位可见到囊液流出即可确诊。囊液沉淀物中有囊砂，镜检后可见原头蚴头节的结构或者看到生发囊。

【防治措施】

1. 预防　本病的防治重点在于预防。不能将病死奶牛的内脏饲喂犬，防止犬摄入棘球蚴。定期对犬进行驱虫，可选用的驱虫药有吡喹酮等以减少棘球绦虫的数量。驱虫后对犬的粪便进行无害化处理。

2. 治疗　本病的治疗难度较大，对感染初期奶牛可用阿苯达唑、吡喹酮进行治疗。也可手术取出囊泡，但操作过程中应避免囊泡破裂和囊液流出，以防继发感染。

二、囊尾蚴病

【概念】囊尾蚴病又称囊虫病，是由人体内牛带绦虫的幼虫即囊尾蚴寄生于牛的肌肉而引起的一种寄生虫病。牛是其主要中间宿主，人是唯一终末宿主。我国将其列为三类动物疫病。

【病因】本病病原为带科、带属的牛带绦虫，又称无钩绦虫。牛囊尾蚴为人体牛带绦虫的幼虫，成虫寄生于人的小肠，其卵随人的粪便排出体外，污染草场和饮水。当牛采食或饮水时，经口将虫卵食入体内，卵中的六钩蚴被释放出来，钻进肠壁，进入血液循环并到达牛的舌肌、咬肌、颈肌、心肌等肌肉部位，发育为囊尾蚴。

【症状】发病初期由于六钩蚴在体内移行，故症状交明显，病牛出现发热、腹泻、体虚、食欲不振、精神不济等症状。随着时间的推移，病牛表现出呼吸不畅、心跳加速、腹痛、贫血甚至死亡。发病后期很少表现出临床症状，通常在牛被屠宰后才发现患病。

剖检后可见肌肉间有绿豆状、椭圆形、黄灰色囊泡，囊泡内充满大量液体，用手挤压囊泡会有透明液体流出，用手指捻动可触到小的硬结。显微镜下观察，可见囊泡膜上存在黄白色头节。

【危害】患病奶牛发热，腹泻，食欲减退，产奶量下降。囊蚴分泌的毒素可引起奶牛中毒现象，表现为虚弱、战栗、胃肠机能障碍等。在感染初期，六钩蚴经过肠壁血管移行至肌肉的过程中，导致组织创伤，有时可致患病奶牛死亡。

【诊断技术】对患病奶牛生前诊断比较困难，可以使用血清学方法，如酶联免疫吸附试验和间接红细胞凝集试验。剖检尸体后发现牛囊尾蚴便可确诊，但是囊尾蚴在牛体内相对分散，需要对牛的可检部位进行详细检查。

【防治措施】

1. 预防　日常管理中，应提高生物安全意识，在流行地区使用吡喹酮等药物对猫、犬等动物进行广泛驱虫，将虫体及粪便运至指定地点进行无害化处理，切实消灭传染源，避免污染环境。

改进奶牛的饲养管理方法，防止人的粪便污染奶牛饲料、饮水及放牧场地等，以切断传播途径。

2. 治疗　牛囊尾蚴病可使用吡喹酮、芬苯达唑等进行治疗，但本病关键在预防。

三、裸头科绦虫病

【概念】裸头科绦虫病由裸头科的莫尼茨属、曲子宫属和无卵黄腺属的多种绦虫寄生于家畜小肠而引起的，呈世界性分布，在我国东北、西北等多地流行广泛，对犊牛危害严重，不仅影响犊牛的生长发育，严重时可引起犊牛死亡，造成巨大的经济损失。

【病因】本病病原为莫尼茨绦虫、曲子宫绦虫和无卵黄腺绦虫。在我国常见的莫尼茨绦虫有2种：扩展莫尼茨绦虫和贝氏莫尼茨绦虫。2种绦虫外观相似，头节小而呈球形，无顶突和小钩，上有4个吸盘。成节内有2套生殖器官，两侧各1套，生殖孔开口于节片两侧。卵巢和卵黄腺构成花环状，体节内分布数百个睾丸，子宫呈网状。节间腺横列在节片后缘，2种莫尼茨绦虫节间腺的区别在于，扩展莫尼茨绦虫的节间腺为一列圆囊状，而贝氏莫尼茨绦虫的节间腺为带状。此外，扩展莫尼茨绦虫的成虫长可达10m，宽1.6cm，为乳白色。贝氏莫尼茨绦虫长可达4m，宽2.6cm。扩展莫尼茨绦虫卵近似三角形，贝氏莫尼茨绦虫卵近似四角形。虫卵直径为56～67μm，内都有特殊的梨形器，梨形器内含有六钩蚴。2种莫尼茨绦虫形态有差异，生活史及其他方面基本相同，均寄生于牛的小肠，中间宿主为地螨类（oribatid mites）。虫卵和孕节随粪便排出体外，虫卵被地螨类吞食后，在地螨类体内发育成感染性的似囊尾蚴幼虫，牛在吃草时吞进了含有似囊尾蚴的地螨后受到感染。贝氏莫尼茨绦虫相较于扩展莫尼茨绦虫感染牛的情况比较多。

盖氏曲子宫绦虫是常见的曲子宫属绦虫，头节小，直径不到1mm，上面有4个吸盘，无顶突。节片较短，内含1套生殖器官，生殖孔呈左右不规则排列，开孔于侧缘。睾丸为圆点状，分布在排泄管外侧。节片内几乎被弯曲的子宫管填满。成虫长可达4.3m，宽可达8.7mm，每个虫体大小个体差异很大。虫卵为椭圆形，直径18～27μm，每个副子宫管内含5～15个虫卵。曲子宫绦虫的生活史等目前尚不明确，但在秋季常常与莫尼茨绦虫混合感染牛。

【症状】该病对犊牛的危害较大，成年牛感染后一般无临床症状。犊牛感染初期表现为精神不振、消瘦、离群、粪便变软；随着病情的发展出现腹泻，粪便中含裸头科绦虫的孕卵节片和黏液；病情严重时表现为贫血、衰弱，甚至出现无目的地运动、蹒跚、震颤等神经症状，当出现神经症状时往往以死亡而告终。

【危害】

1. 机械损伤 裸头科绦虫为大型虫体，最长可达数米，大量寄生时聚集成团，造成肠腔狭窄，影响食糜通过，甚至发生肠梗阻、肠套叠或肠扭转，继而导致肠破裂，引起继发感染时会导致感染牛死亡。

2. 夺取宿主营养 虫体在犊牛小肠内寄生时吸食血液，夺取营养，从而影响犊牛的生长发育，致使犊牛贫血、消瘦和衰弱。

3. 中毒 虫体的代谢产物和分泌的毒性物质被犊牛吸收后，可引起犊牛多器官炎症和退行性病变，改变血液成分，导致血红蛋白降低、红细胞数量减少及犊牛的抵抗力降低。严重时还能破坏神经系统的活动，致使感染犊牛出现神经症状。

【诊断技术】在患病犊牛粪便中可以找到黄白色或米白色的孕卵节片，将孕卵节片做涂片，在显微镜下可看到特征性的虫卵。用饱和食盐水漂浮法检查粪便，也可发现特征性虫卵。结合临床症状和流行病学资料分析便可诊断。

【防治措施】

1. 预防　犊牛应在春季放牧后 4～5 周时进行成虫期前的驱虫，间隔 2～3 周后最好进行二次驱虫。另外，成年牛是重要的传染源，因此也应进行计划性驱虫。驱虫后排出的粪便应集中处理或者经过发酵后使用，以免虫卵发育后再次感染牛。有条件的建议将犊牛和成年牛群分开放牧或者圈养。

2. 治疗　常用的驱虫药物有吡喹酮、硫氯酚、氯硝柳胺，在兽医的指导下按说明书操作。

第四节　节肢动物病

一、蜱病

【概念】蜱隶属于节肢动物门、蛛形纲、蜱螨亚纲，为吸血外寄生虫，宿主的专一性不强，在我国能够感染牛的蜱主要有硬蜱和软蜱两个科，种类较多，对牛危害较大的主要是硬蜱。蜱分布于荒漠、半荒漠、山地草原、高山草原及森林地带，可叮刺、吸血、寄生、传播疾病和引起变态反应，严重危害牛群健康。

【病因】本病病原为硬蜱科的 7 个属，包括硬蜱属、血蜱属、革蜱属、牛蜱属、扇头蜱属、璃眼蜱属、花蜱属，以及软蜱科的钝缘蜱属。除了叮咬后对牛造成直接损伤以外，还能储存和传播多种病原，如血液原虫（巴贝斯虫、泰勒虫、无浆体等）、病毒（结节性皮肤病病毒、出血热病毒）、立克次体、细菌（布鲁氏菌）等。

蜱属于不完全变态发育，其生活史分为卵、幼虫、若虫和成虫 4 个阶段。雌蜱产卵时间可达 15d，产卵数量可达千余个至上万个，孵化率可达 90% 以上。在发育的各阶段均需寄生在宿主体上吸血。虫卵经 2 周至 1 个月即可孵出幼虫，幼虫吸血 1 周内蜕皮为若虫，若虫再吸血 20d 左右蜕皮为成虫。成蜱在宿主体上吸血时交配，雌蜱吸饱血后脱离宿主，落地，爬行到阴暗、隐蔽的地方，如草根、树根、畜舍缝隙等处产下球形或椭圆形的淡黄色或褐色的且堆积成团的卵。

【症状】蜱寄生时吸血并造成奶牛局部痒痛、不安，大量寄生时引起贫血、消瘦、发育不良、皮毛质量降低、产奶量下降，严重时可引起局部或全身麻痹

（蜱瘫）。如果蜱携带原虫、细菌、病毒等病原，叮咬牛后则会引起与该携带病原相应的病症。

【危害】该病流行具有季节性及地方性，气候转暖时蜱开始出没。

1. 直接危害 感染牛不安、疼痛，引起皮炎、贫血、消瘦、麻痹，幼犊发育受阻，奶产品质量和产量大幅度下降，免疫机能受到影响。

2. 间接危害 目前已有 20 余种蜱能够携带或传播病原，可传播血液原虫、病毒、立克次体、螺旋体、细菌等，是重要的疾病传播媒介和储存宿主。

【诊断技术】重点检查牛耳部、腹部、尾部、乳房、腹股沟等部位，在体表找到蜱即可确诊。对环境中游离的蜱进行诊断可在牧场或空旷地带用布旗法，对牛舍中蜱的诊断可在墙角、砖缝、巢穴等处探查。

【防治措施】

（1）药物预防性灭蜱 根据各地区季节变化、流行状况，在环境温度达到 10℃以上蜱开始活动前，对奶牛体表、牛舍及饲喂设施等彻底喷洒伊维菌素等。

（2）人工灭蜱 在春、夏季发现牛被蜱叮咬时，可人工灭蜱。借助镊子或用手将蜱拔除（拔除时应避免假头留在寄生部位），并将拔除的蜱集中烧毁；封堵牛舍里的鼠洞、缝隙等；清除牛舍周围的三叶草等植被，在牛舍附近设置物理隔离带，避免牛与蜱接触，必要时还可采用马拉硫磷、氯吡硫磷（毒死蜱）等化学杀虫剂喷洒蜱孳生地。

二、螨病

【概念】螨隶属于节肢动物门、蛛形纲、蜱螨亚纲，在我国能够感染牛的螨主要有疥螨和痒螨两个科。牛螨病是常见的奶牛疾病，属于直接性接触寄生虫病，病牛表现为皮肤异常瘙痒、食欲减退、营养不良、精神萎靡、毛发脱落等症状。牛螨病流行范围广泛，虽然鲜有病牛死亡发生，但会对养殖户造成较严重的经济损失。

【病因】本病病原为疥螨科、疥螨属的牛疥螨，以及痒螨科、痒螨属的牛痒螨和水牛痒螨。

牛螨病主要由牛疥螨和牛痒螨导致，这 2 种螨虫均在牛身上完成全部发育过程，分为卵、幼虫、若虫及成虫 4 个阶段。疥螨主要寄生在牛的表皮内，挖掘隧道并进行繁殖，发育周期为 8～22d；痒螨寄生在牛的表皮，并在皮肤表层完成发育、繁殖的全过程，发育周期为 10～20d。由疥螨导致的牛螨病始于牛体表温湿度恒定、被毛相对稠密的部位，如臀部、背部、角根等位置；而由痒螨导致的牛螨虫病始于牛皮肤的柔软部位，并随着病情的不断进展蔓延到其他部位，引发皮肤广泛性感染。

【症状】

（1）瘙痒 初期病牛瘙痒异常，临床可见其不断摩擦栏杆、墙壁等，皮肤表面出现大面积破溃。尤其在通风不佳、阴雨天气时，病情将持续加重，严重时病牛会不断啃咬患处。

（2）脱毛 疥螨主要生于病牛毛发旺盛之处，损坏毛囊，致使大量毛发急性脱落。由于病牛瘙痒异常会不断摩擦皮肤，因而会进一步加剧毛发脱落。

【危害】牛螨病的传播主要是健康牛与病牛直接接触后导致的，也可通过被污染的用具、拦挡物、地面等导致健康牛感染。饲养人员不注意隔离，也可以通过手、衣服等进行传播。牛螨病多发于日照不足的季节，如初春、秋末及冬季等。在牛毛长且密度大、皮肤湿度大时，容易孳生疥螨和痒螨，严重时可蔓延到全身。病牛常表现皮肤瘙痒及脱毛症状，严重影响正常作息及采食，导致精神状态不佳、烦躁不安、食欲废绝、日渐消瘦、体重降低，部分病牛病情持续进展，甚至出现死亡现象。

【诊断技术】如果观察到牛体表脱毛、皮肤增厚或出血，出现一层灰白色痂皮时可怀疑螨病感染，确诊需要在实验室进行，具体步骤如下：选择病牛皮肤病变与健康皮肤交接处作为样本采集位置，使用手术刀片在采样位置刮取皮屑，直至微微出血为止，将收集到的皮屑带回实验室，用下列方法之一进行诊断：

方法一：将部分刮擦的皮屑置于滴加了 50％甘油溶液的载玻片上，使用低倍镜或者放大镜观察螨虫。

方法二：将部分刮擦的皮屑置于黑纸之上，皮屑上方用白炽灯缓慢加热，若用放大镜观察到螨虫从刮擦的皮屑中爬出即可确诊。

方法三：将皮屑浸入温水或氢氧化钠溶液中进行适当沉淀，去除上层液体后使用低倍显微镜或者放大镜观察沉淀中是否有螨虫。

【防治措施】

1. 预防 对牛群加强管理，定期对牛舍进行通风，使用 2％氢氧化钠溶液对牛舍进行消毒，及时更换牛舍内垫草。冬季注意牛舍保温，加强牛的户外活动。感染螨病时，使用肥皂水每日清洗病牛患病位置，去除皮屑、污染物，将病牛及时进行隔离。

2. 治疗 螨病的治疗可用伊维菌素注射液，7d 为 1 个疗程，按每千克体重注射 0.2mg；也可在病牛患处涂抹皮炎合剂，配方如下：林可霉素（3g）＋甲硝唑（100mL）＋地塞米松（25mg）＋庆大霉素（40 万 IU），1 次/d；也可使用亚胺林硫酸喷涂至病牛背部。

三、蚊蝇危害

【概念】蚊蝇是昆虫纲、双翅目蚊科和蝇科的总称，二者常常相伴而生，且生活史相似，共同成为多种疾病的传播媒介。蚊蝇种群具有数量大、种类多、繁殖快、分布广的特点，一旦大量孳生将难以控制，极易造成疾病的发生和流行，给奶牛养殖带来严重危害。

【病因】 我国已发现的蚊种类超过 300 种，蚊科有 35 属，其中按蚊属、库蚊属和伊蚊属的种类合计占 50％以上，与人兽疾病的关系最为密切。伊蚊多在白天活动，库蚊和按蚊多在晚间活动。常见的蝇有小家蝇、绿蝇、丽蝇、厩螫蝇和大头金蝇。

蚊蝇活动与温度、湿度和光线等因素有关，每年的 5—9 月是其活跃期，8—9 月达到活动高峰，10℃以下时停止活动。①蚊属于完全变态发育，其生活史分为卵、幼虫、蛹、成虫 4 个时期。雌蚊在交配妊娠后必须吸血，卵方可发育成熟。雌蚊一生可产卵 6～8 次，每次可产 200～300 枚卵。在夏季，卵经 3d 左右就可孵化为幼虫，幼虫经过蜕皮变为蛹，再过 2～3d 后蛹在水面蜕皮羽化变为成虫。②蝇是完全变态的昆虫，其生活史分为卵、幼虫、蛹、成虫 4 个时期，每个时期适宜的生活环境不同。蝇虽然寿命在 30～60d，但繁殖能力和生存能力很强，雌蝇一生可产卵 7 次左右，总共可产 500～1 000 枚卵，主要生存在富含有机物、阴暗潮湿的粪堆、臭水沟、垃圾堆、饲料槽、污道边、杂草堆等环境中。蝇为杂食性，既可采食人的食物、牛的饲料，还可采食人和牛的分泌物、排泄物及垃圾、植物的液汁等。饱食后数分钟内即可吐泻、排粪，因而可边吃、边吐、边排，造成牛场饲料、饮水器具、生活区的严重污染。

蚊蝇来自粪污处，每只身上可黏附 1 700 多万个细菌和病毒，主要通过吸血、叮咬、互相舔舐等方式经消化道传播多种疾病。

【症状】 临床上可见大量蚊蝇围绕牛体，牛甩尾不停，不堪袭扰，烦躁不安，食欲下降。

【危害】 蚊蝇对奶牛产业最大的危害主要体现在传播多种疾病和影响奶牛的生产性能上。①仅通过由蝇类携带、传递的病原引发的疾病就可达 50 多种，是牛结节性皮肤病、多杀性巴氏杆菌病、口蹄疫、布鲁氏菌病、乳腺炎等多种疾病的重要传播媒介，可以加快流行性疾病的传播、扩散和蔓延速度。②由于受夏季气温升高、牛舍闷热等应激因素的影响，病牛表现为食欲减退、抵抗力差。蚊蝇在牛体上爬行、叮咬和飞行能够产生噪声，蝇蛆在粪便中活动致使牛舍氨气浓度升高。轻则影响奶牛的生长发育、生产性能和饲料利用率，造成牛体营养流失、抵抗力下降；重则会因牛群相互摩擦和运动加剧，造成损伤、炎症、过敏、贫血等，从而导致牛皮等级降低、饲养成本增加等。

【诊断技术】 肉眼可见，无需特殊诊断。

【防治措施】 对蚊蝇种群的防控难度较大，需坚持多管齐下、长期防控的原则。

1. 环境管理　环境防控是驱蝇灭蚊的最根本方法。在牛场选址设计时，要选择地势高燥、地形开阔、地面平坦、利于排水排污、能够防雨防湿的场址，为防虫防病打下基础。搞好牛场内环境清洁卫生，对垃圾等蚊蝇孳生场所勤清扫、勤消毒。及时铲除牛舍周围的草丛，定期平整积水地、低洼地。经常清理、打扫污水沟、污水井、污道等蚊蝇孳生地，尽量采用暗沟排水。及时清理牛粪，最好采用堆肥发酵或者沼气池进行生物发酵等方法对牛粪进行无害化处理。牛舍门、窗、通风口等开口处要添加纱门、纱窗，以减少蚊蝇入侵。

2. 物理消杀　进入初夏时，用经济实用、安全有效、绿色环保的产品进行防蚊灭蝇，牛舍可按每$100m^2$用1台捕蝇器、1台灭蚊器、2张粘蝇纸消灭蚊蝇，牛舍周围可在树枝上挂日光灯或开启路灯。此外，在牛舍门前或蚊蝇多的位置放一只装有洗衣粉的水盆，雌蚊误以为有食物，会把卵产在其不宜生长的碱性水溶液中，从而达到一定的灭蚊效果。

3. 化学消杀　对其他远离水源、饲草料区域，在不渗漏的广口容器中放置诱捕剂；在内蒙古、哈尔滨、辽宁、吉林、宁夏、甘肃、新疆、河北等地区，对牛粪堆积场、干湿分离场所、污水沟渠、垃圾存放地，采用药物集中投放、喷洒的方法消灭幼虫、虫卵和成蝇；对于牛舍、饲草料库、挤奶厅，采用滞留喷药的方法消灭成蝇。每年的4—5月，1周1次；6—9月，每2周1次。

第五节　原虫病

一、球虫病

【概念】球虫病是由艾美耳属和等孢属的多种球虫寄生于家畜引起的以腹泻为主要临床症状的一类疾病，多发生于犊牛，成年牛为带虫者。

【病因】目前，已报道的可寄生于牛的球虫有27种，其中以邱氏艾美耳球虫和牛艾美耳球虫为主要致病虫种。该病潜伏期为15d左右，虫体主要寄生于肠上皮细胞，并在其内进行发育，进而对肠道造成损伤。肠道黏膜损伤后，其屏障功能丧失，进而继发细菌感染。

【症状】本病的临床症状依赖于肠道内的卵囊数量，严重时以腹泻为主。初期病牛精神沉郁，食欲不振；后期食欲废绝，消瘦无力，排出血便。但在绝大部分情况下，病牛不表现临床症状或症状较轻。

【危害】牛球虫病对肠道上皮细胞造成损伤，使牛的消化吸收减弱，断奶重降低，初产期延长，给养牛业造成巨大的经济损失。同时，感染球虫病后还会继发各类细菌性疾病，造成更加严重的感染。

【诊断技术】根据流行病学、临床症状和粪便虫卵检测，发现特征性卵囊即可确诊。

【防治措施】

1. 预防 应做好场区的生物安全管理，对场内球虫感染状况进行定期监测，以便及时采取措施，防止场内因暴发球虫感染导致的腹泻。应制定标准化规程并对实施效果进行监督检查，同时做好场区人员、环境消毒和抗病品种的选育工作。

2. 治疗 病牛腹泻，容易造成脱水、酸中毒和电解质失衡，进而导致死亡。因此，对于发生腹泻的牛要对症治疗，以补充电解质、缓解机体脱水、预防酸中毒为主，其间每次补液量不能超过体重的3%。

药物治疗方面，以莫能菌素、磺胺二甲嘧啶为主。发生腹泻后，应配合使用抗生素。

二、新孢子虫病

【概念】 新孢子虫病，是由犬新孢子虫寄生在宿主血液内而导致的原虫性寄生虫疾病，在奶牛养殖中主要引起母牛流产或产死胎，以及新生犊牛的运动神经障碍，是奶牛流产的主要原因之一。

【病因】 本病病原为隶属于孢子虫纲、球虫亚纲、真球虫目、新孢子虫属的犬新孢子虫。本病一年四季均可发生，引起的流产呈散发性或地方性流行，同一母牛感染后会造成复发性流产，在我国奶牛中感染比较普遍。

1. 生活史 新孢子虫在发育过程中需要经过两任宿主，其中终末宿主为犬科动物，中间宿主为牛、羊、马等食草动物。犬新孢子虫发育过程中有速殖子、包囊（或组织包囊）和卵囊3种形态类型。

（1）速殖子 寄生于感染动物的各种细胞，呈卵圆形、圆形或新月形。在犬的细胞内，其大小为（4~7）$\mu m \times$（1.5~5）μm，平均为$10\mu m$，与宿主细胞接触5min即可钻入细胞质内，并迅速发育形成虫体集落。

（2）包囊（或组织包囊） 主要寄生于脑、脊椎、神经和视网膜中。包囊中含有大量的、细长形的缓殖子，其细胞器与速殖子相似；但棒状体数量少，细胞核靠一端。

（3）卵囊 发现于犬的粪便中，卵囊的孢子化时间为24h，孢子化卵囊内含2个孢子囊，每个孢子囊内含4个子孢子。

2. 传播途径 传播方式有水平传播和垂直传播。犬科动物如果采食了含有新孢子虫卵囊的肉类、死胎、胎盘等，则卵囊进入小肠，进一步释放出速殖子。速殖子在犬科动物体内大量增殖，经过一段时间后发育为配子、合子，再发育为卵囊。卵囊与犬科动物的粪便一起被排出到自然界中，并依附在各种植物上或者进入水源，然后被牛等所采食。刚被排出的卵囊不具备感染能力，其在外界自然环境中孢子化后即具备了感染性。进入牛体内的卵囊迅速释放大量的孢子，这些孢子随着血液流动而进入全身各处，感染其所处位置的细胞，并发育成为新的速殖子。

【症状】临床上有流产、产死胎及幼犊瘫痪、发育畸形、肌肉收缩，并伴随不同的运动症状。病牛常伏卧于地，不喜站立，驱赶后行走无力，关节有轻度或者重度弯曲，行走不稳，后肢神经麻痹，头部有较为显著的颤动，骨骼变形，眼睛无光、浑浊，眼睑反射迟钝且转动迟缓。

剖检后母牛一般没有明显的病理变化，病变主要集中在流产胎儿的心脏、脑、肝脏、肺脏、肾脏和骨骼肌。典型的病理变化为多灶性非化脓性脑炎和非化脓性心肌炎，同时在肝脏内可能伴有非化脓性细胞浸润和局灶性坏死。

【危害】本病一旦感染就会造成地方性流行，被感染的奶牛会反复出现流产及产死胎，对奶牛业的影响较大。妊娠母牛感染后会出现流产或者腹内胎儿死亡，即便后期能够顺利产犊，但多数也属于弱质犊牛，容易在发育过程中出现死亡。如果犊牛在未出生前已经感染本病，即便其可以正常生长并存活到成年，但也仍然会突然发病，或者不发病而成为隐性携带者，在配种完成并成功妊娠后将本病传递给胚胎。在胚胎阶段即被感染且犊牛出生就表现出各种运动失调等症状，出生后长时间无法站立；也有的犊牛刚出生时表现正常，但经过1～2周后也会发生上述症状。

【诊断技术】通过临床症状和剖检病变可做出初步诊断。当发现母牛流产、幼犊瘫痪，尤其是一群或多群奶牛中出现此类症状时应怀疑为本病，可根据病原学检查、病理检查、血清学诊断、分子生物学检测等进行综合诊断。根据新孢子虫的寄生部位，对新生幼犊的组织进行常规组织学检查。血清学诊断主要包括 IFAT、ELISA、凝集试验及 western blotting 试验等，其中 IFAT 和 ELISA 的应用最广泛，且结果的特异性和敏感性都较高；分子生物学检测主要包括 PCR、qPCR、实时荧光定量 qPCR 及 RAP 等。对病原检测具有较好的特异性，基本能满足对新孢子虫病的诊断。

【防治措施】本病的治疗尚处于探索阶段，迄今为止还未发现特效药物，磺胺类药物对此病的治疗效果相对较好。预防手段最好的方法主要集中在日常管理和尽量减少外源性输入上。通过疫病检测，净化牛群；奶牛场应该尽量做到自繁自养，对引进的奶牛进行严格的检疫、隔离饲养；对场内及其周围的犬进行严格管理，禁止犬进入牛栏，减少奶牛与犬直接接触的机会，禁止给犬饲喂奶牛的胎盘、流产的胎牛。

三、弓形虫病

【概念】弓形虫病是由刚地弓形虫感染引起的一种寄生于人和动物的寄生

虫病。在世界范围内广泛分布，感染率比较高，对人类健康和公共卫生构成了严重威胁。我国将其列为三类动物疫病。

【病因】本病病原是属真球虫目、弓形虫科、弓形虫属的细胞内寄生性原虫。本属只有1个种、1个血清类型，即刚地弓形虫，但有不同的虫株。弓形虫在不同发育期可表现为以下5种不同的形态。

1. 滋养体 又称速殖子，呈香蕉形或新月形，长3.5～6.5μm、宽1.5～3.5μm；一端尖，另一端钝圆。常在急性感染期出现于细胞内外。

2. 包囊 呈圆形或椭圆形，直径50～60μm，可长期存活于组织内，破裂后可释放出缓殖子，常在慢性感染期出现在细胞内。

3. 裂殖体 成熟后变圆，直径12～15μm，内含4～20个裂殖子，呈扇形排列。

4. 裂殖子 游离的裂殖子大小为（7～10）μm×（2.5～3.5）μm，前端尖，后端钝圆。裂殖子进入另一细胞内重新进行裂殖生殖，变为配子体。配子体有大小两种，大小配子结合形成合子，由合子形成卵囊。

5. 卵囊 呈椭圆形或近似圆形，大小为10～12μm，囊壁两层。成熟的卵囊内含2个孢子囊，每个孢子囊内含4个长形的子孢子。

弓形虫的生活史较复杂，需要双宿主，在终末宿主（猫属和猪属动物）体内进行球虫型发育；在中间宿主（多种哺乳动物、鸟类、爬行类、鱼类等）体内进行肠外期发育。在中间宿主体内，弓形虫可在全身各组织脏器的有核细胞内进行无性繁殖。急性期时形成新月形的速殖子及许多虫体聚集在一起的虫体集落；慢性期时虫体呈休眠状态，在脑、眼和心肌中形成圆形的包囊，囊内含有许多形态上与速殖子相似的慢殖子。

动物因吃了猫粪中的感染性卵囊或含有弓形虫速殖子或包囊的中间宿主的肉、渗出物和乳汁而被感染。速殖子期是弓形虫的主要致病阶段，以其对宿主细胞的侵袭力和在有核细胞内独特的内出芽增殖方式来破坏宿主细胞。虫体逸出后又重新侵入新的细胞，刺激淋巴细胞、巨噬细胞浸润，导致组织的急性炎症和坏死。包囊内的缓殖子是引起慢性感染的主要形式，包囊破裂后游离的虫体可刺激机体产生迟发性变态反应，并形成肉芽肿病变。

【症状】感染该病的奶牛表现为体温升高、呼吸困难、腹泻及中枢神经系统症状。临床上主要表现为喜卧、饮食量减少、精神萎靡、呼吸急促、体温升高到40℃左右；粪便较干，呈黑色，部分带血。发病后数日出现神经症状，后肢麻痹，身体无法放松，不能自主站立，并导致死亡，但多数病牛可耐过。剖检后可见肺脏稍膨胀，暗红色，带有光泽，间质增宽，有针尖至粟粒大的出血点和灰白色坏死灶，切面流出多量带泡沫液体。全身淋巴结肿大，呈灰白色，切面湿润，有粟粒大、灰白色或黄白色的坏死灶和大小不一的出血点。肝脏、脾脏、肾脏也有坏死灶和出血点。盲肠和结肠有少数散在的黄豆大小的溃疡，淋巴滤泡肿大或坏死。心包、胸腹腔液增多。

【危害】弓形虫病都会造成奶牛和养殖人员感染，是养殖场需要加强重视的一种疾病。妊娠期奶牛感染后，容易使胎盘养分不足，导致母体体质下降，继而导致胎儿发育停止。犊牛感染后，易引发营养不良、体质羸弱、生长停滞甚至死亡。

【诊断技术】奶牛患弓形虫病的临床症状、病理变化和流行病学虽有一定特点，但不足以作为确诊的依据，需采用实验室诊断方法进行确诊。可将病牛的肺脏、肝脏、淋巴结等组织做成涂片，用吉姆萨或瑞式染色，在显微镜下观察有无滋养体。血清学诊断有染料试验、补体结合反应及酶联免疫吸附试验等。

【防治措施】

1. 预防　奶牛弓形虫病的传染性比较强，部分奶牛感染此病后发病症状不明显，很容易发生因发现不及时而导致大面积感染的情况，所以需要提前接种疫苗。要控制该病的发生，牛舍内应严禁养猫，同时也要防止野猫进入牛舍，严防草料及饮水接触猫粪。保证饲养环境干净、卫生，做好清理和消毒工作。定期对奶牛进行抽检，引种时要做好疾病检疫和病原检测工作，隔离饲养期满后血清学检查为阴性且没有出现发病情况时，方可与其他奶牛混合饲养。

2. 治疗　主要用磺胺类药物。对发病后症状较为明显的病牛，可肌内注射复方磺胺对甲氧嘧啶钠；病症较轻的奶牛采用同样的治疗方法，但需要适当减少用药剂量；同时，注射 B 族维生素和维生素 C 以提高机体的免疫力。若存在皮下气肿，则会影响药物的治疗效果，病牛的死亡率会有所增加。因此，必须及时发现奶牛的异常情况，尽快确诊并治疗。

四、伊氏锥虫病

【概念】伊氏锥虫病亦称苏拉病，是由伊氏锥虫经吸血昆虫传播的寄生在牛血液中的一种原虫病。临床上以高热、贫血、黄疸、机体进行性消瘦且死亡率高为特征。目前，本病在全世界各地均发，给养牛业带来较大的经济损失。我国将其列为三类动物疫病。

【病因】伊氏锥虫为单形型锥虫，呈细长的柳叶形，长 $18\sim34\mu m$、宽 $1\sim 2\mu m$，前端比后端尖。细胞核位于虫体中央，椭圆形。距虫体后端约 $1.5\mu m$ 处有一小点状动基体。靠近动基体为 1 个生毛体，自生毛体生出 1 根鞭毛，沿虫体伸向前方与虫体相连，最后游离。

伊氏锥虫主要寄生在淋巴液、脑脊液、血浆及脏器中，由虻及吸血蝇类在吸血时进行机械性传播。伊氏锥虫在进入牛体之后，会进行快速的分裂繁殖；同时，虫体在不断繁殖及自身死亡过程中会分泌有毒物质，破坏牛的中枢神经系统，致使牛出现功能性障碍；接着侵入造血器官，使红细胞不断溶解，造成红细胞数量减少，引起贫血及黄疸。毒素侵害毛细血管壁，导致管壁渗透性增大，从而引起水肿。当毒素破坏肝脏时，使其无法正常储存肝糖原，因此在病程后期往往会出现低血糖症；加之血液中乳酸含量增多，因此会严重破坏血液的酸碱平衡。红细胞数量减少，无法提供充足的氧，导致体内不断积蓄各种有害的代谢产物，从而造成机体酸中毒。此外，当中枢神经系统被抑制时，会导致病牛体温急剧升高，往往可超过40℃，陷入昏迷。

【症状】病牛出现进行性消瘦、贫血、间隙高热、结膜出血、黄疸、心机能衰退、体表水肿和神经症状。大多数病牛呈慢性经过或者带虫状态，发病时体温升高，数日后体温恢复，经一定时间间歇后体温再度升高。精神萎靡，食欲减退，机体瘦弱，反应缓慢，四肢水肿，甚至发生溃疡、坏死，特有症状是耳、尾会出现坏死性脱落。

皮下水肿为本病的主要特征。体表淋巴结肿大、充血，断面呈髓样浸润，血液稀薄，凝固不良。胸腹腔内有大量浆液，胸膜及腹膜上有出血点。肝脏肿大，肾脏肿大，心脏肥大。出现神经症状的病牛脑腔中有积液，软脑膜下充血或出血。

【危害】奶牛的易感性较弱，感染此病后多呈慢性，少数呈带虫状态。锥虫在血液中寄生后产生大量毒素，使奶牛中枢神经系统受损，引起体温升高和运动障碍，导致产奶量下降，母牛容易流产，对奶牛养殖业造成较大危害。

【诊断技术】可根据流行病学、临床症状、血液学检查、病原学检查和血清学诊断进行综合判断。

1. 流行病学诊断　本病多流行于热带和亚热带地区，发病季节多为昆虫活跃的季节。在本病流行地区的多发季节，发现有可疑症状的病牛，应进一步进行实验室诊断。

2. 虫体检查　在病牛耳静脉采血，加等量生理盐水，混合后覆以盖玻片，作成压滴标本，在显微镜下检查血浆内有无游动的虫体；也可以按照常规操作制成血涂片，进行瑞氏或吉姆萨涂片染色后镜检。若锥虫数量较少时，可用集虫法，即采血于离心管中，加抗凝剂，1 500r/min离心10min，红细胞沉于试管底部；由于锥虫比重与白细胞比重相似且较红细胞轻，故浮于红细胞上层；吸取白细胞层，通过涂片、染色、镜检，可检查到虫体。

锥虫在病牛血液中的出现无一定规律，慢性病例更是如此，故常采用血清学反应作为辅助诊断，常用的方法为间接血凝试验、琼脂扩散试验、补体结合反应和酶联免疫吸附试验。

【防治措施】

1. 预防　加强饲养管理，搞好牛舍的环境卫生，在虻、蝇等吸血昆虫活跃季节定期使用杀虫药，尽可能消灭传播媒介。对牛舍周围的粪便、杂草要及时清除干净，并填平污水坑、小水塘、粪坑，防止蝇等大量孳生。临床上常用喹嘧胺预防盐进行预防。

2. 治疗　对于检出的病牛，必须采取单独饲养、治疗。可以选择萘磺苯酰脲进行治疗，将 3～5g 萘磺苯酰脲加入生理盐水中配成 10% 的溶液，静脉注射。也可以选用三氮脒，病牛按每千克体重用 3～5mg，与适量灭菌蒸馏水制成 5% 的溶液，在深部肌肉进行 1 次注射，具有很好的治疗效果。病牛经药物治疗后，有少数经过一定时间后可复发，复发病例对原使用药物能产生抗药性，建议改用另一种药物治疗。

五、梨形虫病

【概念】梨形虫病是由泰勒梨形虫和巴贝斯虫寄生于牛红细胞内所引起的疾病总称。可感染多种动物，以反刍动物易感，偶有人被感染。我国将其列为二类动物疫病。

【病因】梨形虫在分类上属于孢子虫纲、梨形虫亚纲、梨形虫目。本病主要通过蜱虫和患病奶牛传播，是一种蜱传性血液原虫病。牛巴贝斯虫是一种小型的梨形虫，呈梨籽状的典型形态，长度比红细胞的半径小，2 个虫体以其尖端形成钝角相连，位于红细胞的边缘。寄生于红细胞内的泰勒梨形虫体形状多种多样，有椭圆形、逗点形、杆形等，大小比巴贝斯虫体小。泰勒梨形虫体会随着硬蜱的唾液进入牛体，但不能通过硬蜱的卵传给下一代蜱。

【症状】梨形虫病的潜伏期为 4～10d。初期病牛体温升高，可达 40～42℃，呈稽留热型，精神不振，食欲和前胃蠕动迟缓；中后期表现为精神沉郁，反应力和视力减弱，呼吸急促，喜侧头卧地，反刍减少，产奶量和乳汁质量下降，便秘或腹泻，有的病牛排黑褐色、恶臭、带黏液的粪便。随着病程的发展，心血管系统和呼吸系统也出现相应病症，脉搏快而弱，呼吸困难，血液稀薄，出现贫血、黄疸症状。在发病后期，病牛极度虚弱，食欲废绝，可视黏膜苍白。急性病例如不及时治疗，可在 4～8d 内出现死亡，体质差的奶牛在患病严重情况下 2～3d 便会死亡。轻度病例在血红蛋白尿出现的 3～4d 后体温下降，尿色变清，病情逐步好转。

从剖检结果发现，病牛尸体消瘦，血液稀薄且颜色比较淡，血凝不良。全身淋巴结肿大；肝脏肿大，呈黄色；脾脏明显肿大，可达到正常大小的 2～4倍，脾髓变软，呈黄红色，质脆脆弱；膀胱中有血尿；同时，皮下组织充血且内脏位置有出血点。泰勒梨形虫病会导致体表淋巴结肿大，包膜下存在出血，剖面湿润多汁；心脏外膜和内膜存在出血点，心肌发生变性，坏死；皱胃黏膜存在出血点、黄白色结节及不同大小的溃疡。

【危害】梨形虫病通过蜱传播，因而具有明显的季节性和地区性。巴贝斯虫的传播媒介是微小牛蜱，泰勒梨形虫的传播媒介是残缘璃眼蜱。奶牛一旦感染则变现为发热、贫血、排血红蛋白尿、食欲减退、反刍减少、产奶量和乳汁质量下降。病牛尤其是 1 岁左右的奶牛往往会出现机体消瘦，发育不良，给奶牛产业造成非常大的危害。

【诊断技术】剖检病变、血常规检查等可做出初步诊断，确诊需进行实验室检查。

1. 临床诊断　根据病牛的临床症状（清瘦、贫血、高热、排血红蛋白尿等）进行诊断，在基层有较大的实用意义。

2. 血常规检查　已出现血红蛋白尿的病牛可抽取血液进行血常规检查，可见血沉速度显著加快，血红蛋白含量降至 25% 左右，红细胞数量降至 200 万个/mm^3 以下，白细胞数量增加 3~4 倍，淋巴细胞数量增加，中性粒细胞数量减少，嗜酸性粒细胞数量占比降至 1% 以下。

3. 虫体检查　采集病牛颈静脉血，制成血涂片，用甲醇固定，用吉姆萨染色后镜检。若见红细胞内有梨形、椭圆形、分叶形、逗点形、杆状虫体即可确诊。

4. 淋巴结涂片检查　对肿大的体表淋巴结进行无菌穿刺，抽取淋巴内容物进行涂片，用吉姆萨染色后镜检。若在涂片中或淋巴细胞内发现石榴体即可确诊。

5. 血清学诊断　有间接血凝试验、间接荧光抗体试验等。ELISA 已广泛用于染虫率较低的带虫牛的检疫、梨形虫病的流行病学调查。

6. 分子生物学诊断　已建立了检测巴贝斯虫、泰勒虫的常规 PCR 方法、巢式 PCR 方法等分子生物学方法，准确率较传统的虫体检查法高。

【防治措施】

1. 预防　严格做好灭蜱工作，切断传播途径，按照当地蜱的种类和生活习性进行计划性灭蜱。奶牛梨形虫病在我国分布广，养殖户要加强对奶牛梨形虫生活史及疾病的流行病学、临床症状、剖检病变、诊断等方面的理解，采取科学饲养等综合防治措施，降低梨形虫病对养牛业的危害，减少经济损失。

2. 治疗　病牛除单独使用抗梨形虫药物进行治疗外，同时根据病情采取有效的对症治疗，并加强护理，可使治愈率超过 90%。目前，临床上用于治疗的药物主要有咪唑苯脲、三氮脒、硫酸喹啉脲等。咪唑苯脲，按体重计算注射剂量，休药期不少于 28d。如果病牛症状较重，则要配合采取对症治疗，避免继发感染；如果病牛出现严重贫血，则每次肌内注射 1~2mg 维生素 B$_{12}$。三氮脒，病牛按体重计算注射剂量，在臀部深层肌肉进行分点注射。如果病牛症状较轻则用药 1 次即可，如果症状较重则每天用药 1 次，连用 3d。硫酸喹啉脲，病牛按体重计算皮下或肌内注射剂量。为确保疗效，可间隔 2d 后再注射 1 次。使用硫酸喹啉脲要特别注意，妊娠母牛可能发生流产。

六、毛滴虫病

【概念】毛滴虫病，是由胎儿三毛滴虫寄生于奶牛生殖道而引起的疾病，呈世界性流行。奶牛感染毛滴虫后可能会引起生殖器官炎症、流产、产死胎和不育，出现生长发育缓慢、腹泻或引发其他疾病等，对奶牛养殖业造成一定的影响。我国将其列为三类动物疫病。

【病因】胎儿三毛滴虫在分类学上属毛滴虫科的三毛滴虫属、是一类隶属于副基体门、毛滴虫科的原生动物，其形态以 3 根前鞭毛、1 根与波动膜相连的后鞭毛为特征。

本病主要通过交配和人工授精的方式感染，也可通过从病牛生殖器官流出的分泌物污染的垫草、护理用具等感染，蝇类也可起到传播媒介的作用。胎儿三毛滴虫主要寄生于母牛的阴道分泌物、子宫，以及公牛的包皮腔、阴茎黏膜、输精管等处，严重时也会在生殖器官的其他部位寄生。患病妊娠母牛所产胎儿的胎盘、胎液、体腔和胃中也存在大量虫体。胎儿三毛滴虫随环境不同而表现多种形态，在白细胞间及上皮细胞呈现蛇形运动。

【症状】毛滴虫病的发病机制目前尚不完全清楚，一般认为细胞毒性和细胞黏附是虫体致病的主要因素。

临床上感染母牛出现屡配不孕、成群不发情、发情周期不正常、早期胚胎死亡、流产和生殖道炎症等。感染初期，病牛体温不高，感染 2～3d 后阴道红肿，感染 7～15d 后从阴道流出絮状的灰白色分泌物，同时阴道黏膜上出现疹样结节；妊娠后 1～3 月内出现胎儿死亡、流产现象；当子宫发生化脓性炎症时，阴道开始流出脓样白色或粉红色分泌物，此时感染母牛体温升高、产奶量下降；公牛感染时表现为包皮肿胀，留出大量脓性分泌物，阴茎黏膜有红色小结节，不久症状消失。虫体侵入深层或组织器官时临床上不呈现症状。

【危害】胎儿三毛滴虫是导致奶牛生殖器官疾病的一种寄生性原虫，可由慢性感染的公牛或其精液传播于母牛。母牛感染后会发生生殖器官炎症，出现不发情、产死胎、流产和不孕等，临床上表现为脓性卡他性阴道炎、子宫内膜炎等症状。

【诊断技术】本病通过临床病史和体征可做出初步诊断。尤其是公牛隐性感染毛滴虫病较多见，即使部分感染公牛出现临床症状，但往往也无特征，因此牛毛滴虫病的诊断难度较大，确诊必须借助于实验室诊断，主要通过采血化验。直肠检查可直接区别是否为生殖器官疾病引起的一系列症状。另外，也可用虫体检查法。

确诊应采集有临床症状的样本。将采集的母牛阴道洗涤液装入离心管中，在一定转速下离心后取其沉淀物作为待检样本；将采集的公牛精液等进行虫体显微镜检查、PCR 扩增虫体 DNA 等实验室诊断，具体操作按照《牛毛滴虫病诊断技术》（NY/T 1471—2007）执行。

【防治措施】

1. 预防　毛滴虫病严重影响牛的繁殖性能，只有采取综合性防控措施，才能取得一定的效果，预防奶牛毛滴虫病主要包括几个方面：①染病区每年应定期普查牛群，将健康牛与病牛分开饲养。②坚持自繁自养，做好引种管理监督，进行严格驱虫和免疫。③加强饲养管理，注意圈舍环境卫生，做到勤通风、及时通风。④定期进行消毒、驱虫，做好粪便管理。⑤养殖场人员需注意卫生习惯，改善生活方式。

2. 治疗　治疗本病的药物有甲硝唑、地美硝唑、替硝唑、硝唑尼特和中草药，前 2 种是首选治疗药物。

有许多中药也可以用来治疗毛滴虫病，如白头翁、鸽滴清等。白头翁的不同提取物对毛滴虫病的作用效果不一样，其中水浸膏作为提取物对人五毛滴虫的抑制效果要强于乙酸乙酯、正丁醇和皂苷。

七、无浆体病

【概念】牛无浆体病是由无浆体寄生于牛红细胞内的一种以蜱虫为主要传播媒介的血液性传染病，对年龄较大的牛危害最为严重，临床上以发热、贫血、消瘦、衰弱、黄疸和胆囊肿大为主要特征。该病呈世界性分布，在热带和温带地区流行时有很高的发病率和病死率，给养牛业造成了严重的经济损失，在我国很多地方都有牛无浆体病相关报道，国际动物卫生组织和我国都将其列为主要的检疫对象之一。

【病因】该病病原无浆体旧称为边虫，是一种介于细菌和病毒之间的小型原核单细胞微生物，将其列为立克次体目、无浆体科。无浆体的细胞形态、结构和繁殖方式类似于细菌，但是在生长要求上与真菌类似，需要通过蜱、螨虫、跳蚤和虱子等媒介进行传播。

引起牛无浆体病的有 3 种无浆体，分别是边缘无浆体边缘亚种、边缘无浆体中央亚种和绵羊无浆体。补体结合反应表明这 3 种无浆体具有抗原交叉性。

无浆体外观呈圆形、杆形或环形，几乎无细胞质、无鞭毛，不具有运动迁移的能力，无荚膜，革兰氏染色呈阴性，吉姆萨染色为紫红色。对红细胞具有高度侵染力，感染的红细胞含 1～3 个菌体，牛感染后体内病原有 90% 分布在红细胞边缘，少部分在红细胞中央。用电子显微镜观察，这种结构是由一层界膜与红细胞浆分割开的内含物，每个内含物含 1～8 个亚单位或者初始体。初始体是实际寄生体，呈颗粒状的致密结构，每个直径为 $0.2\sim0.4\mu m$，外有双层膜。初始体通过内陷和形成空泡的方式进入新的红细胞，初始体在空泡中以二分裂形式进行增殖并形成一个内含物。这个过程反复发生，从而大量破坏红细胞，导致病牛贫血、黄疸等。

【症状】本病的潜伏期长短不一，短则半个月，长则可达 2 个月左右。潜伏期的长短跟感染牛的日龄有很大关系，年龄越大潜伏期越短、病情越重。

根据病原的类型不同，病牛的临床症状也有差异。感染边缘无浆体中央亚种时症状较轻，有时会出现贫血、衰弱和黄疸，但是病牛一般不会死亡。而边缘无浆体边缘亚种的致病性较强，引起临床症状重。急性病例体温会突然升高达 $40\sim42℃$，唇、鼻镜变干，采食量下降或废绝，反刍减少，抑郁，衰弱，可视黏膜苍白或黄染，耳根凉，呼吸和心跳增快，贫血，无血红蛋白尿；虽可见腹泻但便秘更为常见，粪便呈黑色，有时有黏膜和血覆盖，部分病牛出现阵发性肌肉震颤。慢性病牛则日渐消瘦，贫血，黄疸，衰弱。

病牛体表有蜱附着时大多数器官变化都和贫血有关。病牛尸体消瘦，颈部、胸下、腋下有轻度水肿；体腔内有少量渗出液，内脏器官脱水、黄染；淋巴结肿大；心包内有积液，心内外膜、冠状沟和其他浆膜有血斑；肺气肿；肝脏呈显著黄疸；胆囊扩张，充满胆汁；脾脏肿大 $3\sim4$ 倍且质脆如泥；肾脏为黄褐色；胃有出血性炎症；大、小肠有卡他性炎症；骨髓增生，呈红色。

【危害】本病发病率可达 $10\%\sim20\%$，病死率可达 5%。死亡多半是因无浆体和其他病原（如巴贝斯虫）联合作用引起的，或营养缺乏和微量元素缺乏所致。妊娠母牛可发生流产，发情不规律，易继发其他疾病。

【诊断技术】根据流行病学调查、临床症状、剖检变化和血片检查可做出初步诊断。

确诊需进行实验室诊断。无菌采集病牛的血液样本，经革兰氏染色后在显微镜下可以观察到圆形或环状的革兰氏阴性菌。进行吉姆萨染色时，菌体呈现紫红色。也可以进行血清学试验确诊，如 ELISA、补体结合试验和间接荧光抗体试验等，最准确的诊断方法是使用 PCR。另外，在病牛体表发现蜱虫，病牛发热、黄疸、贫血、尿液清亮有泡沫产生，对诊断也具有重要意义。

【防治措施】

1. 预防 由于吸血类的蜱是主要传播媒介，因此消灭牛场周围的蜱能从根本上防治此病。

2. 治疗 四环素、金霉素或土霉素等可用于该病治疗。除了使用抗生素外，病牛还必须配合对症治疗，如在饲料或饮水中加入电解多维、肌内注射维生素 B_{12}、饲料中拌入铁制剂等。

第五章　奶牛普通病

第一节　营养代谢病

一、瘤胃酸中毒

奶牛采食过量的精饲料或长期采食酸度过高的青贮饲料时，瘤胃内会产生大量乳酸等有机酸，导致 24h 内瘤胃 pH 维持在 5.2～5.6 长达 3h，引发机体代谢性酸中毒，临床上呈现消化紊乱、脱水、卧地不起、休克、毒血症等特征。

【病因】

1. 有机酸堆积　高精日粮中含有大量淀粉、蔗糖和乳糖等易于被瘤胃微生物分解的碳水化合物，瘤胃 pH 的变化很大程度上受日粮中可发酵碳水化合物含量的影响。奶牛采食易发酵碳水化合物后，瘤胃液中的胞外微生物酶将碳水化合物消化生成单糖，并在微生物的作用下通过不同的代谢途径生成乙酸、丙酸、丁酸和其他有机酸。正常情况下，瘤胃内有机酸的产生和消耗持平衡状态，但易于发酵的碳水化合物在瘤胃内发酵产生大量有机酸时，会导致有机酸累积，造成瘤胃 pH 下降。研究发现，瘤胃内总挥发性脂肪酸浓度升高是导致瘤胃 pH 降低的主要原因，乳酸次之。当奶牛发生瘤胃酸中毒时，瘤胃内几乎检测不到乳酸，表明乳酸不是酸中毒的主要诱因，但是乳酸积累会加重酸中毒症状。

2. 瘤胃异常代谢　奶牛在采食大量的可发酵碳水化合物后，瘤胃 pH 下降，引发瘤胃酸中毒，导致瘤胃微生态系统平衡被打破，革兰氏阴性菌的死亡会释放大量脂多糖（lipopolysaccharide，LPS），同时网状内皮系统由于氧合不全，吸收转化 LPS 的能力降低，导致瘤胃 LPS 含量快速上升。此外，在低 pH 环境下，不同种类的细菌使组胺酸脱羧生成组胺，导致瘤胃内组胺含量增加。正常生理状态下，瘤胃上皮细胞对 LPS 和组胺的通透性很低，能够有效防止其被机体吸收。但在瘤胃酸中毒状态下，瘤胃和瓣胃上皮细胞发生过渡凋亡，角质层被破坏，通透性增加，产生的大量 LPS 和组胺通过胃壁进入血液循环系统并分布到各组织器官，诱发内毒素血症。内毒素血症会导致微循环障碍，发生缺氧，糖代谢向无氧酵解方向进行，造成大量乳酸积累，进一步加重酸中毒。

【症状】

1. 群体症状 在牛舍内可闻到刺鼻的酸臭味，并可看到糊状或者水样粪便，色泽呈灰黄色，风干后如同黑药膏状。牛群往往反应迟钝，即使人为驱赶也不愿走动，目光呆滞，部分牛行走时如醉酒状；部分牛卧地不起，并伴有磨牙、流涎，发出痛苦的呻吟声；有些牛烦躁不安，并经常用脚踢腹。饲喂时，大部分牛食欲不振，少数甚至停止采食，反刍和排尿量减少。

2. 个体症状

（1）最急性型（重型） 奶牛采食或偷食大量谷类饲料后几小时即出现中毒症状，病势发展较为迅速。临床上表现出腹痛症状，如站立不安、用脚踢腹等。有的病例精神高度沉郁，呈昏睡状态。食欲废绝，大量流涎，步态蹒跚，无法站立，被迫横卧时头弯曲于肩部，类似产后瘫痪姿势。眼结膜充血，视力极度减弱，甚至失明，瞳孔散大，反应迟钝。体温正常或轻度降低（36.5～38.0℃），呼吸正常，脉搏加快（120～140 次/min）、细弱。尿少甚至无尿。出现皮肤干燥、弹性减退等严重脱水症状。瘤胃蠕动停止，黏膜脱落，腹围膨胀，高度紧张。一般约在 12h 后死亡。

（2）急性型 奶牛往往在采食大量精饲料后12～24h 内发生酸中毒，精神沉郁，呻吟，磨牙，肌肉震颤，泌乳量降低，步态跛跄，卧地不起。食欲废绝，但饮欲大增，出汗，排泡沫状稀粪（血便），尿液减少，瞳孔散大，反应迟钝。体温升高（38.5～39.5℃），脉搏加快（90～103 次/min），呼吸正常或减弱。有腹痛症状且伴发蹄叶炎的病牛，还有皮肤干燥、无弹性等脱水症状。

（3）亚急性型（轻型） 由于临床症状轻微，故多数奶牛感染后不易被发现。通常出现暂时性食欲减退，但饮欲有所增加，眼窝凹陷，瘤胃蠕动减弱，泌乳量减少，乳脂率降低（0.8％～1％），其他指标接近正常，腹壁稍显紧张。步态强拘，站立困难，被迫卧地，有时也伴发慢性瘤胃臌气、轻型蹄叶炎和瘤胃炎等。

（4）轻微型 病牛呈消化不良体征，食欲减退，反刍无力或停止，瘤胃运动减弱，稍显臌胀，内容物硬且呈捏粉样，瘤胃液 pH 为 6.5～7.0。脱水体征不明显，全身症状轻微。数日间腹泻，粪便灰黄、稀软或呈水样，混有黏液。轻微型病牛多能自愈。

【危害】

1. 干物质采食量降低 干物质摄入量的减少通常被认为是酸中毒的一个稳定且敏感的体征，并已被用作诊断瘤胃酸中毒的临床指标。多项研究表明，瘤胃酸中毒奶牛的采食量降低，总混合日粮摄入量约减少 25％；此外，消化日粮的能力受损。采食量下降的原因可能包括纤维消化率降低、挥发性脂肪酸

（尤其是丙酸）含量升高和瘤胃渗透压增加。

2. 乳成分改变 当奶牛发生瘤胃酸中毒时，会导致牛奶中乳脂率下降，乳脂率与蛋白比例颠倒，酸中毒时间病程过长，乳蛋白率也会下降。亚急性瘤胃酸中毒奶牛产奶量、乳脂率及乳蛋白率分别下降约 2.7kg/d、0.3％和0.2％。

3. 引起并发症 当奶牛发生酸中毒时，还会继发一系列的代谢病，如瘤胃炎、肝脓肿和蹄叶炎等。因为奶牛瘤胃细胞与皱胃细胞不同，瘤胃上皮细胞不受黏液保护，很容易受到酸的化学损伤。所以当瘤胃 pH 降低时可导致奶牛发生瘤胃炎，最终导致奶牛发生瘤胃角化不全和瘤胃上皮溃疡。一旦奶牛出现瘤胃上皮发炎，细菌就可以定殖乳头并渗漏到门静脉循环中。这些细菌可能导致肝脓肿，脓肿部位周围有时有腹膜炎。此外，研究表明蹄叶炎的发生可以作为诊断奶牛酸中毒的辅助手段。当奶牛群中 10％以上的奶牛发生蹄叶炎时，应当考虑酸中毒的影响。

【诊断技术】奶牛发生亚急性酸中毒不易被察觉，临床表现为采食量显著下降，并伴随蹄病、机体脓肿、腹泻等。目前为止，诊断亚急性酸中毒的最主要方法为测定瘤胃液的 pH。当奶牛在采食后 3～5h 后瘤胃 pH 下降至 5.6 以下，且伴有采食下降、乳脂率降低、粪便形态发生改变等症状时可确诊。到目前为止，采集瘤胃液的方法包括安置瘤胃瘘管法、口腔插胃管法及瘤胃穿刺法等。安置瘤胃瘘管法是对奶牛进行手术后安置瘤胃瘘管进行取样，该方法对奶牛的伤害很大，且不适用于大量的样本采集。口腔插胃管法虽然对奶牛的伤害较安置瘤胃瘘管法小，但使用本方法收集瘤胃液时会融入大量的唾液，影响瘤胃 pH 的准确性。瘤胃穿刺法是较为常用的方法，采用此方法收集的瘤胃液测其 pH 可客观检测奶牛是否患有亚急性酸中毒。

除此之外，还可以通过以下几种方法来诊断奶牛是否发生亚急性酸中毒。

方法一，由于奶牛发生亚急性酸中毒时，瘤胃内的游离脂多糖含量也在增加，因此也可通过检测瘤胃内的脂多糖含量来辅助诊断。

方法二，部分研究发现，尿液 pH 与瘤胃 pH 之间呈正相关关系，尿液 pH<8.35 提示奶牛有患亚急性瘤胃酸中毒的风险（标准）。

方法三，当发生亚急性酸中毒时，奶牛消化功能会减弱。因此，可筛分粪便样本，若粪便中存在大颗粒纤维（直径>2.5cm）、未消化的颗粒和纤维蛋白结晶，则表明奶牛患有亚急性酸中毒。

方法四，若尸检中发现瘤胃炎、瘤胃角化不全、肝脓肿和肺部细菌栓塞，则表明奶牛发生了亚急性酸中毒。

【防治措施】

1. 添加缓冲剂 日粮干物质中添加 0.75％的缓冲剂（碳酸盐等），能有效降低亚急性瘤胃酸中毒的发病率。

2. 合理调控纤维比例　日粮中添加富含纤维的粗饲料是控制酸中毒的有效方法。NRC（2001）建议，泌乳牛日粮中的中性洗涤纤维含量应占干物质的27%～30%，其中70%～80%的中性洗涤纤维由粗饲料提供。

3. 控制日粮搭配　合理搭配精粗饲料比例，防止碳水化合物摄入过多。奶牛适宜的精粗饲料比例（以干物质计）为泌乳前期50∶50、泌乳中后期35∶65、干乳期15∶85。在泌乳早期，加喂精饲料时要缓慢，一般适应期为7～10d。

4. 添加益生菌　奶牛日粮中添加乳酸利用菌、混合酵母等益生菌，能有效提高青贮玉米的消化率，并能促进瘤胃中乳酸利用菌的生长，从而稳定瘤胃pH，减少乳酸产量，改善瘤胃内环境，降低瘤胃酸中毒的发生率。

5. 加强饲养管理　对不同生长阶段奶牛采用分群管理的措施，并根据不同营养需要配制日粮。遵守合理的饲养制度，逐渐过渡或变更饲料和饲养管理措施，使瘤胃内微生物区系逐渐适应日粮变化。谷类精饲料颗粒大小要均匀，防止过细；同时，严格控制精饲料喂量，防止奶牛过食、偷食。

二、酮病

酮病是由碳水化合物和脂肪代谢紊乱引起的牛的一种全身功能失调性疾病，临床上表现为血液、尿液、奶中的酮体含量增加，血糖浓度下降，消化机能紊乱，体重减轻，产奶量下降，间有神经症状。多发生在产后的第1个泌乳月，尤其是产后3周内，以高产奶牛多发。

【病因】

1. 原发性酮病　奶牛原发性酮病主要是由能量负平衡造成的。通常情况下，奶牛在分娩后10周内采食状态不能及时恢复，食欲较差，营养物质摄入不足。但由于奶牛的泌乳高峰期出现在产犊后的4～6周，随着产奶量的剧增，机体葡萄糖被大量调动合成乳糖，因此体内的能量消耗大于能量供给，促使体内的脂肪酸大量分解，以弥补缺失的能量。此时奶牛机体脂肪储备被过度调动，氧化大量的非酯化脂肪酸，使得肝脏内产生大量酮体（丙酮、乙酰乙酸和β-羟丁酸）。机体代谢非酯化脂肪酸的速率有限，导致机体内的酮体水平异常升高。能量摄入不足和产奶量的剧烈增加使得奶牛机体代谢失衡，泌乳期能量调节机制超负荷运转就会导致负能量平衡，进而引发酮病。

正常情况下，机体有充足的葡萄糖供应，并不会动员体脂或体蛋白供能。因此，机体产生的酮体物质很少。这些酮体物质有小部分随尿液排出体外，大部分会被氧化成生成乙酰辅酶A，继而结合草酰乙酸进入三羧循环充分代谢供能。但当糖类缺乏时，脂肪和蛋白动员会产生大量的酮体物质，而酮体完全代谢所必须的草酰乙酸又离开三羧循环参与葡萄糖合成，使草酰乙酸严重不足，造成酮体物质氧化生成的乙酰辅酶 A 无法进入三羧酸循环，最后又生成酮体。这种代谢障碍，造成酮体在机体内大量蓄积。

2. 继发性酮病　由其他并发症引发的酮病为继发性酮病，主要包括生殖系统疾病（子宫炎症）、消化系统疾病（皱胃变位、瘤胃酸中毒）、内分泌系统疾病（脂肪肝）、钙磷比例失衡、乳腺炎、创伤性网胃炎等。

【症状】

1. 消化型酮病　消化型酮病在临床上的发病率较高，但病死率低。病牛主要表现为体温正常或略低，消化机能紊乱，食欲不振，反刍频率减少，前胃弛缓，瘤胃蠕动减弱，精神沉郁，受到外界刺激时反应缓慢，目光呆滞，走路摇晃，步态蹒跚，体质虚弱，明显消瘦，皮肤失去弹性和光泽；病牛呼出的气体、乳汁和尿液中含有大量酮体，呈烂苹果味，且尿液呈淡黄色，容易出现大量泡沫；产奶量急剧下降，后期拒绝采食，停止反刍。

2. 神经型酮病　此种类型较为少见，发病率和病死率都比较低，病牛除具有消化型症状外还伴有神经症状，如流涎、兴奋不安、狂躁、磨牙等，有时也见转圈运动，无方向地奔跑或顶撞障碍物。站立时四肢有的叉开，有的交叉，步态摇晃，部分病牛视力减退严重，肌肉和眼球震颤，有的病牛兴奋和沉郁状态交替出现，严重的病牛处于昏迷状态。

【危害】奶牛酮病在世界范围内普遍存在。其中，亚临床酮病是高产奶牛常见的代谢异常性疾病，发病率更高，引起的损失更大，可影响 8.9%～34% 的奶牛，特别是在泌乳初期；而临床型酮病的发病率相对较低，为 2%～15%。近年来，我国奶牛酮病的发病率也逐步攀升，亚临床型酮病的发病率占产后奶牛的 10%～30%，临床型酮病的发病率占产后奶牛的 2%～20%。

酮病严重影响奶牛的繁殖性能，具体表现为受胎率降低、发情期推迟、胚胎死亡率增加、犊牛的出生体重偏低等。酮病奶牛机体胰岛素量分泌减少，血中葡萄糖、胆固醇含量显著下降，酮体、游离脂肪酸水平升高，卵泡生长发育受到抑制。同时，酮病奶牛的能量处于负平衡状态，促性腺激素释放激素的分泌减少，抑制了黄体生成素、促卵泡激素和催产素等激素的分泌，进而影响卵泡发育，以及奶牛发情和配种时间。另外，酮病奶牛血液中的 β-羟丁酸含量明显升高，导致奶牛产后发情间隔延长 1～2 周，受孕率降低。

酮病对于奶牛生产性能也有显著影响，酮病奶牛血液、奶中的 β-羟丁酸水平升高，导致产奶量下降，每日产奶量降低 1%～18%，干物质采食量明显减少。

【诊断技术】目前公认的、标准的、高灵敏的诊断方法是通过半自动或全自动生化分析仪检测血液中的 β-羟丁酸含量，以确定酮病的严重程度。但检测仪器及生化试剂盒价格昂贵，检测程序复杂，不利于在生产实践中应用。

在生产中，可采用酮粉法对奶牛酮病进行快速、定性诊断。具体做法是：称取亚硝基铁氰化钠 0.5g，加无水碳酸钠 10g 和硫酸铵 20g，混合后研磨成粉状，置于棕色瓶中保存。另外，无菌采集 10mL 乳样或 10mL 新鲜尿液于无菌试管中。测定时取 0.1g 粉剂置于载玻片上，用滴管吸取新鲜尿样或乳样 2～3滴于粉剂上，出现紫色时则为酮病阳性反应，含量越高则颜色变化越深。

定量诊断方法可采用血酮仪法，健康奶牛血液中的酮体（β-羟丁酸、乙酰乙酸、丙酮）含量一般在 1.2mmol/L 以下，亚临床型酮病奶牛血液中的酮体含量在 1.2～2.0mmol/L，而临床型酮病奶牛血液中的酮体含量一般都在 2.0mmol/L 以上。

【防治措施】

1. 定期监测酮体含量　定期开展奶牛酮病检测，尤其是在分娩前 15d 和分娩后 15d，对奶牛尿液、乳汁和血液中的酮体含量进行检测。发现异常奶牛，及时采取治疗措施，防止病情恶化。

2. 合理营养调控　干奶期日粮蛋白质含量应在 8.0%～10.0%，粗饲料含量大于 19.0%，碳氮比为 1∶1。产前 4～5 周，逐步增加能量供给，直至产犊和出现泌乳高峰期。随着泌乳量的增加，浓缩饲料应保持合理的精粗比，精饲料中的粗蛋白质含量不应超过 18%。在达到泌乳高峰时，要定时饲喂精饲料，不要轻易改变日粮种类；同时，适当增加奶牛的运动量。泌乳高峰期过后，供给奶牛优质干草或青贮饲料。

3. 适当添加饲料添加剂　添加 B 族维生素能有效降低酮体浓度，添加丙二醇能提高血液胰岛素浓度。在酮病高发期，喂服丙酸钠（每头每次 120g，每天 2 次，连用 10d）也有较好的预防效果。

4. 加强饲养管理　加强日常清洁和消毒，保证牛舍干燥、通风和日照。适当增加妊娠奶牛的运动量，每天运动时间保持 2～3h，以防止奶牛产前过度肥胖。对患有肾炎、蹄炎、乳腺炎、子宫内膜炎等可能引起奶牛继发性酮病的疾病及早进行治疗，并尽可能预防前胃疾病、皱胃变位等疾病，以减少酮病的发生率。

三、奶牛产后瘫痪

奶牛产后瘫痪又称生产瘫痪或乳热症，奶牛分娩后突发，是以血钙含量急剧下降、知觉消失、肌肉松弛、四肢麻痹、卧地瘫痪为特征的严重代谢紊乱性疾病。奶牛产后瘫痪的发病率较高，主要发生在每年的 4—8 月青草充足时，多出现于第 3～6 胎次，且高产奶牛的发病率高于低产奶牛，初产奶牛的发病率极低。该病在奶牛产后 3d 内高发，少数发生于分娩过程中，愈后奶牛在下次分娩时仍可发病。

【病因】

1. 血钙浓度降低 在妊娠后期胎儿快速生长发育，对母体胃、肠等器官产生挤压，妊娠母牛出现食欲降低、器官功能下降等现象，影响了钙离子的吸收，导致母牛体内钙离子缺乏。另外，奶牛分娩时消耗大量营养物质，尤其是血液中的钙离子快速流失，造成奶牛在分娩后处于低血钙状态，进而诱发产后瘫痪。本病多发生于高产奶牛，产奶量越高发病率就越高，年发病率为 3.5% ~ 8.8%。易患病奶牛的产奶量均高于奶牛的平均产奶量，是未发病奶牛的 2~3 倍。主要是由于奶牛分娩后伴随泌乳的开始，大量的血钙和磷都会从奶中排出体外，使得全身血钙浓度进一步降低。泌乳期奶牛对钙的需求量大大增加，但却无法快速启动钙内环境调节机制，使得血钙补充不及时，导致产后瘫痪加剧。

2. 大脑皮层缺氧 奶牛生产后腹压急剧下降，大量血液流入腹腔器官和乳腺，从而造成大脑皮质缺血、缺氧。当奶牛脑部缺血、缺氧时，通常都会出现短暂的肌肉颤抖、抽搐，敏感性增强、兴奋，肌无力，无法稳定站立，卧地不起等产后瘫痪症状。

3. 年龄因素 本病的发生与奶牛年龄密切相关，青年母牛很少发病，95% 以上的病牛处于 5~9 岁或第 3~6 胎。青年奶牛虽然在泌乳的第 1 天就可能出现程度不同的低钙血症，但机体通过胃肠吸收和骨骼动员能够快速满足所需的钙量。然而随着年龄的增长，奶牛肠胃对钙的消化和吸收能力明显下降，破骨细胞功能降低，不能充分动员骨钙快速溶解进入血液，导致血钙降低，从而发生产后瘫痪。

【症状】

1. 非典型症状 临床上呈现非典型性生产瘫痪的病例较多，多在分娩前及分娩后 1 周至数周才发生，瘫痪症状不明显。主要特征是病牛头颈姿势不自然，体温正常或稍低，食欲废绝，精神极度沉郁，但不嗜睡，对各种反射的反应减弱，但不完全消失；病牛有时能勉强站立，但站立不稳，且行动困难，步态摇摆。

2. 典型症状 典型临床症状多发于产后 12~72h，分 3 个阶段：发病初期、发病中期和发病后期。

（1）发病初期 患病奶牛症状非常明显，对刺激较为敏感，表现暂时性抽搐和兴奋不安等现象，排尿、排粪及采食停止，头部和四肢震颤。

（2）发病中期 患病奶牛站立非常困难，四肢僵硬，最终卧倒于地，头部朝向一侧弯曲，呈 S 状；眼神迟钝，肛门反射逐渐消失且松弛，胃部蠕动逐渐减弱，体温降低，脉搏微弱。

（3）发病后期　此阶段病牛对光的反应消失，眼睛闭合，全身乏力不动，往往昏睡不醒，尿液将膀胱充满，颈静脉形成凹陷。由于麻痹无法嗳气，因此往往伴有瘤胃臌气，若无法及时治疗，病牛于数小时内会因窒息而死亡。

【危害】目前，高产奶牛产后瘫痪频发已经成为影响奶牛养殖的重要因素之一。若不及时治疗，则患病奶牛的死亡率较高，且易诱发其他围产期疾病，如胎衣不下、乳腺炎、皱胃变位和子宫内膜炎等，给围产期奶牛的健康造成很大威胁。轻者出现基础生理机能衰退，产生运动失调、采食量下降、泌乳量减少或停止泌乳、母性丧失、拒绝哺乳等现象；母牛和犊牛间产生连带影响，导致新生犊牛成活率降低。重者产生严重的神经症状，如消化器官、呼吸器官、肢体麻痹等，若不及时开展有效救治措施，将可能造成极高的死淘率。

【诊断技术】

1. 临床诊断　产后瘫痪根据发病情况和临床症状可做出初步诊断，主要表现为奶牛产后或分娩过程中突然发病，出现特征性的"犬卧状"瘫痪姿势，头颈呈 S 形弯曲或弯曲于一侧，大多数发生在高产奶牛的第 3～6 胎，多在分娩后的 3d 内发病，如采用乳房送风或钙剂疗法进行治疗后具有良好效果，则能确诊。

2. 实验室诊断　取患病奶牛的新鲜血液进行血钙含量检测，正常血钙值为 2.1～2.6mmol/L，若患病奶牛的血钙值低于 1.5mmol/L 即可确诊。有的患病奶牛血钙值甚至降至 0.25mmol/L，血磷和血镁含量也相应降低。产后奶牛血清阳离子（Na^+、K^+）总量和血清阴离子（Cl^-）、碱性磷酸酶、血清羟脯氨酸含量也可作为奶牛生产瘫痪的监测指标。

3. 鉴别诊断　为防止误诊，奶牛产后瘫痪还应与酮病、创伤性网胃炎、低血镁病、产后败血症等疾病症状相区别，需要进一步鉴别诊断。如患酮病奶牛血液中的丙酮含量大大升高，并且乳汁、呼出的气体及排出的尿液都具有烂苹果的气味，酮粉检验乳汁和尿液呈阳性反应，采用乳房送风法、钙疗法无任何效果。

【防治措施】

1. 预防

（1）妊娠期管理　随时观察奶牛在妊娠期的健康情况，每天让奶牛适当运动，保证良好的消化机能和旺盛的食欲有利于顺利分娩及产后恢复。饲料搭配比例力求平衡，多喂青饲料或优质干草，增强胃肠蠕动，同时补充矿物质及维生素等。

（2）干奶期管理　产前 50～60d 停止挤奶，确保胎儿与母体的营养需要，使母牛恢复体内的营养储备，以备分娩后产奶。适当限制精饲料的喂量，增加干草等优质粗饲料的喂量，保证充足的维生素和微量元素，但要防止牛体过肥。

（3）围产期管理　分娩前 5～8d 肌内注射维生素 D 31 000IU，每天 1 次，有预防产后瘫痪效果。分娩前 15d 开始给予低钙高磷日粮，以便不断刺激甲状旁腺激素分泌；分娩后立即恢复高钙饲料，保证钙代谢平衡。

（4）产犊后管理　母牛产犊后应饮用温热的麸皮盐水，以促使其迅速恢复正常血压。产后合理挤奶，每次挤奶时不应挤空，挤奶量由少到多逐渐过渡。产后 3d 之内不将初乳挤空，仅挤 1/3～1/2 即可。从 4～5d 起，奶牛体质和食欲恢复后，可正常挤奶。如果奶牛体质较差，则应适当延长挤奶时间，防止营养物质从初乳中大量排出而造成低血糖、低血钙。

2. 治疗

（1）乳房送风法　通过专用的乳房送风器向奶牛乳房内打入空气，是一种治疗奶牛产后瘫痪最有效和便捷的方法。经乳房送风后，内部压力升高，血管受到压迫，流向乳房的血液减少，因此全身血压升高，血钙含量增加。具体操作步骤是：将病牛乳房内的奶挤空，注入 5～10IU 的青霉素，然后用 75％的酒精进行乳头消毒，并使用进气针头开始打气。等乳房皮肤出现紧张、乳腺基部边缘清楚变厚，且用手轻压有坚实感时即停止打气。操作时用纱布条扎住乳头，以防漏气。2h 后放气，并按揉乳房和乳头。

（2）钙剂治疗法　给病牛提供钙量充足的注射液，注射时速度不可过快，同时注意病牛反应，并监听心脏跳动情况，出现意外时立即停止注射。针对出现瘫痪且体温升高的情况，要先静脉注射等渗的葡萄糖和电解质溶液，等体温恢复后再进行补钙治疗。也可以投喂钙补充剂，但投喂结束后应让奶牛适量饮水。

第二节　产　科　病

一、乳腺炎

【概念】奶牛乳腺炎是其乳腺组织受到物理、化学或微生物方面等因素刺激而引起的一系列炎症。

【病因】根据引起患病奶牛的病原微生物的传播特点，奶牛乳腺炎又可分为传染性乳腺炎和环境性乳腺炎。

1. 传染性乳腺炎　引起奶牛乳腺炎的病原菌中，常见的传染性病原菌有金黄色葡萄球菌、无乳链球菌和停乳链球菌等。其中，由金黄色葡萄球菌导致的感染最为严重，引起的乳腺炎发病率高达 70％。奶牛传染性乳腺炎的发生是因与患病奶牛直接接触，通过挤奶员或者挤奶器及清洗乳房的毛巾等媒介交叉感染造成的。

2. 环境性乳腺炎　引起环境性乳腺炎的病原菌包括大肠埃希氏菌、克雷伯氏菌等。当饲养环境恶劣、饲料管理不当时均可导致奶牛免疫力下降。冬季乳头药浴防护不当及挤奶员操作不当时，易引起乳头龟裂等，病原菌很容易突破乳腺的防御屏障，引起乳腺感染。

【症状】根据患乳腺炎奶牛是否具有明显的临床症状，观察奶牛乳房和乳汁是否异常，可将奶牛乳腺炎分为临床型乳腺炎和非临床型乳腺炎。其中，临床型乳腺炎按照乳腺的损伤程度，又分为最急性乳腺炎、急性乳腺炎和轻度型乳腺炎；非临床型乳腺炎包括隐性乳腺炎和慢性乳腺炎。

1. 临床型乳腺炎　患有临床型乳腺炎的奶牛有明显的临床症状，主要表现为乳房红、肿、热、痛等炎性反应症状，产奶量下降，乳汁稀薄、灰白、变黄或混有血液，有时静置一段时间后有絮状物出现，并伴有凝块或沉淀。

临床型乳腺炎多数由隐性乳腺炎发展而来，其中，患有最急性乳腺炎的奶牛发病突然，体表温度升高，乳房明显肿胀，触诊乳腺有硬结并伴有明显的疼痛反应，出现水样乳或乳液中有血凝块，严重时甚至乳房发紫，导致无奶。急性乳腺炎，多为金黄色葡萄球菌、无乳链球菌、停乳链球菌和支原体等病原菌早期感染所致，患病奶牛表现明显的全身症状。

2. 非临床型乳腺炎　非临床型乳腺炎又称隐性乳腺炎，患病奶牛的临床症状表现不明显，是奶牛乳腺炎中发病率最高的一种。虽然患病奶牛的乳房没有明显的临床变化，肉眼观察乳汁也正常，但通过细菌学方法、生化鉴定及快速 PCR 诊断方法等可发现体细胞数明显增加，并从牛奶中分离到病原菌，牛奶品质发生改变。隐性奶牛乳腺炎不易被发现，病牛如果不能及时诊断和治疗，感染其他奶牛后会造成严重的危害。

【危害】奶牛乳腺炎最大的危害是导致产奶量下降，乳汁质量降低，治疗上花费大量费用而影响经济效益。奶牛患有乳腺炎后所产奶中会含有大量的炎性因子、致病菌及相关毒素，饮用后就会使人感到身体不适，严重者可诱发疾病。另外，现在治疗乳腺炎基本选用抗生素，有些经营者为了追求经济效益，不废弃治疗期间病牛所产的乳，造成抗生素在牛奶中残留，人饮用后会发生过敏反应，尤其是对老年人和婴幼儿的危害更大。

【诊断技术】奶牛乳腺炎的诊断方法根据临床症状而异，发达国家采用的奶中体细胞计数和病原菌的检出率，是目前针对奶牛场最有效的监测方法。常见的诊断方法有：

1. 加州乳腺炎试验　加州乳腺炎试验（California mastitis test，CMT），是检测隐性乳腺炎的常用方法。原理是根据 CMT 试剂中表面活性物质与乳汁中细胞的作用，进而凝集或沉淀发生颜色上的变化，通过眼观进行隐性乳腺炎的初步筛选，简便、快捷。根据此原理，我国研制出了类似的方法，如兰州乳腺炎检测法（Lanzhou mastitis test，LMT）。

2. 体细胞数直接检测法　该法是反应奶牛感染乳腺炎程度的重要指标之一，体细胞数 $5×10^5$ 个/mL 是目前国际上通用的鉴定奶牛是否感染的临界值。当乳汁中的体细胞数为 $(5～10)×10^6$ 个/mL 时，可判定所检奶牛患有隐性乳腺炎；当体细胞数高于 $1×10^6$ 个/mL 时，可判定所检奶牛患有临床型乳腺炎。

3. 乳汁电导率检测法　健康牛血浆的渗透压与乳汁的渗透压相等，当奶牛患乳腺炎后，乳腺上皮组织细胞制造乳糖的能力下降，乳汁渗透压就低于血浆渗透压，形成血管壁与乳腺细胞之间的渗透压差，提高了血液成分渗入乳汁的能力。钠、钾、氯和钙等多种离子的浓度改变，引起奶的电导率改变。此诊断方法快速并简便。

4. 乳汁病原微生物检测

（1）分离鉴定法　对乳汁中致病菌的分离鉴定是奶牛乳腺炎的传统诊断方法，主要包括无菌采集待检乳样、使用分离培养基和生化培养基进行分离鉴定、涂片染色、镜检和药敏试验等。细菌分离鉴定能够详细分析感染乳腺炎的病原菌种类，确诊不同类型的乳腺炎。但该法耗时长，成本较高。

（2）免疫学检测法　根据抗原抗体特异性结合的反应特性，免疫学检测法可用于特异性地检测乳汁中的病原，如检测链球菌的乳胶凝集法、免疫层析法。免疫学检测法具有较好的特异性和灵敏度，操作简便，反应速度快，但易受环境及溶质的影响。

（3）分子生物学检测法

①常规 PCR 法。该法快速、特异、灵敏度高，补充了微生物培养法的不足之处，已成为分子生物学检测的关键技术之一，目前常用于细菌检测。但是 PCR 仪作为特殊的试验仪器，价格昂贵，检测成本高，不能够满足基层临床实验室和牛场对于微生物检测的基本需求，达不到较低成本检测的目的。

②实时荧光定量 PCR（real-time PCR）法。相较于常规 PCR 法，用 real-time PCR 技术进行细菌检测，其特异性与灵敏度大大提升，并能够检测出生鲜乳样本中的细菌含量。在欧美发达国家，已经使用商业化的 real-time PCR 试剂产品对桶装牛奶、牛群进行链球菌属及其他微生物监测。然而，real-time PCR 技术对引物合成、仪器设备、试剂等方面的要求较高，试验检测成本高于常规 PCR 法，在没有荧光定量 PCR 仪的前提下，难以在基层中进行推广，无法满足低成本检测的需求。

③环介导等温扩增（loop-mediated isothermal amplification，LAMP）技术。该法是在体外等温条件下进行的、一种新型的用于扩增特异性核酸片段的

技术，产物可通过简易直视的荧光目测比色、焦磷酸镁浊度检测、常规的核酸电泳进行判断。LAMP 技术简单、快速、特异性强，作为崭新的核酸扩增法，摆脱了昂贵复杂的仪器设备和反应试剂的限制，反应时间短，检测结果判断简单，十分利于在基层中推广，应用前景较为理想。

笔者所在研究团队目前已初步建立奶中金黄色葡萄球菌的 LAMP 可视化检测方法，且快速、简便，整个试验在 3h 内即可全部完成（包括细菌基因组的提取）。对恒温装置要求低，PCR 仪、恒温水浴锅、干式恒温仪等均可作为 LAMP 的反应装置。且特异性与灵敏性良好，在添加 SYBR Green Ⅰ 染料后，肉眼可见，便于观察。样本分析显示，建立的 LAMP 方法在临床操作中具有可行性，为快速检测生鲜乳中的金黄色葡萄球菌提供了一种方法，适合在基层实验室及临床进行快速检测，对于金黄色葡萄球菌性乳腺炎的有效防治具有重要意义和应用前景。

【防治措施】发生乳腺炎的奶牛产奶量降低的同时，还会降低牛奶品质，从而造成较大的经济损失。对于奶牛乳腺炎最关键的不是治疗，而是预防，只有制定正确合理的预防措施，并长期严格执行，才能使隐性乳腺炎的发病率得到有效控制。

1. 预防

（1）坚持科学的饲养管理　随着遗传育种工作的不断进步和对奶牛营养研究的不断深入，奶牛产奶量也日益增加，同时乳房的负荷也不断增加，从而使得奶牛机体抵抗力降低，乳腺炎的发病率不断增加。

生产中，除提高奶牛日粮中的能量和蛋白质外，补充一定量的维生素和矿物质，如亚硒酸钠、维生素 E 和维生素 A 等都会降低乳腺炎的发病率。为了防止因应激因素导致乳腺炎的发生，应合理搭配饲草，保证饲草料新鲜，饮水充足，水质良好，饮用方便，可避免突然更换饲料等应激因素的发生。乳头是病原菌进入乳头管的第一道防线，挤奶时应严格遵守操作流程，如对乳头进行消毒、保持挤奶器清洁、消毒擦拭乳房的清洁布等，都可避免奶牛间互相传播病原菌。

（2）保持良好的卫生条件　保持环境卫生是降低大肠埃希氏菌等环境性病原微生物感染乳腺的重要举措。牛舍需干燥、通风，挤奶区也需清洁、干燥、通风、透光；冬季需保暖，夏季要凉爽；每头母牛需要专用的消毒毛巾和水桶，每次挤奶前后需药浴乳头，药浴流程操作规范能使乳腺炎的发病率降低 50%～90%；垫料应保持清洁、柔软、干燥；饲料、饮水要卫生；牛体也要保持干净，特别是乳房和后躯；定期清扫运动场上的积水、粪便，使之保持干燥。

（3）科学挤奶　挤奶前需用 40～45℃ 的清洁温水喷洗乳房下部和乳头，挤奶员用清洗过的手按摩乳头后，要用一次性纸巾（或干净毛巾）擦干乳头。

每个乳头先用手挤 2～3 把奶，观察乳质有无异常变化，然后再用药液对乳头施行 20～30s 的药浴，药浴完毕后用纸巾擦干乳房。此时动作应轻柔，以促进垂体释放催乳素，促使乳汁排出。为了充分发挥催乳素的排乳效率，上述工作完毕后要在 1h 内搭机挤奶，并在 5～7min 内将奶挤完。挤奶时对奶牛不能粗暴，以免奶牛受到惊吓；另外，还需要注意不能过分挤压乳房，避免机器对乳房造成损伤。

（4）对乳头进行药浴　药浴乳头是控制奶牛乳腺炎发生的主要措施之一，可在一定程度上减少环境微生物对乳房的感染，乳头药浴包括挤奶前和挤奶后两个环节。乳头皮肤因无汗腺和皮脂腺，且容易龟裂，所以易给病原微生物侵入提供机会。挤奶后乳头管括约肌松弛，15s 后才能关闭乳头，此时极易受到病原微生物的侵袭，因此挤奶后药浴乳头更是必须的。

（5）其他方法

①干奶牛乳腺炎预防。做好干奶前奶牛的饲养管理，特别是控制高产奶牛的营养和饮水，对干奶前奶牛进行乳腺炎检测和治疗，可确保干奶前奶牛不发生乳腺炎。最后一次挤净牛奶后向每个乳区注射长效抗菌药物，每天 1 次、连续 7d 对乳头进行药浴。对围产期奶牛，要注意日粮营养和饮水调整，避免因过度水肿而导致乳房损伤。

②切断传染源。当发现病牛后，应及时隔离，并查明病因；对于由非机械操作而造成的乳腺炎，通过检验，找出最敏感的药物进行治疗；对于有患病史和临床症状而又无法治愈的患牛要坚决予以淘汰，并对场地彻底消毒。

③建立定期普查制度。每个季度都应对奶牛进行一次乳腺炎检查，了解奶牛的健康状况，对查出的隐性乳腺炎奶牛要及时治疗。

④接种乳腺炎疫苗。目的是增强奶牛机体的免疫应答反应，从而能够快速阻挡、中和及杀灭入侵的病原微生物。

2. 治疗

（1）使用抗生素　到目前为止，抗生素仍然是治疗奶牛乳腺炎的一个重要方法。理想的采用抗生素治疗的方法是首先对患乳腺炎奶牛进行病原菌分离，然后进行药敏试验，从而选择有效的抗生素进行治疗。但是目前大多数牛场没有开展药敏试验的条件和技术，这样就造成抗生素使用的针对性不强，从而导致耐药菌株不断出现。抗生素使用剂量不断增加，抗生素残留问题也日益严重。《奶牛细菌性乳腺炎精准治疗药物筛选技术规程》（DB 15/T 2036—2020）可以指导奶牛养殖场精准选药用药。图 1（对应彩图见二维码）是笔者所在研究团队 2019 年对内蒙古巴彦淖尔地区奶牛养殖场建立的乳腺炎耐药菌图谱。

（2）使用植物提取物　中兽医认为，乳腺炎即乳痈，是痰、湿、气、血郁

大肠埃希氏菌

庆大霉素	0
卡那霉素	3.57
链霉素	3.57
美罗培南	3.57
头孢噻呋	0
头孢噻吩	10.7
阿莫西林/克拉维酸	0
氨苄西林	25
复方新诺明	7.14
磺胺异噁唑	10.7
环丙沙星	0
利福昔明	0
多黏菌素	0
氟苯尼考	7.14
多西环素	10.7
四环素	10.7

金黄色葡萄球菌

克林霉素	6.67
红霉素	60
头孢噻呋	6.67
头孢噻吩	6.67
苯唑西林	13.33
阿莫西林/克拉维酸	0
氨苄西林	93.33
青霉素	86.67
复方新诺明	0
磺胺异噁唑	73.33
环丙沙星	0
万古霉素	6.67
利福昔明	13.33
氟苯尼考	13.33
多西环素	13.33
庆大霉素	6.67

耐药菌图谱

注：红色为 R＞75％，表示耐药性强；橘色为 75％≥R＞25％，表示耐药性较强；浅蓝色为 25％≥R＞5％，表示对药物敏感；深蓝色为 R≤5％，表示对药物很敏感。

建议优先选用深蓝色区域 R≤5％的药物进行治疗。

图 1　耐药菌图谱

结不散化而为炎。因饲养管理不善，久卧湿热之地，湿热毒气上蒸，侵害乳房；或因胃热壅盛，肝郁气滞，乳络失畅以致乳房气血凝滞，瘀结而生痈肿；或因患牛拒绝挤奶，使乳汁停滞，乳房胀满等导致此病。因此，中药方剂的组方以清热解毒、抗菌消炎、通经活血、消肿止痛、活络通乳为治疗原则。常用清热解毒药、活血祛瘀药、解表药和利湿药，同时辅以补益、理气等药物，以补气升阳、扶正祛邪，从而达到治疗目的。目前，主要有全身用药的散剂和煎剂、局部用药的乳房外敷药膏和乳池注射剂等。

植物提取物是天然的植物成分，对动物无毒害作用，植物提取物饲料添加剂在动物体内具有多种功能，如其多种营养成分（糖、脂、氨基酸、维生素、微量元素等）可以起到一定的营养作用；含有的生物活性物质（生物碱类、苷类、挥发油类、色素等）除了具有增强免疫、抗应激作用之外，还有调节新陈代谢、改善肉质和胴体性状等效果。在奶牛日粮中添加植物提取物不仅能降低乳腺炎的发病率，也可以提高产奶量、改善奶品质、减少医药费开销、降低养殖成本，进而提高奶农的养殖效益。

笔者所在研究团队前期利用蒲公英等植物提取物开展了体外抑菌试验，结果表明抑菌效果显著；同时，奶牛饲养试验的研究表明，植物提取物可以有效降低乳腺炎的发病率、提高产奶量，其中蒲公英等复合植物醇提物和黄花蒿醇提物分别增加了乳腺炎患病牛产奶量 40％和 33％，体细胞数分别降低 35.8％和 34.0％，有增加乳成分含量的趋势，且效果比较显著。

二、子宫内膜炎

【概念】奶牛子宫内膜炎是指由某些微生物感染引起的子宫黏膜的黏液性或化脓性炎症，是奶牛常见病之一，发病率高达 20％～40％。

【病因】奶牛子宫内膜炎主要是由于奶牛在分娩过程中，细菌和病毒等病原微生物经生殖道进入子宫内感染而引发的炎症。其影响因素包括：母牛产死胎、产胎时体况过肥或过瘦和产后子宫炎；分娩时黏膜有大面积创伤；胎衣滞留在子宫内；子宫脱出，使细菌等病原入侵；助产或剥离胎衣时术者手臂或器械没有严格消毒或人工授精时感染；产房卫生条件差，临产奶牛的外阴、尾根部污染粪便而未被彻底洗净、消毒；低血钙；子宫积水等。

【症状】根据病理过程和炎症性质可分为急性子宫内膜炎、隐性子宫内膜炎、慢性卡他性子宫内膜炎、慢性卡他脓性子宫内膜炎和慢性化脓性子宫内膜炎。

1. 急性子宫内膜炎　病牛常表现全身性症状，如食欲不振、产奶量下降、反刍次数减少。严重时体温升高，弓背努责，常做排尿姿势，从阴道排出黏稠脓性或污红色并带有腥臭味的分泌物。

2. 隐性子宫内膜炎　患隐性子宫内膜炎的奶牛生殖器官无异常，发情周期正常，但屡配不孕，只有在发情时流出的分泌物带有小气泡或在发情后流出紫色血液，且其分泌物 pH≤6.5（正常发情时所分泌黏液的 pH 为 7.1～7.6）。

3. 慢性卡他性子宫内膜炎　病牛一般没有全身性症状，有时食欲不振，体温略有升高，产奶量下降，虽然发情周期正常，但屡配不孕，发情时排出的黏液比正常时多。

4. 慢性卡他脓性子宫内膜炎　病牛有轻微的全身性症状，主要表现为精神不振、食欲下降、体温升高或出现瘤胃胀气，发情周期不正常，由阴门排出的黄褐色或者灰白色脓液常附着在尾根、阴门和飞节处，形成干痂。

5. 慢性化脓性子宫内膜炎　病牛躺卧或者清晨在牛床可以看到有较多的

有黏性脓性分泌物由阴门排出，体温升高，呼吸加快，精神沉郁，食欲下降，反刍减少。

【危害】患子宫内膜炎不仅导致奶牛发情周期不正常，且炎性产物及细菌毒素直接危害精子，进而造成不孕，主要发生在奶牛分娩过程中和产后。

【诊断技术】一般情况下，可以根据临床症状、发情时从阴门排出的分泌物性状、阴道检查、直肠检查和实验室诊断方法做出临床诊断。

1. 分泌物观察　正常发情时奶牛的分泌物清亮、透明，可拉成丝状。患子宫内膜炎奶牛的分泌物较稀薄，不能拉成丝状，或是白脓性、黄脓性等浑浊的液体。

2. 直肠检查　子宫颈口有不同程度的肿胀和充血；在子宫颈封闭不全时，有不同形状的脓性分泌物经子宫颈排出，如子宫颈封闭时则无分泌物排出；患慢性卡他性子宫内膜炎时，直肠检查发现子宫角变粗，子宫壁增厚、弹性减弱、收缩反应减弱。

3. 实验室诊断

①实验室内镜检子宫分泌物。将分泌物涂片，可见脱落的子宫内膜上皮细胞、白细胞或脓球。

②化学方法检查发情时的分泌物。用4％氢氧化钠溶液2mL，加等量分泌物煮沸，冷却后若无色为正常，若呈微黄色或柠檬黄色为阳性。

③细菌培养。无菌条件下取子宫分泌物，在实验室分离培养，以鉴定病原。

【防治措施】

1. 预防

（1）加强日常管理　加强奶牛的饲养管理，保证圈舍卫生，定期消毒，夏季加强通风，冬季注意保暖；注意奶牛各阶段的营养平衡，尤其是微量元素、矿物质和维生素的供应，以及干奶期控制精饲料的喂量，进而减少胎衣不下、产后酮病、子宫复原不全等的发病率，避免子宫内膜炎的发生。

（2）加强分娩管理　加强兽医卫生保健工作，减少产道损伤和感染的机会；彻底打扫消毒产房，清洗、消毒临产母牛的后躯，助产或剥离胎衣时需无菌操作；助产时消毒要严、操作要细；彻底清洗人工授精器械和母牛的生殖器官；对流产牛要隔离，流产胎儿做细菌分离，确定病原，防止布鲁氏菌病的流行。

2. 治疗　给病牛肌内注射雌激素，促进子宫颈口开张。等开张后再肌内注射催产素或静脉注射10％氯化钙溶液100～200mL，促进子宫收缩，进而排出炎性产物；然后用0.1％高锰酸钾液或0.02％新洁尔灭液注入子宫内，按照导出—灌注—导出的顺序，直到排出的液体清亮为止。20～30min后向子宫腔内灌注青霉素、链霉素合剂等抗生素药物，每天或隔天1次，连续3～4次为1

个疗程；同时，肌内注射氯前列烯醇，加快子宫内容物的排出。

三、卵巢囊肿

【概念】奶牛卵巢内长期有比较成熟的大卵泡存在，卵泡上皮发生变性时卵泡壁结缔组织增生变厚，卵细胞死亡，卵泡液增多而形成卵泡囊肿；或者黄体变性、肿大而形成黄体囊肿，均称为卵巢囊肿。病牛可在一侧或者两侧卵巢上出现单个或者多个囊肿。

【病因】

1. 卵泡囊肿 奶牛卵巢囊肿的发病原因是调控卵泡成熟和排卵的神经内分泌机能发生了紊乱，如垂体前叶所分泌的黄体生成素（luteinizing hormone，LH）和促卵泡激素（follicle-stimulating hormone，FSH）均受下丘脑促性腺激素释放激素（gonadotropin-releasing hormone，GnRH）的调控，当受到不良因素引起 GnRH 分泌紊乱时，致 LH 不足或 FSH 过多，进而使卵泡过度增大不能正常排卵，从而形成卵泡囊肿。

2. 黄体囊肿 奶牛在排卵前或排卵时内源性或长期使用雌激素制剂等原因，使得 LH 释放量不足，黄体的正常发育受到了影响，若卵泡囊肿上的细胞黄体化，黄体中央部分发生组织变性和形成液体，则称为黄体囊肿。

引起卵巢囊肿的原因还有很多，如遗传、环境、母牛运动不足、营养或矿物质不均衡、子宫健康状况、慢性生殖道感染和应激等。

【症状】奶牛的卵巢囊肿多发生于产后 15～40d。患卵泡囊肿的奶牛因分泌过量的促卵泡激素，表现为发情反常、发情周期短、发情期延长，常可造成坐骨韧带弛缓，尾根与坐骨结节间形成明显凹陷，臀部肌肉塌陷，阴唇松弛、水肿、肥大，追赶爬跨同群母牛，频频哞叫，食欲减退，身体消瘦。病牛表现为强烈的发情行为，称之慕雄狂。发生黄体囊肿时外阴部无变化，主要表现为卵巢肿大而缺乏性欲，长期不发情。

【危害】奶牛发生卵巢囊肿后，如果没有得到及时处理和有效治疗，则会导致整个牛群的繁殖率降低，产犊间隔时间延长，给奶牛场造成较大的经济损失。有研究报道，奶牛卵巢囊肿的发生率为 10%～13%，是引起奶牛发情异常和屡配不孕的重要原因之一。

【诊断技术】根据临床症状和直肠检查，或参照 B 超仪和测定血液孕酮水平可以准确诊断为是卵泡囊肿或是黄体囊肿。

患卵泡囊肿奶牛表现为发情不正常、发情周期缩短、发情期延长，或表现为强烈的发情行为，有时攻击人兽。直肠检查时若发现卵巢较坚实，明显增大，卵巢上有 1～2 个或数个大而波动的囊泡，或有许多小的富有弹性的卵泡则可确诊。

黄体囊肿的临床症状主要是患病奶牛长期乏情。直肠检查时多发生于单侧，可发现卵巢体积增大，大小不等；囊腔形状不规则，体积与卵泡囊肿差不多，但壁较厚而软，不太紧张。

【治疗措施】

1. 卵泡囊肿的治疗方法

（1）肌内注射孕酮注射液 50～100mg，每日 1 次，连用 5～7d，至发情症状消失为止。

（2）肌内注射黄体生成素 100～200U，如效果不理想则 1 周后再注射 1 次。

（3）挤破囊肿法，即将手深入直肠，隔着直肠壁用中指和食指夹住卵巢系膜，并固定卵巢，然后用拇指压迫囊肿，使之破裂，并应继续按压 5min 以上，避免大出血。

2. 黄体囊肿的治疗方法

（1）肌内注射促卵泡生成激素 100～150U，隔 1～2d 注射 1 次，连用 2～3 次。

（2）肌内注射或子宫内灌注氯前列烯醇注射液 4mg。

四、阴道脱出

阴道脱出是指阴道壁的一部分或全部突出阴门外，多发生于妊娠后期或者分娩后的数小时内。经产牛、老年牛、体弱牛发病较多。

【病因】妊娠母牛老龄经产、衰弱、饲养不良及运动不足，常引起全身组织紧张性降低；妊娠末期，胎盘分泌较多雌激素，使阴道和阴门周围组织弛缓。在此基础上，如伴有胎儿大、胎水多、双胎妊娠、瘤胃臌胀、便秘、腹泻、产前截瘫等，都能使腹压增加，压迫松软的阴道壁，使其一部分或全部突出于阴门之外。

【症状】阴道部分脱出主要发生在产前。病初仅当病牛卧下时，可见前庭及阴道下壁（有时为上壁）形成拳头大小、粉红色的瘤样物，夹在阴门中或露出于阴门外，病牛起立后脱出部分自行缩回。以后如病因未除则经常脱出，能使脱出的阴道壁逐渐增大，以致病牛起立后脱出的部分经过较长时间才能缩回，黏膜红肿、干燥。有的病牛每次妊娠末期均发生，称习惯性阴道脱出。

产前阴道完全脱出，常常是由于阴道部分脱出的病因未除，或由于脱出的阴道壁发炎造成刺激，导致奶牛不断努责而引发的。此时可见阴门中突出一个排球大小的囊状物，表面光滑，呈粉红色。病牛起立后脱出的阴道壁不能缩回。在脱出的末端可以看到子宫颈管外口及妊娠的黏液塞，下壁前端有尿道口，排尿不顺利。膀胱或胎儿前置部分常进入脱出的阴道囊内，有时触诊可以摸到。产后发生阴道脱出，则脱出往往不很完全，脱出的阴道壁较厚，在其末端上有时看到子宫颈阴道部肥厚的横皱襞，有时则看不到。

阴道脱出部分，由于长期不能缩回，黏膜发生淤血，变为紫红色；发生水肿，严重水肿可使黏膜与肌层分离，表面干裂，流出血水。因受地面摩擦及被粪土污染，则脱出的阴道黏膜发生破裂、发炎、坏死及糜烂。严重时可继发全身感染，甚至死亡，冬季易被冻伤。

根据阴道脱出的大小及损伤、发炎的轻重，病牛会有不同程度的努责。产前发生完全脱出，常因阴道及子宫颈受到刺激，发生持续、强烈努责，可能继发直肠脱出、胎儿死亡及流产等，病牛精神沉郁、脉搏快弱、食欲减少、瘤胃臌胀等。奶牛产后发生脱出，须注意是否和卵巢囊肿有关。

【预后】预后取决于发生的时期、脱出的程度及致病原因是否除去。部分脱出，预后均良好。完全脱出，发生在产前者，一般距分娩时间越近则预后越好；维持至分娩时，阴道扩张，不再脱出，也不妨碍胎儿排出，产后能自行复原。如果距分娩时间尚久，则整复后不易固定、顽固、复发，容易发生阴道炎、子宫颈炎，炎症可能破坏黏液塞，侵入子宫，引起胎儿死亡及流产，产后可能久配不孕。

发生过阴道脱出的病牛，再次妊娠时容易复发或发生子宫脱出。

【防治措施】

1. 预防 应加强奶牛日常的饲养管理，供应全价日粮，严禁喂给发霉、变质的饲料。适当控制妊娠后期精粗饲料的喂量及比例，每次不要喂得过饱。提高兽医人员及接产人员的助产质量，尽量让奶牛自然分娩，减少因助产不当、过度用力引起的产道损伤。保持牛床清洁、干燥，勤换垫草，每天增加母牛的运动时间与放牧时间。

2. 治疗

（1）阴道部分脱出的治疗 因病牛起立后能自行缩回，所以只要能够防止脱出部分继续增大或防止受到损伤及感染发炎即可。将病牛拴于前低后高的厩舍内，同时适当增加运动，减少躺卧的时间。将尾拴于一侧，以免尾根刺激脱出的道黏膜。给予易消化的饲料，对便秘及瘤胃弛缓等病应及时治疗。

（2）阴道完全脱出的治疗 必须迅速整复，并加以固定，以防再次脱出。

将病牛保定于前低后高的地方，不能站立的病牛应将其后躯垫高。当病牛努责强烈、妨碍整复时，应先在荐尾间隙或第一、二尾椎间隙进行轻度硬膜外麻醉，也可行后海穴注射麻醉。

用防腐消毒液（如0.1%高锰酸钾溶液、0.1%雷夫奴尔溶液等）将脱出的阴道充分洗净，除去坏死组织；伤口大时要进行缝合，并涂 2％龙胆紫、碘甘油、磺胺乳剂或青霉素油剂等。若黏膜水肿严重，则用毛巾以 2％明矾水进行冷敷并适当压迫 15～30min；亦可针刺水肿黏膜，挤压排液。涂以过氧化氢，可使水肿减轻，黏膜发皱。

整复时先用消毒纱布将脱出的阴道托起，在病牛不努责时用手将脱出的阴道向阴门内推送。待全部推入阴门以后，再用拳头将阴道推回原位。这时手臂在阴道内停留一段时间，以免病牛努责而阴道再次脱出。最后在阴道腔内注入消炎的药液，或在阴门两旁注入抗菌素，二者都有抑制炎症、减轻努责的作用。热敷阴门也有抑制努责的作用。

整复后，如病因未除，则容易复发。为防止再次脱出，可采用阴门（或阴道）固定装置等，还可同时在阴门两侧深部注射酒精、肌肉松弛剂或尾间隙硬膜外麻醉或使用电针等。现仅介绍一些比较方便、可靠的方法。

①阴门缝合。可用粗线给阴门作二、三针间断褥式缝合、圆枕缝合、纽扣缝合、双内翻缝合、袋口缝合等。以双内翻缝合为例，在阴门裂的上 1/3 处一侧阴唇距阴门裂 3cm 处进针，从距阴门裂 0.5cm 处穿出；越过阴门在对侧距阴门裂 0.5cm 处进针，从距阴门裂 3cm 处穿出。然后在出针孔之下 2～3cm 处进针作相同的对称缝合，从对侧出针、束紧线头打一个活结，以便在临产时易于拆除。根据阴门裂的长度必要时再用上述方法缝合 1～2 针，但要注意留下阴门下角，便于排尿。另外，在阴门两侧露出的缝线和越过阴门的缝线套上一段细胶管，防止病牛强烈努责时缝线勒伤组织。必须注意在临产前拆线，或者母牛不再努责之后将线拆掉。

②阴道侧壁与臀部缝合。整复时如病牛仍顽强努责，缝合线常将皮肤撕裂，阴道再次脱出。这时可将阴道侧壁缝在臀部皮肤上。因为缝针穿过处的组织发炎增生，最后发生粘连，故固定比较结实，阴道即不易再次脱出。其方法如下：局部剪毛消毒，皮下注射 1％盐酸普鲁卡因 5～10mL（亦可不局麻），在牛会阴前 20～25cm 的臀中部用刀尖将皮肤切一小口。术者一只手入阴道内，将阴道壁尽量贴紧骨盆侧壁（即避免针刺入直肠）；另一只手拿着穿有粗缝线的长直针（柄上有孔的探针及较细的缝麻袋针均可），倒着将有孔的一端从皮肤切口刺入，慢慢用力钝性穿过肌肉，一直穿透阴道侧壁黏膜（注意不要刺破骨侧壁的大动脉，手在阴道内能够摸到动脉的搏动，故容易避免缝针时将其刺破）。然后从阴道内将缝线的一端从孔内抽出，随即从皮肤外把针拔出。阴道内的缝线拴上大纱布块（或大衣纽扣），再将皮肤外的缝线向外拉，使阴道侧壁紧贴盆骨侧壁，亦拴上大纱布块。用同法把另一侧阴道侧壁与臀部皮肤缝合起来。缝合时亦可将穿有长线的长直缝针，从阴道侧壁刺入，从臀中部皮肤刺出，然后将缝线两端各拴上大纱布块，抽紧后结扎。

缝合后肌内注射抗菌素3～4d，阴道内涂 2‰龙胆紫或撒布碘仿磺胺粉等，以防感染。缝合后病牛如不努责，经 10～14d 即可拆线，产前缝合的可在产后拆线。有时皮肤缝合创口有化脓，拆线后做适当外科处理，则创口会很快愈合。

整复固定后，还可结合在阴门两侧深部组织内用 70%酒精各 20～40mL，刺激组织发炎肿胀，压迫阴门，有防止阴道再次脱出的作用。也可电针后海穴，第一次电针 2h，以后每天电针 1h，连用 1 周。

有时阴道脱出的病牛，特别是卧地不能起立的患骨软症及衰竭的牛，整复及固定后仍持续强烈努责，甚至继发直肠脱出及胎儿死亡等。这时应做直肠检查，确定胎儿的死活，以便采取适当的治疗措施。如胎儿仍存活（轻抓胎儿四肢有收缩活动），则临近分娩时应进行人工引产或剖宫产术，以便抢救胎儿及母牛生命，同时治疗阴道脱出。如胎儿已经死亡，则更应迅速施行手术。

（3）中药疗法 脱出阴道整复固定后，给病牛内服中药。

五、子宫脱出

子宫脱出，也称子宫外翻，指母牛产后子宫经由子宫颈、阴道脱出阴门之外。脱出多见于分娩之后，有时则在产后数小时内发生。

【病因】妊娠奶牛年龄较大、营养不良（单纯喂以麸皮、钙盐缺乏等）、运动不足，分娩时如阴道受到强烈刺激，产胎时发生强力努责，腹压增高，便容易发生子宫脱出。难产时，产道干燥，子宫紧裹住胎儿，若未经很好的处理（如注入润滑剂）即强力拉出胎儿，易使子宫内压突然降低而腹压相对增高，子宫常随即翻出于阴门外。但有时在顺产后也能发生子宫脱出，可能和生产瘫痪有关。

【症状】子宫脱出，通常仅孕角脱出，空角同时脱出的较少。子宫脱出的症状明显，可见很大的囊状物从阴门内突出，有时还附有尚未脱落的胎衣。如果胎衣已经脱落，则可看到脱出物上有许多暗红色的母体胎盘，并极易出血。牛的母体胎盘为圆形或长圆形，如海绵状，仔细观察可以发现脱出的孕角上部一侧有空角的开口。有时脱出的子宫角为大小不同的两部分，大的为孕角，小的为空角，二者之间无胎盘的带状区为子宫角分岔处，每一角的末端都向内凹陷。脱出的时间很长时，则子宫颈（肥厚的横皱襞）也暴露在阴门之外。脱出的子宫腔内可能有肠管，外部触诊及直肠检查时可以摸到。子宫黏膜充血、水肿，黑红色，并且产后干裂，有血水渗出，寒冷季节常因冻伤而发生坏死。

子宫脱出后不久，病牛除弓腰、不安并因尿道受到压迫而出现排尿困难等以外，有时不表现全身症状。但如拖延不治，则黏膜发生坏死，并因继发腹膜炎、败血症等出现全身症状。如肠道进入脱出的子宫腔内则出现疝痛症状。子宫脱出时如卵巢系膜及子宫阔韧带被扯破、血管被扯断，则病牛表现为结膜苍白、战栗、脉搏快而弱等急性贫血症状。

【预后】一般预后较好，但对受孕不利。脱出大且时间久的，子宫易发生淤血和肿大，不易整复，有时不得不进行子宫切除；受损伤及感染时，继发出血和败血症；如同时发生大量内出血，则易导致死亡。

【治疗措施】子宫脱出的奶牛，必须及早施行手术整复。因为脱出时间越长，则整复越困难，所受外界刺激越严重，整复后的不孕率亦越高，如无法送回时则须进行子宫切除。

1. 整复法　在将脱出的部分向回送时，脱出的子宫角尖端往往不易被送回阴门内，有时肠道也进入子宫腔内，堵住阴门，阻碍整复，因而必须先把它们送入腹腔。由于脱出的子宫又大、又软、又滑，不易操作，且在整复过程中会引起奶牛努责，甚至在送回去以后如奶牛强烈努责则子宫仍可能再次脱出，所以必须采取一定的措施。

（1）保定　尽可能抬高母牛后躯，这是迅速整复的必要条件。因后躯越高，腹腔内器官越向前移，骨盆内的压力就越小，整复时的阻力亦越小，整复的速度也就越快。为此，在母牛卧地的情况下，可用粗绳将其臀部捆住，并穿上一条杠子，待将脱出的子宫洗净后，由二人将奶牛臀部抬高，使阴门朝着上方（前躯仍卧地），这时因母牛无力努责，不用麻醉即可顺利整复，且效果很好。

（2）清洗　用温的消毒液将脱出的子宫及外阴、尾根充分洗净，除去附着的杂物、坏死组织及未脱落的胎膜。子宫黏膜有伤口时涂抹消炎药，大的创口还要缝合。如果脱出的子宫水肿，影响整复，可用消毒针头乱刺，排出水肿液，而后涂抹明矾粉或浓的明矾水，并向子宫及阴道黏膜下分点注射麦角新碱10mL。如为侧卧，洗净后先在地上铺一张用消毒液泡过的塑料布，再在其上铺一块用同样方法处理过的大块布。将子宫放在灭菌布上，检查子宫腔内有无肠道，并涂乳剂消炎药。

（3）整复　由2名助手用布将子宫提高，如已用绳子将母牛臀部捆好，这时即用杠子迅速将臀部抬高，很快就能将子宫整复。如母牛站立，则2名助手各站一旁，将子宫摆正，然后整复。为了操作，在子宫腔内无肠道时并避免手损伤子宫黏膜，也可用长条布将子宫从后向前缠起来，由一人托起。整复时边松边将子宫压回。

整复时可先从靠阴门开始。肠道常进入脱出的子宫腔内，堵住阴门，如从这里开始，则先将肠道压回腹腔，即不致阻碍整复。操作方法是将手指并拢或用拳头向门内压迫子宫壁。整复也可以从下部开始，就是将拳头放在子宫角的凹陷中，顶住子宫角尖端，推入阴门；先推进去一部分，然后助手压住子宫，术者抽出手来，再向阴门压迫其余部分。只要尖端深入了阴门，则其余部分即容易被压回。上述两种方法，都必须是趁牛不努责时进行。在牛努责时要压住送回的部分，以免退回。脱出时间久的，子宫壁变硬，子宫颈已缩小，整复困难很大，必须耐心挤压，逐步送回。

将脱出的部分完全推入阴门后，术者还必须将手伸入阴道，继续将子宫角深深推入腹腔，恢复正常位置，以免发生套叠。然后放入抗生素或其他药物，并注射子宫收缩剂，促进子宫收缩，以免再次脱出。

（4）护理及预防复发　术后护理按常规方法进行，如有内出血则须给以止血药并补液。

子宫脱出多发生于体衰形亏的母牛，产前既已虚弱，产中又有中气耗伤，以致血虚气衰、中气下陷、冲任不固，子宫不能收缩。给法以补气升陷为主，可用阴道脱出中所列药方灌服。

此外，母牛脱出的子宫整复后，必须有专人观察。母牛如仍有努责，则须检查是否有内翻，有则加以整复。为预防复发，可按阴道脱出的方法缝合阴门，3d后待母牛完全不努责且子宫颈已经缩小、子宫角不再脱出时将线抽掉。但是若缝合后母牛如有强烈努责，则须直肠检查子宫，发生内翻者须及时整复，并灌入大量刺激性小的消毒液，利用液体的重力使子宫复位。

2. 脱出子宫切除法　如子宫脱出时间已久，无法送回，或损伤及坏死严重，整复后有引起全身感染、导致母牛死亡的危险，则可以将其切除，以挽救母牛生命。这一手术的预后一般良好。

病牛站立保定，局部浸润麻醉，或在后海穴麻醉。消毒按常规进行，术部以后部分可用手术巾缠起，避免手及器械和它接触。

手术可采用以下方法：①在子宫角基行一级切口，检查其中有无肠道及膀胱，如有则先将它们推回。仔细触诊，找到两侧子宫阔韧带上的动脉，向前加以结扎，粗大的动脉须结扎两道。注意将动脉和输尿管区别开来。②在结扎部位之下横断子宫及阔韧带，断端如有出血应结扎止血。断端先做全层连续缝合，再做内翻缝合，最后将缝合的断端送回阴道内。另一是在子宫颈之后，用直径为2mm的绳子，外套细橡胶管，用双结结扎子宫体。为了扎紧，绳的两端可缠上木棒。但因有水肿，不可能充分勒紧，因此在第一道绳子结扎之后，再将缝线穿过子宫壁，作一道贯穿结扎（分割结扎）。最后在第二道结扎后2～3cm处，把子宫切除。检查如无出血，如无出血则将断端送回阴道内。

术后护理时须注射强心剂及补液，并密切注意有无内出血现象。对努责剧烈的奶牛，可行硬膜外麻醉或在后海穴处注射2%普鲁卡因，防止母牛将断端努出。有时母牛术后出现神经症状，如兴奋不安、忽起忽卧、瞪目回顾，此时可灌以酒精镇静。术后阴门内常流血，但出血不多，可用收效消毒药液（明矾）等冲洗。断端及结扎线在 8～14d 后可以脱落。

六、胎衣不下

奶牛分娩后，排出胎衣的正常时间一般不超过 12h，12～24h 内排出则认为是排出迟缓，分娩后 24h 内仍未排出则认为胎盘滞留。无布鲁氏菌病地区健康奶牛在正常分娩后胎衣不下的发病率为 3％～12％，饲养管理不善的奶牛发病率甚至可高达 25％～40％；异常分娩的奶牛，如产双胎、难产、流产、早产及感染布鲁氏菌病的牛群，胎衣不下的发病率为 20％～50％，甚至更高。

奶牛子宫的生理防卫能力较强，多数奶牛胎衣腐败分解后会自行排干净，一般预后良好。然而发生过胎衣不下的奶牛其以后发生流产的概率会更高，还可能发生中性粒细胞功能障碍，子宫和其他部位抗感染能力降低，引起子宫内膜炎症、子宫复旧延迟和子宫积脓等，从而导致不孕，进而被提前淘汰。

【病因】引起母牛产后胎衣不下的原因有很多，主要和产后子宫收缩无力、胎盘炎症、胎盘组织构造及胎盘充血和出血有关。

1. 产后子宫收缩无力

（1）饲料单一（如缺乏钙、硒、维生素 A 和维生素 E），以及母牛消瘦、过肥、老龄、运动不足和干奶期过短等都能导致子宫迟缓。

（2）胎儿过多（如单胎母牛怀双胎）、过大及胎水过多时，使子宫过度扩张，继发产后阵缩微弱，母牛容易发生胎衣不下。

（3）流产、早产、难产、子宫捻转都能在奶牛产胎或取出胎儿以后由于子宫收缩力不够而引起胎衣不下。流产及早产后容易发生胎衣不下，与胎盘上皮未及时发生变性及雌激素不足、孕酮含量高有关，早产时间越早则胎衣不下的发生率就越高；难产后则子宫肌疲劳，收缩无力。

（4）产后没有及时给犊牛哺乳，致使催产素释放不足，也可影响子宫收缩。

2. 胎盘炎症

（1）妊娠期间子宫受到感染（如由李氏杆菌、沙门氏菌、胎儿弧菌、生殖道支原体、霉菌、毛滴虫、弓形虫或病毒等造成的感染），从而发生子宫内膜炎及胎盘炎，导致结缔组织增生，可使胎儿胎盘和母体胎盘发生粘连。

（2）给母牛饲喂变质的饲料，可使胎盘内绒毛和腺窝壁间组织坏死，从而影响胎盘分离。维生素 A 缺乏，也可使胎盘上皮的抵抗力降低，进而受到感染。

（3）在生产实践中，一旦产房发生一例胎衣不下，此后分娩的母牛，尤其是临产母牛几乎都要发生胎衣不下或者产后子宫炎。如果更换产房，则胎衣不下的发病率会迅速下降。从流行病学上考虑，产房中一旦存在某种致病性很强的病原微生物，奶牛在等待分娩的过程中生殖道就会发生感染，引起急性子宫炎、子宫松弛和胎衣不下，然后继发胎盘炎和子宫炎。

3. 胎盘组织构造　牛胎盘属于上皮绒毛膜与结缔组织绒毛膜的混合型，胎儿胎盘和母体胎盘之间的联系比较紧密，这是胎衣不下多见于牛的主要原因。胎盘的完全成熟和分离对胎衣排出极为重要，过期妊娠、胎盘老化、母体胎盘结缔组织增生也可导致胎衣不下。

4. 胎盘充血和水肿　在分娩过程中，子宫异常强烈收缩或脐带血关闭太快会引起胎盘充血。在这种情况下，胎盘中毛细血管的表面积增加，绒毛膜嵌闭在腺窝中，就会使腺窝和绒毛发生水肿，另外也不利于绒毛中的血液排出；水肿可延续到绒毛末端，结果导致腺窝压力不能下降，胎盘组织之间持续地紧密连接，不易分离。

【症状】牛发生胎衣不下后，受到胎衣刺激，常常弓背、努责；如果努责剧烈，则可发生子宫脱出，胎衣在产后 1d 内就开始变性分解，夏季更易腐败。在此过程中，胎儿子叶腐败液化，因而胎儿绒毛膜会逐渐从母体腺窝中脱出。由于子宫腔内存在胎衣，故子宫颈不会完全关闭，从阴道排出污红色的恶臭液体，病牛躺卧时排出量较多。液体内含胎衣碎块，特别是胎衣血管不易腐烂，很容易观察到。向外排出胎衣的过程一般为 7～10d，长者可达 12d。由于感染及受到腐败胎衣的刺激，病牛会发生急性子宫炎，胎衣的分解产物被吸收后则会引起全身症状，如体温升高，脉搏、呼吸加快，精神沉郁，食欲减退，瘤胃弛缓，腹泻，产奶量下降等。

1. 胎衣全部不下　整个胎衣未排出，胎儿胎盘的大部分仍与子宫黏膜连接，部分胎膜悬吊于阴门外变性褪色。脱出的部分常为尿膜绒毛膜，呈土红色，表面有许多大小不等的子叶。子宫严重弛缓时，全部胎膜可能滞留在子宫内，悬吊于阴门外的胎衣也可能断离。在这种情况下，只要进行阴道检查就能发现子宫内还有胎衣。

2. 胎衣部分不下　胎衣的大部分已经排出，只有一小部分或个别胎儿胎盘残留在子宫内，从外部不易发现，恶露排出的时间延长，有臭味，其中含有腐败的胎衣碎片。胎衣部分不下通常仅在恶露排出时间延长时才被发现，所排恶露性质与胎衣完全不下时相同，仅排出较少量。

【治疗措施】

1. 药物治疗

（1）促进子宫收缩　肌内或皮下注射垂体后叶激素 50～100IU，2h 后再重复 1 次。使用须早，最好在产后 8～12h 注射，分娩后 24～48h 注射则效果不佳。灌服羊水 2 000～3 000mL 也可促进子宫收缩，一般 26h 左右可排出胎衣，否则 6h 后可重复应用。在母牛分娩时收集羊水，并放在凉处，以免腐败。如需用别的母牛羊水，则供羊水母牛必须健康，没有流产方面的疾病及结核病等。

（2）促进胎儿胎盘与母体胎盘分离　在子宫内注入 10％氯化钠溶液 2L，可以促使胎儿胎盘缩小，并从母体胎盘上脱落。注意，高渗盐水有刺激子宫收缩的作用，注入后须使盐水再排出。

（3）预防胎衣腐败及子宫感染，等待胎衣自行排出　在子宫黏膜与胎衣之间放入金霉素（或土霉素、氯霉素或四环素）0.5～1g，用胶囊装上或用塑料纸包上撒入二角内，隔日 1 次，共 1～3 次，效果良好，以后的受胎力也保持正常。如子宫口已缩小，则可先肌内注射雌激素，使子宫口开放排出腐败物，然后再放入防止感染的药物。雌激素不仅能使子宫口开放，而且能增强子宫的收缩能力，促进子宫的血液循环，提高子宫的抵抗力。可每日或隔日注射 1 次，共 2～3 次。

当出现体温升高、产道外伤或坏死时，应该用抗生素进行全身治疗。

2. 手术治疗

（1）术前准备　病牛取前高后低站立保定，尾巴以绷带缚于一侧，然后用防腐剂洗净和消毒外阴部周围及露出的胎膜。为了操作方便，可向子宫内注入 10％氯化钠溶液 500～1 000mL。如病牛努责剧烈，可在后海穴处注射盐酸普鲁卡因溶液。术者仔细消毒右手臂至肩部，再用灭菌纱布拭干，戴上长臂无菌乳胶手套。如无长臂手套，则手臂消毒后先擦 0.1％碘化酒精加以鞣化，使保护层不易脱落，然后涂以灭菌的润滑油类。

（2）剥离　通常在产后 2d 及使用药物疗法无效时进行。先用左手握住外露的胎膜并轻轻拉紧，右手沿胎膜表面伸入子宫内，探查胎盘与子宫壁的结合状态；然后由近及远，逐渐螺旋前进剥离母子胎盘。剥离时用中指和食指夹住连着胎儿胎盘的绒毛膜（或以拇指与其他四指夹住），再以拇指从母子胎盘结合处的周缘推压，剥离胎儿胎盘与母体胎盘，周缘剥开后再轻轻捻转，胎儿胎盘就可从子宫阜上剥离下来。如此逐个剥离，逐步深入，同时左手在外逐渐拉紧胎盘，里外配合，直至全部剥完。当到子宫角、手达不到其尖端时，左手可把胎盘拉紧，使子宫角尖端内翻靠近术者，即可便于剥离。剥离时切勿用力牵拉子叶，以防将其拉断，造成子宫壁损伤性出血。每剥离一个就要仔细检查是否剥干净，剥离后的母体胎盘表面粗糙，不和胎膜相连；未剥离过的表面光滑，和胎膜相连；未剥净的只有部分光滑。如果一次不能剥离完，可在子宫内投放抗菌防腐药物，等 1～3d 再剥离或让其自行脱落。

（3）剥离后的处理　如取出后的胎盘已腐败或子宫内尚存有胎盘碎片与腐败液体时，宜用0.1%高锰酸钾溶液或0.1%新洁而灭溶液洗涤子宫，以清除子宫感染源。洗涤后可向子宫内放入抗生素或磺胺类药物，最好连续应用数次，同时注意观察母牛的全身反应及子宫变化，以便及时治疗。

第三节　外　科　病

一、指（趾）间皮炎

【概念】指（趾）间皮炎也称指（趾）间湿疹，是指没有延伸到皮下组织的指（趾）间皮肤的急性或亚急性炎症，具有一定的传染性。

【病因】

1. 遗传因素　奶牛指（趾）间皮炎的发生与遗传因素有关。如荷斯坦奶牛是典型的蹄壳薄软种群，加上躯体庞大，肢蹄受到的压力比较重，因此更容易磨损。在日常活动中容易被尖锐的物体刺破蹄部或被撞伤，如果没有及时发现并治疗，极易造成发炎和感染。

2. 营养因素　日粮中的钙、磷含量直接影响奶牛骨骼的形成，缺乏或比例失调会造成成骨疾病，如肢蹄变形或骨质疏松。日粮中其他矿物质或微量元素的缺乏也会造成骨质疏松，从而影响蹄部角质化，如锌元素、维生素A、维生素D和维生素E缺乏等。

3. 环境因素　阴雨天气、空气潮湿会促使细菌孳生，泥土、垫草和牛粪嵌入指（趾）间，肢蹄清洁不及时、不彻底，会造成肢蹄感染细菌而发炎，多数情况是感染节瘤拟杆菌。气候干燥时或牛蹄踩踏的地面长期干燥会造成奶牛蹄裂，极易挤入小石子，造成肢蹄感染病菌而发炎。

4. 饲养管理因素　牛舍建设不合理，地面过于坚硬，容易导致奶牛肢蹄损伤。牛舍空间狭小、奶牛饲养数量较多时极易出现相互踩踏现象，可引起奶牛蹄病。奶牛运动量减少，引起微循环障碍，蹄组织血液淤积，蹄组织正常代谢受到影响，蹄部的抗病能力降低，也可引起奶牛蹄病。另外，夏季防暑工作不到位，会增加奶牛热应激发生的可能性，造成奶牛机体免疫力下降，患病风险增加。

【症状】指（趾）间皮炎是一种常见的奶牛肢蹄病，主要症状是蹄后趾或趾间发炎，皮肤增厚，稍有充血，患牛运步不自然，轻度跛行，牛蹄表现非常敏感，有时有恶臭味的分泌物，并在掌（跖）部有结痂形成。当初次发现时，本病一般已经发展到第二阶段，在球部出现角质分离（两后肢多发），在角质和下面的真皮之间很快进入泥土、垫草和粪便等异物，接着会增殖许多绒毛状或小疣状物，偶尔为菜花样。发病奶牛一般体温正常。随着病程的延长，病变向指（趾）间隙的掌（趾）部发展，形成潜道。如果不发展成潜道，则病变会转为慢性。本病一般发展成慢性坏死性蹄皮炎（蹄糜烂）和局限性蹄皮炎（蹄底溃疡）。

【危害】在我国，奶牛指（趾）间皮炎的最高发病率为 5.89%，平均为 4.86%。不仅会影响奶牛的正常行走和采食，还会造成奶牛产犊间隔延长、泌乳量降低等问题，严重的面临淘汰，给奶牛养殖户带来巨大的经济损失。

【诊断技术】奶牛指（趾）间皮炎诊断的黄金标准是将牛蹄抬起进行目视检查。指（趾）部皮肤增厚，有渗出物和跛行是诊断的主要依据。特征是皮肤不裂开，有腐败气味。多数病例可在蹄球与蹄底间看到明显的 V 形黑色带。

【防治措施】

1. 预防

（1）加强选种选配工作，选种时应考虑蹄的斜长、背长、蹄踵长及四肢状况。选用肢蹄性能指数高的公牛进行配种，能提高后代的质量。

（2）经常保持牛蹄部的清洁卫生，凡是蹄指（趾）部嵌入杂物的应及时将其清除，并尽量保持蹄部干燥。清除指（趾）间嵌入的杂物后，冲洗干净指（趾）间，擦干后涂 10% 碘酊或 10% 硫酸铜溶液。

（3）定期（15～20d）对膝关节以下部位喷浴 10% 硫酸铜溶液或 3% 福尔马林溶液进行预防（注意福尔马林对环境有影响）。

（4）保证牛床的舒适度，宜使用沙子或橡胶垫等作为垫料，不宜用水泥地面。

（5）保持运动场干燥、卫生、无异物，铺设水泥通道时表面光滑应适当，以防奶牛摔倒或牛蹄过度磨损。

（6）定期修蹄，每年对奶牛场的全部奶牛至少进行 2 次修蹄，最佳时间为分娩前 1 个月左右和产后 4 个月左右，以减少奶牛蹄指（趾）间皮炎的发病率。

（7）保证日粮中的钙、磷比例适当，也可在日粮中添加适量的骨粉或麸皮，骨粉可以为牛机体提供钙，麸皮能提供磷。日粮中微量元素锌、铜、锰等不可缺乏，同时维生素含量也要充足，尤其是保证和蹄部发育及修复密切相关的维生素 A 和维生素 D 等含量充足。

2. 治疗

（1）轻度皮炎处理　使用清水或消毒液、清洁刷及蹄刀等清除蹄阴角处的污物，便于对患部进行治疗。清理之后用 2% 福尔马林和 6% 硫酸铜溶液药浴或喷雾，建议每天 2 次，连用 3d。当蹄趾间皮肤出现增生物时，使用高锰酸钾颗粒涂布于增生物上，然后包扎患蹄，建议 2d 换药 1 次，直到增生物消失。

（2）重度皮炎处理　当系冠关节掌侧和趾间皮肤损伤及皮下蜂窝织炎发生时，应使用外科手术进行扩创，除去坏死组织和角质，并清洗孔道，涂布抗生素；外部用10％碘酊完全消毒，涂布鱼石脂或松馏油后进行包扎。对体温异常的患牛，则需配合全身治疗。

二、指（趾）间蜂窝织炎

【概念】奶牛指（趾）间蜂窝织炎，俗称腐蹄病，也被称为蹄间腐烂、指（趾）间腐烂、传染性真皮炎或坏死性蹄间真皮炎，是指（趾）间皮肤及深层组织的化脓性坏死性炎症，病程发展迅速，是奶牛养殖业常见的一种高度接触性传染病。

【病因】

1. 病原因素　奶牛指（趾）间蜂窝织炎的病原包括梭杆菌属和拟杆菌属的细菌，在梭杆菌属中坏死梭杆菌是主要的致病细菌，在拟杆菌属中结杆菌是主要的致病细菌。奶牛在日常活动过程中，蹄部被碎石块等硬物刺伤后被异物封围，形成缺氧状况，造成蹄部感染细菌后发炎。

2. 遗传因素　奶牛指（趾）间蜂窝织炎与遗传因素也有密切关系，不同品种奶牛对指（趾）间蜂窝织炎的抵抗力不同，如加拿大和美国荷斯坦奶牛的抵抗力较强，而中国和荷兰荷斯坦奶牛的抵抗力较弱。

3. 营养因素　日粮营养不均衡、矿物质及微量元素比例不当、维生素缺乏、粗纤维不足、过食精饲料（一般粗精饲料比为 1：1～3：2）、饮用水水质过硬等都与本病的发生有一定的相关性。长期钙、磷比例不当（奶牛肠道吸收钙、磷的最佳比例是 1.4：1），会影响锌的吸收，从而引起蹄角质疏松、蹄壳变形和开裂，同时影响奶牛的免疫功能。

4. 环境因素　在夏、秋季的雨季，气候炎热、天气潮湿、通风不畅时病原易孳生、繁殖。牛舍环境过度潮湿，牛蹄部长时间被粪尿和泥水浸渍，导致角质软化，易引起蹄部开裂、发炎。牛舍地面不够平整且较硬，奶牛长期站立，易使蹄部角质过度磨损，也易导致本病的发生。

5. 饲养管理因素　若饲料突变，奶牛过食容易发酵的碳水化合物饲料、高能精饲料，纤维饲料不足，都会引发瘤胃酸中毒，导致组织胺、内毒素等出现在蹄部组织毛细血管中，造成蹄部淤血，对局部神经产生刺激，出现剧烈疼痛。此外，腐败饲料的有毒成分也会诱发此病。

6. 疾病因素　某些疾病也会引起奶牛指（趾）间蜂窝织炎，如奶牛患有肺炎、子宫炎、乳腺炎等疾病时，病原微生物会通过血液循环到达蹄部血管，从而引发蹄叶炎，进而引发指（趾）间蜂窝织炎。此外，奶牛的常见疾病中，如瘤胃积食、胎衣不下、牛酮病等都会间接引发指（趾）间蜂窝织炎。

【症状】奶牛前后肢均可发生本病，一般后肢多发。病牛站立时，患蹄球关节以下微弯，频繁换蹄、打地或踢腹。前肢患病时，患肢向前伸出。蹄部首先表现出的症状为指（趾）间隙和蹄冠结合部位皮肤红肿，蹄冠为红色、暗紫色，继而炎症累及系部和球节。随后指（趾）间皮肤发白，表现出坏死性病变过程，局部皮肤溃烂、脱落，流出脓性液体，气味恶臭，会有瘤状物增生现象，裂口表面有假膜形成，牛两趾不能正常并拢。本病病程发展迅速，发病几天后病牛就会出现跛行、体温升高至 40～41℃、食欲减退或废绝、体况下降、产奶量下降等现象。某些病例中，坏死可持续发展到深部组织，出现各种并发症，甚至引起蹄角质壳脱落。指（趾）间组织的血源性感染可引发超急性型指（趾）间蜂窝织炎，这种指（趾）间蜂窝织炎的典型特征为皮肤的原发性缺损、剧痛和治疗无效。

【危害】指（趾）间蜂窝织炎是影响奶牛生产的重要疾病之一，在我国各地都表现出较高的发病率，舍饲牛群中发病率高者可达 30%～40%。不仅会引起患牛严重跛行，采食量减少甚至废绝，还会造成泌乳量急剧下降等问题，给养殖户带来巨大的经济损失。

【诊断技术】

1. 运动检查　在日常生产中可以通过检查牛的运动情况来判断蹄部是否出现病变。若发现一侧前肢瞬间负重，说明该侧前肢为健康肢；同理，若一侧后肢瞬间负重、该侧臀部下沉，说明该侧后肢正常。根据此方法先判断出患肢。

2. 站立检查　让牛站在平坦地面，观察牛前后左右的负重姿势。若发现患肢向前伸，则表明病变发生在蹄前部、蹄上部或蹄间等部位；若发现患肢后踏，则表明病变发生在蹄后部；若发现患肢内收，则表明蹄内壁发炎；若患肢外展，则表明外侧壁发炎。

3. 蹄部或钳压检查　首先用手背触摸牛蹄冠、蹄前壁、蹄侧壁和蹄踵的温度，若较正常的温度增高，则说明局部有炎症。同时检查趾间动脉，若感觉动脉搏动强劲，也说明蹄部有炎性病变。还可以检测蹄内痛觉，先用检蹄钳对蹄壁进行短暂、持续敲打，再用检蹄钳压迫蹄匣，注意观察各部位被钳压后的疼痛反应。若出现蹄肢回缩、股部或臀部肌肉有反射性回缩，则说明蹄部有炎病。

本病依据临床症状及蹄部检查即可确诊。本病特征是患牛跛行，皮肤坏死和裂开，蹄冠和蹄间皮肤充血、水肿，蹄间偶尔有不良肉芽组织增生或出现表在性溃疡，蹄底角质部呈黑色且流出恶臭的脓液。应注意本病与肢蹄急性创伤性跛行、口蹄疫和化脓性皮炎相区别。

【防治措施】

1. 预防

（1）坚持定期修蹄，保持牛蹄干净。

（2）加强饲养环境管理，及时清理粪污，并清扫牛棚和运动场，尽量保持干燥、卫生。

（3）保持日粮营养均衡，钙、磷比例适当。提高日粮中锌的含量对本病有一定的预防作用，因为锌能够增强表皮对微生物侵袭的抵抗力。另外，由于奶牛机体对坏死杆菌的免疫反应较弱，因此通过疫苗预防指（趾）间蜂窝织炎的方法无效。

（4）用收敛剂和杀菌剂（如7%～10%的硫酸锌和硫酸铜溶液）交替浴蹄，冬季可用硫酸铜和生石灰的混合物（硫酸铜含量为5%～10%）干浴牛蹄。

（5）加强对牛蹄的监测，及时治疗患病奶牛，防止病情恶化。隔离病牛，直到跛行症状消失。若没有隔离条件，则应用防水绷带包扎或使用牛蹄鞋（牛蹄鞋若要重复使用，需要对其彻底消毒），以免病原传播。

2. 治疗 一经发现，应及时治疗。首先对患蹄进行修整，找出角质部的黑斑，由外向内轻刮，直至黑色难闻的脓汁流出。用4%硫酸铜溶液彻底洗净创口，创内涂10%碘酊，放入高锰酸钾粉、硫酸铜粉或填入松馏油棉球，同时适当包扎，不要包扎指（趾）间，否则影响引流和创伤开放，绷带要每天更换。若出现全身症状或奶牛患急性指（趾）间蜂窝织炎时，应先消除炎症，临床上可用抗生素和磺胺类药物进行全身治疗。青霉素250万IU，1次肌内注射，每天2次，连用3～5d。金霉素、四环素按每千克体重0.01g，或磺胺二甲基嘧啶每千克体重0.12g，一次静脉注射，每天1～2次，连用3～5d。若推荐剂量无法满足治疗需求时，可适当增加用量，同时休药期也要适当延长。新发病例可用长效土霉素，肌内注射一次即可收到良好的治疗效果。也可选用头孢噻呋、磺胺类药物治疗，如用磺胺二甲嘧啶，按每千克体重0.04g静脉注射；也可用甲氧苄啶、磺胺多辛静脉或肌内注射，每天2次，连用3d；或用头孢噻呋，按每千克体重1.1mg肌内注射，每天1次，连续3d，在泌乳奶牛中头孢噻呋和土霉素的功效相当。另外，链霉素没有治疗效果。多数病例使用抗生素治疗后可取得良好的治疗效果。除全身用药外，也可局部静脉注射大剂量抗生素进行治疗，青霉素和土霉素的治疗效果较好。如伴有关节炎、球关节炎，则局部可用10%酒精鱼石脂绷带包裹，全身可用抗生素、磺胺类等药物，如青霉素200万～250万IU肌内注射，每天2次；或10%磺胺噻唑钠150～200mL静脉注射，每天1次，连续7d。如患牛食欲减退，为消除炎症，可静脉注射葡萄糖、5%碳酸氢钠500mL或

40％乌洛托品 50mL。

由于奶牛指（趾）间蜂窝织炎的致病微生物复杂多样，治疗时使用单一抗生素往往难以达到理想的治疗效果，而且抗生素治疗还容易产生耐药性。因此，也常使用中药治疗，常用的中药有去腐生肌散、雄胆矾散、血竭白及散和青黛散等，中药治疗以活血、壮筋骨、祛湿为原则。

三、蹄糜烂

【概念】蹄糜烂是指蹄底和负面角质层糜烂，又称慢性坏死性蹄皮炎。

【病因】

1. 营养因素 日粮营养失衡易引起奶牛营养代谢尤其是微量元素代谢障碍。日粮中钙、磷比例失调，会导致奶牛蹄部角质软化、骨质疏松和蹄形状异常，增加蹄糜烂的发病概率。日粮中缺乏铜、锌会降低骨胶原的稳定性和强度，导致骨质疏松和骨骼变形。这是因为铜是维持骨细胞功能的重要元素，锌是角蛋白、角质素合成的必需元素。钙、磷、锌不仅可以增强牛蹄的坚硬性和完整性，也在奶牛机体免疫反应中发挥重要作用。

2. 环境因素 空气潮湿，牛舍未及时清理，牛蹄长期浸渍于粪尿中，粪尿中不断产生氨气等腐蚀气体，刺激蹄壁，易致蹄角质软化，从而引发蹄部感染。

3. 年龄因素 随着奶牛年龄的增长，蹄糜烂的发病率也逐步增加。这是因为奶牛体重增加，会造成牛蹄磨损加大，蹄角质抵御外界不良因素的能力逐渐减弱，同时因为蹄角质营养代谢的功能会随奶牛年龄的增长而逐渐减弱。

4. 胎次因素 随着奶牛胎次的增加，蹄糜烂的发病率有逐渐上升趋势。这是因为随着胎次的增加，奶牛体重不断增加，蹄底磨损加大及蹄部营养物质供应减少。

5. 疾病因素 奶牛蹄部负重不均，后肢负重大于前肢，内侧指（趾）负重大于外侧指（趾）。负重越大，蹄部越易磨损，蹄糜烂的发病率就越高。因此，后肢的发病率高于前肢，内侧指（趾）的发病率高于外侧指（趾）。指（趾）间皮炎、球部糜烂、热性病等也可诱发奶牛蹄糜烂。

【症状】本病进展很慢，前期不会出现跛行。牛蹄形态改变，蹄底磨灭不正，角质部呈黑色，轻例只在底部、球部、轴侧沟有小的深色坑，坑内为黑色，最后在糜烂的深部暴露出真皮。随着病程的发展进一步出现跛行，病牛站立不安，频繁倒换姿势，球关节以下肿胀弯曲；内侧指（趾）患病时向内侧弯曲，外侧指（趾）患病时向外侧弯曲。糜烂可发展成潜道，潜道内充满黑色的土渣或液体，气味恶臭难闻；部分病牛的蹄底或负面角质糜烂，若炎症扩张至蹄冠、球关节，则会导致关节部严重肿胀，皮肤增厚且失去弹性，蹄部敏感，疼痛明显。偶尔在球部发展成严重的糜烂，长出恶性肉芽，大小由黄豆大变至蚕豆大，呈暗褐色，引起剧烈跛行。感染严重的病牛伴有全身症状，精神萎靡，采食量减少，体温升高，产奶量骤降，步行呈"三脚跳"，喜卧不站或卧地不起。

【危害】蹄糜烂是奶牛的常见疾病，尤其在黄河以南湿度大的地区多发，约占奶牛蹄病的 10%。河北地区奶牛蹄糜烂的平均发病率为 3.28%，总体平均低于相关报道，可能存在环境、地域差异。蹄糜烂不仅会引起病牛严重跛行、采食量减少、体温升高，还会造成泌乳量骤降等问题，给奶牛养殖户带来巨大的经济损失。

【诊断技术】本病依据临床症状及蹄部检查即可确诊。本病特征是蹄变形，蹄底磨灭不正，角质部呈黑色。根据患病奶牛蹄部糜烂、从黑洞内流出黑色腐臭难闻的脓汁即可确定，但要注意与蹄底刺伤、蹄底溃疡、白线病、蹄底挫伤等进行鉴别诊断。

【防治措施】

1. 预防

（1）做好饲养管理　保证日粮营养供给平衡，矿物质及微量元素比例要适当，要特别注重饲草料中锌、镁、钙和磷的配比合理。饲料级硫酸锌的建议用量：成年母牛的预防量应按 2g/d 供给，治疗量可增加至 8g/d。

（2）严格修蹄　每年对奶牛场全部奶牛至少进行 2 次修蹄，最佳时间为产前 1 个月左右和产后 4 个月左右。

（3）药浴　在圈舍、挤奶厅出入通道修建药浴池，药浴池中添加 2%～4% 硫酸铜溶液，每周药浴 1 次。硫酸铜不仅会起到杀菌作用，也可以硬化蹄质。

（4）做好地面防护　奶牛运动场的地面应铺沙土，挤奶厅、牛舍地面为木质地面最理想，对奶牛蹄糜烂能起到较好的预防作用。

（5）灭菌　用 2% 福尔马林溶液喷洒奶牛体表，能够大范围杀灭奶牛体表的寄生虫和细菌。寒冷季节可在奶牛经过的路面铺撒生石灰粉，适当杀灭细菌。

2. 治疗　清洗蹄部，对患蹄进行修整，找到并削除病变角质，对糜烂小洞进行 V 形扩创，排干净黑色的腐臭脓汁，用双氧水、生理盐水或 10% 硫酸铜溶液彻底洗创，创面填塞高锰酸钾粉或硫酸铜粉或涂 10% 碘酊，用消毒棉覆盖创洞口，蹄部打绷带。若蹄内组织化脓，可从蹄底、指尖部做反对孔，每天从蹄冠部注入消炎药物 1 次，直到创伤愈合为止。对于重症患牛，可结合在病灶上方进行"人"字形封闭治疗。具体操作是：在腕关节前上方或跗关节外侧上方（要避开血管，尽量选在皮肤松软处）消毒皮肤，用 7～9 号针头一针刺入皮下，待回抽无血时做"人"字形皮下注射药物。一次注射量：氢化可的松注射液 35mL、2％盐酸普鲁卡因注射液 6mL、青霉素 320 万 IU。每日或每 2d 注射 1 次，连续 2～3 次。

对于有全身症状，如体温升高、食欲下降或伴有关节炎症的病牛，则采用消炎、镇痛、解除酸中毒及抗组织胺的药物进行治疗。10％磺胺噻唑钠 150～200mL 静脉注射，1 次/d，连用 7d；青霉素 320 万 IU 肌内注射，连用 7d；金霉素或四环素，按每千克体重 0.01g 5％碳酸氢钠液 500mL＋25％葡萄糖液 500mL＋5％葡萄糖生理盐水 1 000mL 静脉注射，连用 3～5d；若有关节发炎，可使酒精鱼石脂绷带包扎。

四、蹄叶炎

【概念】蹄叶炎是奶牛蹄壁真皮血管层和乳头层的一种浆液性、弥散性、非化脓性、无菌性炎症，主要发生在蹄尖壁的真皮，而在蹄侧壁和蹄踵壁则很少发生，是引起奶牛跛行的主要疾病。根据病情的严重程度和持续时间，可将蹄叶炎分为临床型蹄叶炎与亚临床型蹄叶炎；其中，临床型蹄叶炎包括急性蹄叶炎、亚急性蹄叶炎与慢性蹄叶炎。

【病因】

1. 营养与代谢因素 蹄叶炎是当奶牛体内出现代谢紊乱时蹄部的外在表现，而诱发奶牛蹄叶炎的关键因素包括乳酸、组胺和内毒素大量聚集。在集约化的规模养殖中，为提高产奶量，通常给奶牛提供过量的高精饲料日粮，使得组胺、乳酸等物质在体内大量积聚，诱发慢性瘤胃酸中毒，导致瘤胃微生物死亡崩解，进而释放大量内毒素，使得奶牛体内代谢紊乱，血浆中内毒素含量显著升高，并通过血液循环作用于蹄部，导致蹄部微循环障碍，局部出现炎症、淤血，蹄壁组织缺氧，最终引发蹄叶炎。

当奶牛群摄入较多碳水化合物时，瘤胃酸中毒和跛行的发生率都较高。日粮中浓缩料含量增加时，经发酵作用可产生过量的组胺和乳酸，诱发瘤胃酸中毒和跛行。在产犊阶段，68％的奶牛经高能日粮饲喂后出现了明显的蹄叶炎症状，64％的奶牛在未来 2～3 个月出现蹄底溃疡和蹄底出血，而正常日粮饲喂组的患病率仅为 8％。当日粮中功能性纤维含量不足时，奶牛咀嚼次数减少，唾液分泌量降低，引起瘤胃液 pH 下降，严重者可引发瘤胃发酵功能紊乱，甚至瘤胃酸中毒，毒素随全身血液循环至蹄部，诱发蹄叶炎。

蛋白质中含有的组氨酸是组胺的主要来源之一，给奶牛长期饲喂大量高蛋白质饲料能给机体提供大量组胺。当肠道出现病变或者瘤胃中 pH 降低时，组胺大量积聚，奶牛可出现蹄冠带潮红、肿胀及负重转移等急性蹄叶炎症状。组胺虽然不会直接破坏上皮细胞，但对于上皮细胞的自身修复有延缓作用。由于瘤胃上皮细胞的通透性较差，大部分外源性组胺都会被消化、分解，几乎不会被吸收，剩余的一些少量吸收的组胺会被氧化或甲基化，最终失活。因此，引发蹄叶炎的可能并非是由高蛋白质日粮所产生的外源性组胺，而是蹄部肥大细胞所分泌的内源性组胺。另外，当机体产生过敏反应或者受到内毒素刺激时也可产生内源性组胺。

日粮中矿物质和维生素也与蹄叶炎的发生密切相关。铜能激活细胞色素氧化酶，为角质形成细胞提供能量，参与合成铜-锌超氧化物歧化酶，防止脂质过氧化。锌对角蛋白的催化、结构合成和功能调节发挥重要作用。慢性蹄叶炎奶牛角质和血清中的锌含量显著降低，锌长期缺乏可能导致蹄变形。饲料中的铁供给量过高时，奶牛血清及蹄角质中的铁含量升高，钙、磷含量显著降低，钙、磷比值降低，奶牛蹄角质中镁含量也低于正常，证明蹄叶炎的发生与体内主要矿物质元素含量密切相关。维生素 H 是多种能量代谢的辅酶，参与表皮细胞角质化过程，能够促进角蛋白和细胞间黏合物质的生成，尤其对相关白线损伤有效。临床研究表明，每天给产后 100d 的奶牛添加 20mg 维生素 H，白线损伤明显改善。长期向日粮中添加维生素 H（添加量为 10mg/d），奶牛蹄踵溃疡和蹄底溃疡的发生率都显著降低，新生角质的形成速度明显增加。

2. 环境与管理因素 奶牛蹄叶炎的发生与饲养管理方式密切相关，牛舍地面过硬、卫生状况不良等均可诱发蹄叶炎。在现代集约化奶牛养殖场，牛舍地面通常用混凝土作硬化处理，以满足承重和污物处理的需要。但浇灌地面时因沙石比例不当、搅拌不充分引发的地面粗糙、结构松散等问题，均会导致蹄底角质过度磨损及蹄指（趾）扭伤。混凝土地面比板条、橡胶更易导致奶牛蹄叶炎损伤，如蹄底出血、溃疡和白线病等；放牧奶牛蹄叶炎的发病率较舍饲奶牛的降低，主要是在草场中放牧的奶牛其蹄部受力减小。此外，牛舍卫生条件差，粪尿、泥浆等的浸泡也是很重要的诱因，潮湿环境可使蹄壳吸收过量水分，导致角质软化和弹性降低。同时，粪尿污水可引起酸碱环境变化，进一步损伤蹄壳的完整性，加剧蹄角质的日常磨损，从而刺激蹄部皮肤感染多种蹄病。

3. 奶牛自身因素 体重、年龄、品种及遗传性状等都与奶牛蹄叶炎的发生具有相关性。体重与蹄叶炎造成的蹄部损伤程度呈正相关，大体重奶牛蹄叶炎的发病率高于小体重奶牛。从年龄结构来看，初次产犊的奶牛更容易患蹄叶炎，青年奶牛易发生急性蹄叶炎，老年奶牛易发生慢性蹄叶炎。此外，奶牛指（趾）部的形状及结构等都具有一定的遗传性，蹄与指（趾）的相对角度、指（趾）关节内部角度等蹄型因素可能与蹄叶炎损伤相关。一些不良性状，包括螺旋形趾、蹄踵过高、蹄畸形、骨畸形等均可遗传至下一代，引发犊牛的蹄叶炎。

【症状】

1. 急性蹄叶炎 急性蹄叶炎病牛常表现为站姿异常、体温升高、脉搏加快、食欲减退、产奶量降低、跛行，伴有肌肉震颤、蹄冠部肿胀、蹄壁触感疼痛、蹄系部皮肤潮红等。前肢患病时，常一蹄负重，头部下垂，精神不振；后肢患病时，两前肢后踏，后肢稍向前伸，不愿走动，病牛表现出严重的运动障碍；四蹄同期患病时，常表现为明显的疼痛，头和四肢攒到一处，在中兽医上又叫"五攒痛"。

2. 亚急性蹄叶炎　亚急性蹄叶炎患病一般超过 10d，病症与急性蹄叶炎的相似，但相对较轻，特点为病牛全身僵硬，中度或重度跛行。亚急性蹄叶炎被认为是介于急性蹄叶炎和慢性蹄叶炎之间的中间型，病牛体重和产奶量会上下浮动。

3. 慢性蹄叶炎　慢性蹄叶炎一般持续 6 周以上，由急性病例转变而来，病牛主要症状表现为蹄部形态异常，蹄角质生长变形，蹄部肿胀，蹄底扁平变宽，蹄壁出现许多不规则的沟和峭（"苦难线"）。蹄部真皮毛细血管持续缺血，小动脉硬化，有陈旧性血栓形成。严重时病牛有慢性肉芽组织增生和明显的毛细血管纤维化，血液微循环障碍，真皮层受到渗出血浆的压迫，表皮出现角化或过分角化，真皮与表皮交界处分离，造成蹄内部的破坏。长期患有慢性蹄叶炎的奶牛出现体重下降、骨质疏松、产奶量下降等症状。

4. 亚临床型蹄叶炎　亚临床型蹄叶炎是由持续性损害引起的缓慢而不易发现的病理过程，患病早期病牛常不表现明显的站姿和运步异常，蹄底出血、黄染、溃疡和白线病被认定为亚临床型蹄叶炎的主要临床症状。亚临床蹄叶炎与慢性蹄叶炎的区别是背壁是否出现峭，当背壁出现峭时属于慢性蹄叶炎。

【危害】蹄叶炎在奶牛蹄病中最为常见，奶牛蹄病的 41％是蹄叶炎，72％的奶牛至少有一只蹄发生过该病，其中以亚临床型和慢性型为主。目前，蹄病是除了乳腺炎和子宫炎以外，造成奶牛养殖业严重经济损失的第三大疾病。蹄叶炎会导致奶牛采食量降低、走动减少、产奶量下降、繁殖性能减退、治疗费用升高、淘汰率增加等，其所造成的经济损失仅次于乳腺炎与繁殖疾病，给奶牛健康和养殖业发展带来严重影响。

在对产奶量的影响方面，蹄叶炎可造成牛奶损失 1.5kg/d。英国某规模化奶牛场生产牛的整个泌乳期内，因蹄底溃疡和白线病造成的产奶量损失分别为 570kg 和 370kg。此外，蹄叶炎初产奶牛乳脂肪率降低，脂肪/蛋白质的比值下降，提示奶牛患蹄叶炎期间发生了代谢紊乱，影响了乳汁的营养成分及比例。在我国，奶牛蹄叶炎的发病率逐年升高，每年因蹄病淘汰的奶牛占比高达 15％～30％，造成的经济损失高达 2 250 万元。

【诊断技术】在临床诊断上，视诊可见急性（亚急性）蹄叶炎奶牛腕关节跪地或交叉站立，两后肢前伸至腹下；行走时弓背，运步拘谨，发病初期蹄温升高，用检蹄器按压时蹄底和蹄壁疼痛。

慢性蹄叶炎常见变形蹄，其蹄壁出现"苦难线"，一般无全身症状，以蹄部病变为主。蹄部外观变软、变色甚至蜡质，在底部或侧面还可能有出血现象，蹄部毛细血管扩张、血栓形成、动脉硬化。与慢性蹄叶炎有关的牛蹄动脉造影研究显示，动脉管腔变窄且动脉模式改变。

患亚临床型蹄叶炎时病牛一般不表现临床症状，严重时可见运步拘谨，在削蹄后可能会出现出血、黄染、白线病及溃疡。若没有及时发现，则易发展成慢性蹄叶炎，造成不可逆的影响。

应注意本病与其他蹄病进行鉴别诊断，如患指（趾）间皮炎时，病牛运步拘谨，蹄部触诊敏感，皮肤呈湿疹性皮炎，有腐臭味，仅表皮出现增厚和充血等病变；患指（趾）间蜂窝织炎时，病牛有轻度跛行，患肢不敢负重，皮肤皲裂和坏死，有恶臭气味，指（趾）间皮肤坏死，腐败脱离，两指（趾）明显分开，有时蹄球出现明显肿胀；患腐蹄病时，病牛蹄底糜烂，有肉芽增生和蹄球糜烂。

【防治措施】

1. 预防

（1）做好饲养管理　应加强奶牛的饲养管理，给奶牛提供的精饲料的量应严格控制，避免营养过剩。同时，还应该确保奶牛采食充足且优质的干草，维持营养平衡。确保奶牛采食饲料的稳定性，更换饲料时应保证有 10～14d 的过渡期，保持瘤胃内环境的相对稳定。

（2）改善圈舍环境　圈舍建设应考虑到地域特点，冬季应防止蹄部被冻伤，夏季应及时清理圈舍污物。圈舍地面应注意防滑，不能太光滑或太粗糙，否则会导致蹄部磨损严重，造成奶牛蹄叶炎。

（3）浴蹄和修蹄　蹄浴池应设在挤奶间的出口处，使奶牛挤奶和放牧时经过蹄浴池从而达到浸泡、消毒的目的。蹄浴液可选择福尔马林溶液，也可选择 4％硫酸铜溶液，硫酸铜既有杀菌又有硬化蹄匣的作用。蹄浴液深度应达到 10cm 以上，一般每隔 2～3d 需进行更换。此外，蹄部过度生长时可导致蹄部正常功能发生改变，引起奶牛蹄叶炎。定期修蹄可以使蹄部恢复到正常形状和功能，并能在发生严重蹄病前进行病变预判，降低蹄部负荷，从而减少损伤。每年修蹄 2 次比每年修蹄 1 次的牛群，患蹄底溃疡的概率降低。

2. 治疗　蹄叶炎的一般治疗原则是减轻患部疼痛，消除病因，促进蹄部血液循环，减少血浆及组织液渗出，加速角质生成，避免发生蹄骨转位。饲养管理过程中要注意调整日粮结构，减少精饲料的占比。临床上可注射 0.25％～0.50％普鲁卡因溶液进行封闭治疗，以缓解疼痛；或用 5％碳酸氢钠、维生素 C、5％葡萄糖氯化钠注射液、安钠咖、氯化钙等静脉注射，以进行对症治疗。急性病例可采用抗组胺疗法，也可使用类皮质激素进行治疗。另外，还可采取中药疗法。例如，对因过劳引发的蹄叶炎，可服用茵陈散；若为料伤导致的蹄叶炎，可使用红花散。

第四节　内科病

一、支气管炎

【概念】支气管炎是因恶劣的外部环境条件、温度变化、吸入刺激性气体或是内外源非特异性细菌大量繁殖等，使牛的支气管黏膜防御机能减弱诱发而成，是支气管黏膜表层或深层炎症，在临床上以咳嗽、流鼻涕与不定热型为特征。根据症状的发生部位，可分为大支气管炎和细支气管炎，按病程可分为急性支气管炎和慢性支气管炎两种。

【病因】本病的发病原因有原发性和继发性两种。

1. 原发性　主要由于气候和吸入刺激性气体两大因素引起，奶牛一般在早春和晚秋发病。因为此时气温多变且温差较大，特别是犊牛和弱牛的机体抵抗力较低，易受到流感病毒的侵袭而发病；低温还会使牛吸入的气体温润不足，机体含水量减少，呼吸不畅，形成的痰液黏稠，造成肺脏功能减弱、呼吸道黏膜血管收缩，从而导致牛支气管炎的发生；另外，吸入的异物，如烟尘、霉菌孢子、粉碎的饲料、麦花粉、刺激性气体（二氧化硫、硫酸、氯气、氟化氢等有害物质等），可造成牛支气管黏膜溃烂、纤毛脱失、上皮细胞鳞状化等，最终引起急性支气管炎，而圈舍通风不良、闷热及投药方法不当和吞咽障碍也是支气管炎发生的诱因。

2. 继发性　多见于微生物（如肺炎球菌、链球菌、巴氏杆菌等）感染，以及某些传染病（如流感、传染性支气管炎）和寄生虫病（如肺丝虫病）等。

【症状】

1. 急性支气管炎

（1）病牛主要症状是咳嗽，病初呈干、短、痛咳，3～4d后因渗出物增多而变为湿、长咳。流浆液性鼻液，以后变为浆黏性或黏脓性鼻液，咳嗽后鼻液增多。

（2）病牛全身症状较轻，体温正常或升高0.5～1℃，弛张热型，心跳加快，可达60～100次/min，一般持续2～3d后下降，呼吸、脉搏稍增数，并发传染病时温度更高。

（3）胸部听诊，肺泡呼吸音普遍增强或者听到断续性的呼吸音，病初为干啰音，后期为湿啰音。当支气管黏膜肿胀或分泌物特别黏稠时，听诊出现干性啰音；当支气管内有多量稀薄的渗出液时，则听到湿性啰音，一般为大、中水泡音。啰音强弱与呼吸强弱及病变部位深浅有关。在病灶部分，肺泡音减弱，有捻发音。病中期由于渗出物充满肺泡，呼吸音弱或消失，有湿性啰音；叩诊肺部，有局限性的散在半浊音及浊音区。

2. 慢性支气管炎　特点是病牛长期咳嗽，尤其是在运动、采食、夜间或早晚气温较低时往往发生剧烈咳嗽，鼻液少而黏稠。症状时轻时重，当气温骤变或劳累时则症状加重。胸部听诊，长期有干性啰音；叩诊一般无变化，但并发肺气肿时则肺界后移并呈现过清音。全身症状一般不明显。晚期由于发生支气管炎和并发肺气肿，可长期呈现呼吸困难。病牛一般无体温变化。

【危害】支气管炎经常会影响到肺小泡，从而发展为支气管肺炎，是很多畜禽养殖中都比较常见的一种疾病类型，不进行及时治疗会给养殖业造成不利的影响。奶牛发生此病不但会影响产奶量和经济效益，处理不当有可能会出现奶品质问题，威胁人体健康，因此应引起高度重视。

【诊断技术】

（1）主要分析病史材料，如通过奶牛受寒感冒、咳嗽、流鼻涕的特征症状，X线透视有小范围的阴影，X线检查仅见肺纹理增重，无明显渗出影像等进行诊断。注意与肺充血及肺水肿的鉴别。

（2）支气管肺炎除全身症状加剧外，尚有弛张热型，肺部叩诊出现局灶性浊音区，听诊肺泡音微弱，有时出现捻发音。

（3）肺水肿、肺出血系突然发生时病程急速，有泡沫样、血样或淡黄色鼻液。过敏性素质的咳嗽，必然有某种致敏原存在，并突然发生剧烈咳嗽，涕泪交加，但体温、脉搏、呼吸无显著改变，使用抗过敏药物治疗有效。

【防治措施】导致牛急性支气管炎的因素有很多，但一般来说主要是受寒冷和感冒的影响。因此，在对该病进行诊断的过程中，需要对病因进行一定的判断，辨别其为原发还是继发。在进行治疗时，需要与喉炎和支气管肺炎进行区分。

1. 预防　由于本病发生没有明显的季节性，因此应采取常防常控的措施。

（1）定期做好检疫防疫，重视牛群的疾病防疫工作，定期做好疫苗注射。

（2）避免受机械和化学因素刺激；保护呼吸道的防御机能；建立预防性检查制度，及时治疗原发病。

（3）加强耐寒锻炼，保证牛群有适当的运动时间和运动量，以提高牛群对疾病的抵抗力。

（4）加强奶牛的饲养管理，定期做好圈舍清扫和消毒，做好通风和保暖。

（5）保证饲料的清洁、卫生、易消化和高营养，减少其对呼吸道的不利刺激，给奶牛禁喂发霉的草料和干燥的细粉状饲料。

（6）在气候多变的季节在饲料中添加一些中药，如清肺散等，1次/d，连用 3～5d，对预防本病也有很好的效果。

（7）对患病严重的奶牛要及时隔离，对病死奶牛做无害化处理。

2. 治疗 采用中西结合的治疗方法能获得更好的效果。

（1）急性支气管炎 治疗基本以消除炎症、化痰止咳为主，必要时实施抗过敏法。对病牛应除去致病因素，使其安静，同时保持温暖，喂以易消化的饲料，勤给清洁的饮水，进行适当的户外运动等。当痰液黏稠而不易咳出时，使用溶解性祛痰剂；当病牛频发痛咳而分泌物不多时，可选用镇痛止咳剂；抑菌消炎时，用磺胺类药物等。用一溴樟脑粉和普鲁卡因具有较强的抗过敏作用，能提高其他药物的疗效。另外，将发病奶牛与健康奶牛及时分隔开来。注意清扫、消毒牛舍，确保舍内空气畅通，冬季要注意舍内温度，及时给予病牛充足的水分等。

（2）慢性支气管炎 治疗方法基本同急性支气管炎。首先要改善饲养管理条件，注意牛舍卫生，以增强奶牛机体的抵抗力。为促进炎症消散，可用松节油作蒸汽吸入。为防止继发肺炎，可气管内注射青霉素。

二、奶牛胸膜炎

【概念】奶牛胸膜炎是泛指由各种原因引起的腔层胸膜与脏层胸膜之间的炎症，主要以纤维素沉着和胸腔积聚大量炎性渗出物为特征，主要指奶牛胸腔损伤，以及肺炎、创伤性心包炎、出血性败血症。根据病程，可分为急性和慢性；按病变的蔓延程度，可分为局限性和弥漫性；按渗出物的多少，可分为干性和湿性；按渗出物的性质，可分为浆液性、浆液纤维素性、出血性、化脓性、化脓腐败性等。本病也是一种常发病，尤其多发生于长途运输过程中的奶牛。

【病因】本病发生有多种原因，以继发性感染最为常见。

1. 原发性胸膜炎 较少见，主要是胸膜腔内感染了病原微生物，常见的有链球菌、巴氏杆菌、克雷伯氏菌等；另外，气温大幅下降而受凉、长途运输时未采取合理的保温防风措施，以及剧烈运动、实施外科手术、胸壁挫伤、穿透创、胸部食管穿孔、肋骨骨折等均可引发本病。

2. 继发性胸膜炎 较常见，常继发或伴发于传染病发病时，如巴氏杆菌病、结核病、鼻疽、流感、链球菌感染等，还见于卡他性肺炎、大叶性肺炎、坏疽性肺炎等。

【症状】

1. 临床症状 以胸部疼痛、体温升高和胸部听诊出现摩擦音或拍水音为特征。

（1）全身症状 病初可观察到奶牛精神沉郁，食欲明显降低或废绝，体温升高至 40℃左右，呈弛张热或不定热；呼吸迫促，多呈断续性呼吸和腹式呼吸，间或有干性咳嗽，脉搏加快；站立时两肘外展，不愿活动，有的胸腹部及四肢皮下水肿。触诊胸部有痛感，病牛表现不安。听诊有摩擦音，有时可听到拍水音，并出现呼吸困难。白细胞增多，核左移。胸腔穿刺可流出淡黄色渗出液，如胸膜已化脓坏死则流出腐臭的脓液。慢性病例，食欲减退，身体消瘦，间歇性发热，呼吸困难，运动乏力，反复咳嗽。

（2）胸部检查

①胸壁触诊或叩诊，初期病牛常因疼痛而抗拒，并激发咳嗽。渗出期可于肩端水平线上下，发现水平浊音，并随体位而变动。叩诊液面上方呈鼓音。

②胸部听诊，随呼吸运动出现胸膜摩擦音，尤其是在肘关节后方明显。随着渗出液的增多，摩擦音消失，出现拍水音。胸腔积液时，两心音均减弱。

③胸腔穿刺，当胸腔内积聚大量渗出液时，可流出多量黄色或红黄色液体，内含大量纤维素，放置易于凝固。穿刺液有腐败的臭味或脓汁时，病情恶化，为化脓坏死性胸膜炎。

（3）实验室检查

①血液学检查。白细胞总数升高，中性粒细胞比例增加，核左移，淋巴细胞比例减少。

②X线检查。大量积液时，心脏、后腔静脉被积液阴影淹没，下部呈广泛性浓密阴影；积液平面可达肩端水平线，并随体位而改变，腹壁冲击触诊时积液平面呈波动状。

③超声波检查。有助于判断胸腔的积液量及分布。

2. 病理剖检

（1）急性胸膜炎　胸膜明显充血、水肿和增厚，粗糙而干燥；胸膜面上附着一层黄白色的渗出物；在渗出期，胸膜腔有大量混浊液体，其中有纤维素碎片和凝块。渗出物污秽，并有恶臭。

（2）慢性胸膜炎　胸膜肥厚，壁层、脏层及与肺脏表面发生粘连。

3. 诊断要点　依据胸膜摩擦音或水平浊音，结合X线检查或胸腔穿刺可做出诊断。

【危害】对奶牛胸膜炎的治疗宜早不宜迟，如果治疗不及时就会引起肺部等其他脏器炎症，给治疗带来一定困难，也会给愈后留下些许隐患。一旦转为慢性，则会导致奶牛体况日益下降，消化机能紊乱，只有少部分个体能在良好的护理下恢复正常，大多数都只能被逐步淘汰，还有可能将继发性病症传染给其他健康牛群，带来不必要的损失。

【诊断技术】根据本病呼吸浅表、咳嗽、触诊或叩诊胸部疼痛、叩诊有水平浊音、听诊有胸膜摩擦音、胸腔穿刺液为渗出液（含蛋白质多，加5%的冰醋酸可产生浑浊沉淀）等特征，加以确诊，诊断时注意以下事项：

（1）大叶性肺炎症状与本病多有相似之处，但大叶性肺炎病牛有高热稽留、流铁色鼻液等特征。

（2）急性胸膜炎病牛如能及时合理治疗，有望治愈。一旦发展为慢性胸膜炎造成大片粘连或化脓性胸膜炎，则多预后不良。

【防治措施】对奶牛胸膜炎的治疗，如果只用西药则效果不太理想，容易复发，也有可能留下或多或少的后遗症。而用中西医结合的方法进行治疗的效果明显，治愈率较高，不容易复发，留下后遗症的概率较低。治疗本病的总体原则是加强护理，抗菌消炎，制止渗出，促进渗出物的吸收和排出。

1. 对患病奶牛加强护理 患病奶牛应安置在通风良好、温暖的环境中，一定要防止再次受寒感冒，否则病情会迅速加剧。饲喂易消化的富有营养的草料，适当限制饮水，尤其是在严寒季节，水温不可低于 15℃。

2. 使用抗菌消炎药 临床上主要用抗生素、喹诺酮类或磺胺类药物。常用的抗生素为青霉素、链霉素、红霉素、头孢菌素及四环素等，常用的喹诺酮类药物有环丙沙星等。用青霉素或土霉素于胸腔内注射，可收到良好效果。

3. 制止渗出，促进炎症产物吸收 临床上可以用钙制剂、乌洛托品、水杨酸制剂等，在奶牛胸壁涂擦 10％樟脑酒精或松节油搽剂（松节油 10 份、氨搽剂 100 份），也可用葡萄糖酸钙注射液静脉注射。如渗出液妨碍呼吸，则行胸腔穿刺，以缓慢排出积液，排出积液后用 2％～4％硼酸溶液冲洗胸腔，排出冲洗液后再注射青霉素则效果较好。强心、利尿剂是常采用的药物。

4. 进行胸腔穿刺排液 当渗出液积聚过多而呼吸窘迫时，可进行胸腔穿刺排液，使病情暂时改善并将抗生素直接注入胸腔。对化脓性胸膜炎的治疗，在穿刺排出积液后，可用 0.1％高锰酸钾溶液、2％～4％硼酸溶液反复冲洗胸腔，然后直接注入抗生素。

三、前胃弛缓

【概念】是反刍动物因前胃神经调节机能障碍引起的疾病，以前胃兴奋性和收缩功能降低、消化机能紊乱为特征。

【病因】

（1）奶牛缺乏运动或使役过重，突然更换饲料或气候突变，导致神经机能障碍。

（2）长期给奶牛饲喂粉状饲料、单一饲料或缺乏纤维素的饲料，饲料对前胃的刺激性过弱或者单调刺激使前胃的兴奋性降低。

（3）严寒、中暑、恐惧、剧痛等应激因素使前胃的神经机能出现障碍。

（4）奶牛继发于其他疾病（如牙病、瘤胃积食）和某些传染病（如口蹄疫）等。

【症状】

1. 急性前胃弛缓　发病较轻时症状不明显，病牛主要表现为食欲减退，不喜欢吃草，喜欢吃较为精细的饲料。随着病情的发展，部分病牛会出现行动迟缓，精神不济，粪便颜色、形状异常。如治疗不及时或治疗不当，随着病情的继续发展，则病牛会出现口吐白沫、呼吸不畅等全身中毒症状。

2. 慢性前胃弛缓　由急性病症转化或者继发性因素导致的，病牛除了表现出急性症状外，还交替出现便秘和腹泻症状，且出现反刍异常，日渐消瘦。发病后期伴发瓣胃阻塞、精神状态失常、毫无食欲等，严重者极易死亡。

【危害】牛前胃弛缓是由于前胃神经和肌肉功能紊乱，收缩力量减弱；瘤胃内容物不能进行正常消化、运转与排出，食物异常分解、发酵与腐败，产生有毒物质；微生物群遭到破坏，引起消化功能障碍而出现的食欲减退或废绝、反刍紊乱、产奶量下降的一种疾病，尤其是在长期圈养的牛群中多发。如治疗不及时则会造成患牛食欲废绝，甚至死亡。

【诊断技术】

（1）急性型病牛多呈现急性消化不良，食欲减退或废绝，表现为只吃青贮饲料、干草而不吃精饲料或只吃精饲料而不吃草，严重者上槽后呆立于槽前。反刍缓慢或停止，瘤胃蠕动次数减少，声音减弱。

（2）瘤胃内容物大多为粥状或黏稠的液体状，能够很容易抽取。因此，在诊断时可以将胃管投入瘤胃中，将内容物放入器皿内进行检测，如果抽取不顺利时，可以选择低压吸引法。病牛的瘤胃内容物可能为灰褐色，有酸性气味；也有的病牛瘤胃内容物由于腐败而发出恶臭气味，静置一段时间后可看到明显分层，上层为大量液体，底层为粥状黏液。但伴随卡他性炎症时，瘤胃内容物可能不分层，为泡沫黏液。这与正常牛瘤胃内容物为黄褐色或绿色不同，比较容易观察。此外，检测瘤胃的 pH，过酸或过碱都代表有炎症反应。纤毛虫是瘤胃内重要的微生物，可以将瘤胃内容物离心后将沉淀滴在载玻片上进行镜检，当瘤胃液中的纤毛虫数量减少到 6.8 万个/mL，证明已经发生了前胃弛缓。

（3）网胃和瓣胃蠕动音减弱或消失，粪便干硬或为褐色糊状。

（4）触诊内容物时软，张力下降。

前胃迟缓的发生有多种病因、病程和病理类型，广泛显现或伴随于几乎所有消化系统疾病及众多奶牛群体性疾病中。因此，诊断应按以下程序逐步展开。

（1）前胃迟缓的确认　确认前胃迟缓的主要依据包括病牛食欲减退、有反刍障碍及前胃运动减弱，泌乳时还会出现产奶量突然下降的情况。

（2）区分原发性还是继发性　病牛仅表现前胃迟缓的基本症状，而全身状态相对良好，体温、脉搏、呼吸等生命指标无大的改变，且在改善饲养管理上给予一般健胃促反刍处置后短期（48～72h）内即逐步康复的，为原发性前胃迟缓。

患牛发病时除有前胃迟缓的基本症状外，体温、脉搏、呼吸等生命指标有明显改变，且在改善饲养管理并给予常规健胃促反刍处置后数日病情仍继续恶化的为继发性前胃迟缓。

（3）区分继发性前胃迟缓的原发病是消化病还是群体病　凡单个零散发生且主要表现消化病症的，应考虑各种消化系统性疾病，可进一步依据各自的示病症状、特征性检验所见和证病性病变，分别逐步加以鉴别和论证。凡群体发生的，要着重考虑各类群发病，包括各种传染病、侵袭病、中毒病和营养代谢病，可依据有无传染性、有无相关虫体大量寄生、有无相关毒物接触史，以及酮体、血钙、血钾等相关病原学和病理学检验结果，按类、分层、逐步加以鉴别和论证。

【防治措施】

1. 预防

（1）加强饲养管理，注重饲料品质，禁止突然变更饲料或任意加料。

（2）注意劳逸结合和适当运动，减少应激反应。

2. 治疗　原则是兴奋前胃，加强前胃蠕动，助消化，强心解毒。当奶牛出现前胃弛缓时，首先要确定是继发性的还是原发性的，如果是继发性的应当以治疗原发病为主。当发生的是原发性前胃弛缓时，应当使用兴奋肠道机能的药物，当粪便干结时可以使用轻泻剂，同时辅以抗生素治疗，以维持机体平衡、恢复瘤胃机能、改善瘤胃内环境，在治疗过程中应当及时纠正脱水和自体中毒。

（1）祛除病因　病初停喂1～2d，少量多次饮水，并饲喂营养丰富、易消化的饲料。

（2）恢复前胃运动机能　新斯的明10～20mg、5％毛果芸香碱2～5mL，皮下注射；或硫酸镁500～1 000g加水配成10％溶液，1次内服。促反刍液：10％氯化钠500mL、10％安钠咖25mL、5％氯化钙200mL，静脉注射。

（3）防腐止酵　稀盐酸15～30mL、酒精100mL、来苏儿10～20mL、常水500mL/次，内服。

（4）防止脱水和自体中毒　5％葡萄糖盐水1 000～2 000mL、40％乌洛托品溶液20～40mL，静脉注射。

（5）增加食欲和反刍次数　皮下注射氯化氨甲酰甲胆碱刺激瘤胃。

（6）恢复瘤胃功能 用洗胃疗法将瘤胃内容物稀释后抽出，当洗胃不可行时也可以将健康牛的瘤胃内容物投到患病牛瘤胃内，帮助其恢复瘤胃功能。

四、瘤胃积食

【概念】指瘤胃内充盈过量的食物致使瘤胃壁扩张，饲料蓄积于瘤胃中，瘤胃蠕动和消化机能出现障碍的疾病。

【病因】

（1）饲养管理不当、突然变换饲料或给奶牛饲喂品质不良和不易消化的饲料。

（2）突然饲喂大量精饲料，导致粗饲料喂量不足。

（3）继发于其他疾病，如前胃弛缓、瓣胃阻塞、网胃炎。

【症状】

（1）奶牛食欲减退或废绝，反刍停止或嗳气停止。

（2）奶牛腹围增大，左侧瘤胃上部饱满，中下部向外突出，触诊瘤胃内坚实，呈生面团感。

（3）奶牛回顾腹部，有时用后肢踢腹，有腹痛表现。弓背，不断起卧，并伴有呻吟。

（4）初期奶牛排粪正常，以后排粪迟滞或停止。过食精饲料者粪便呈粥样，具有恶臭味，脱水，酸中毒（眼窝下陷、黏膜发绀）。

【危害】

（1）由于瘤胃内充满过量的饲草料，故直接影响瘤胃壁，从而反射性地引起自主神经紊乱。初期瘤胃蠕动加强，随后转为抑制，表现为蠕动减弱或消失，导致胃壁扩张和麻痹。

（2）间接影响是瘤胃体积增大，膈向前移，从而影响心脏、肺脏等的活动及静脉回流，导致呼吸、循环紊乱。

（3）更严重的是，如果胃内容物长时间积滞发酵、腐败，就会产生大量气体和有毒物质，易引起瘤胃臌气和自体中毒，从而造成病牛死亡。

【诊断技术】根据积食的病史和症状，诊断本病不困难，但应注意和前胃弛缓相区别，积食是本病发生的直接原因，而弛缓是积食未能及时消除而继发，两者同时存在，这在病史中必须考虑并加以区别。

【防治措施】

1. 预防 如加强饲养管理，防止突然变换饲料或过食，按日粮标准饲养；干粗饲草铡短后再喂，控制进食量。

2. 治疗 原则是恢复前胃运动机能、促进瘤胃内容物运转、消食化积、防止脱水与自体中毒。

(1) **药物疗法** 灌服污剂，促进瘤胃内容物排空。

(2) **洗胃疗法** 对于因大量采食精饲料而发生的积食，可用大号胃管向胃内大量投服淡盐水，并将其导出。反复洗胃，可收到较好的治疗效果。

五、瘤胃臌气

【概念】奶牛因采食大量容易发酵的饲料，产生大量气体，或因其他原因造成瘤胃内的气体排出困难，气体在瘤胃和网胃迅速蓄积，引起呼吸和血液循环障碍、消化紊乱而产生的疾病。

【病因】

(1) 奶牛采食易发酵的青绿饲料，如青苜蓿、豆苗而引起。

(2) 奶牛采食后立即使役，缺乏适当的休息和反刍。

(3) 继发于其他疾病，如由前胃弛缓、瓣胃阻塞引起的排气障碍。

【症状】

(1) 左侧肷窝臌胀，发生于采食后不久，触压腹壁紧张而有弹性，叩诊呈鼓音。

(2) 腹痛、呻吟、不安、踢腹，食欲废绝，反刍停止。

(3) 呼吸困难、心动亢进，后期静脉怒张、黏膜发绀，听诊瘤胃蠕动音消失。

【危害】奶牛瘤胃臌气是由于其误食的大量易发酵饲料，在瘤胃内菌群的作用下，迅速发酵而产生的多种气体滞留于瘤胃，导致瘤胃极具臌胀的一种病症，常见于春、夏季放牧期。此病致死率虽然不高，但是若得不到及时诊治，可危害奶牛的生长发育。

【诊断技术】

(1) 有采食易发酵饲料的病史。

(2) 腹部臌胀，左肷部上方凸出，触诊紧张而有弹性，不留指压痕，叩诊呈鼓音。

(3) 瘤胃蠕动先强后弱，最后消失。

(4) 体温正常，呼吸困难，有血液循环障碍。

【防治】

1. 预防 加强饲养管理是预防本病的关键，具体措施如下：

(1) 豆科植物，如苜蓿应晒干后再喂，鲜苜蓿应控制喂量。

(2) 改喂青绿饲料前一周先喂青干草或干、鲜草掺杂饲喂。

(3) 谷实类饲料不应粉碎得过细，精饲料量应按需供给，不可过食。

2. 治疗 本病的治疗原则是排气减压、制酵消沫、健胃消食、强心补液。

（1）排出气体　可采用套管针瘤胃穿刺放气，也可采用胃管导入瘤胃放气。

（2）制酵消沫　用松节油 20～30mL、鱼石脂 10～15g、酒精 30～50mL，加适量温水或 8%氧化镁溶液 600～1 000mL，一次内服。对于泡沫性臌胀，用二甲基硅油 5g 或消胀片 30～60 片，内服；或植物油 300mL、温水 500mL（或松节油 30～40mL）、液体石蜡 500～1 000mL，常水适量，一次内服。

六、创伤性网胃炎

【概念】本病又称创伤性消化不良，是由金属、尖的异物（如针、钉、铁丝）混杂在饲料、饲草内随食物进入网胃，刺伤胃壁，导致急性或慢性前胃弛缓，以瘤胃周期性臌气、消化不良、网胃敏感性增强为特征的前胃疾病，并因穿透网胃刺伤腹膜，引起急性或慢性局限性损伤腹膜炎的疾病。有时可穿透膈，伴发创伤性心包炎和心肌炎。

【病因】奶牛采食了饲料中混有的金属异物至瘤胃、网胃，并沉积于网胃底部，当网胃收缩时（如重役、分娩时努责、瘤胃臌气、瘤胃积食）致使腹压升高，刺伤乃至刺穿网胃壁。刺伤后可能伤及邻近器官，如肝脏、脾脏、心脏、肺脏、膈和腹膜，常见的是引起创伤性腹膜炎和心包炎，可刺伤两侧胸壁，引起胸腔脓肿。如在网胃叶间刺伤会引起前胃弛缓，如穿孔则可引起败血症，导致奶牛死亡。

【症状】存在于网胃中的异物，在腹内压增高的情况下刺入网胃壁而突然呈现临床症状。病初，一般呈现前胃弛缓、食欲减退、反刍减少、瘤胃蠕动下降、不断暖气。瘤胃蠕动音减弱，有时发生顽固性便秘，后期腹泻。如网胃和腹膜或胸膜受到金属异物损伤时，则呈现各种异常临床症状。粪便少而干。

（1）病牛姿态异常，精神沉郁，常采取前高后低的站立姿势，头颈伸展，肘关节向外展，弓背，张口伸舌，呼吸浅表。

（2）病牛运动异常，卧少立多，一旦卧地后不愿站立、不愿行走，强迫行走时缓慢，忌下坡、跨沟或急转弯。卧倒起立时极为谨慎，腹肌震颤，有时呻吟、磨牙。

（3）压诊或叩诊网胃时，病牛有痛感、不安、躲避或抵抗。"疼痛试验"压迫胸脊突或触诊剑状软骨时，病牛有呻吟声或表现避让。

（4）病牛体温先升高后下降至正常（前 1～3d 上升，后降至正常），若有新的创伤则体温又升高。发生创伤性心包炎时，脉搏每分钟跳动 100～120 次，后期脉搏与体温呈分离现象。

【危害】尽管该病不会直接导致病牛死亡，但会使其采食量降低，机体营养不良，生产性能下降。对规模化养牛场来说，生产性能与经济效益紧密相关，只要牛患病，从发病到治疗再到预后会经历较长时间，带来较大的经济损失。

【诊断技术】

1. 临床症状观察 病牛食欲和反刍减少，表现弓背、呻吟、消化不良、胸壁疼痛、间隔性臌胀。用手捏压鬐甲部或用拳头顶压剑状软骨左后方，则病牛表现疼痛、躲避。站立时外展，下坡、转弯、走路、卧地时表现缓慢和谨慎，起立时多先起前肢（正常情况下先起后肢）。如刺伤心包，则脉搏、呼吸加快，体温升高。

2. 疼痛试验 方法是，双手捏紧鬐甲部向上提取时病牛可出现呻吟声，用拳向上触诊剑状软骨处（网胃处）时病牛也可出现呻吟。

3. 检查血液 病牛体内白细胞总数每立方毫米可增加到 10 000～14 000 个，其中中性粒细胞由正常的 36％增至 50％～70％，而淋巴细胞则可由正常的 56％降至 30％～45％。淋巴细胞与中性粒细胞的比例呈现倒置。

4. 其他检查 有条件的可用金属探测器检查，或用取铁器进行治疗性诊断。

【防治措施】

1. 预防

（1）调制饲料时，防止混入金属异物。

（2）用磁棒、磁叉搅拌草料，牛鼻上磁环。

（3）定期用金属探测法进行瘤胃、网胃金属探测吸取，防止本病发生。

2. 治疗

（1）手术治疗 切开瘤胃，从网胃壁上取下异物，术后根据病情采取抗菌消炎、强心补液等措施。

（2）保守疗法 用特制磁铁经口投入网胃中，以吸取胃中的金属异物。同时，肌内注射青、链霉素。

七、瓣胃阻塞

【概念】本病又称"百叶干"病，发生率约占奶牛前胃疾病的 7.5％。多是因长期饮水不足或饲喂比较坚硬的饲料及毛球、塑料、布片等异物阻塞；或继发于前胃迟缓、瘤胃积食及一些热性病；或是瓣胃内容物滞留，使前胃收缩功能减弱，水分被吸收，致使瓣胃秘结、扩张、蠕动机能出现障碍的一种消化道疾病。

【病因】

（1）长期饲喂粗硬、富含粗纤维及不易消化的干饲料、粉状饲料，如苜蓿秆、豆秸、米糠、麸皮等；饲料种类单一，饲料质量低劣（如饲料中带有泥沙等异物），且饮水、运动不足或过劳等，特别是用铡短的草喂牛，导致饲料进入奶牛胃肠道后不易被彻底消化，从而发生积食，最终引起阻塞。

（2）饲料营养不足或搭配不合理也是导致该病发生的重要原因，如精饲料过多，对奶牛的前胃的刺激减弱时则非常容易造成瓣胃阻塞。

（3）奶牛长期缺乏运动，致使神经反应性降低，胃部的消化运转能力减弱，饲料不易被消化，进而引发阻塞等。如奶牛的饲养密度过大，养殖的环境卫生条件太差，温湿度不适，缺乏阳光照射，奶牛感染、难产或者受到应激时均容易导致本病的发生。

（4）其他病因，如由于饲养管理方法不当，以及严冬、酷暑、疲劳、疾病感染中毒等，热能耗津，血热则津枯，津枯不能润泽脾胃，导致胃部的消化功能衰退，进而导致奶牛出现瓣胃阻塞。

（5）常继发于创伤性网胃炎、皱胃变位、生产瘫痪等；易诱发其他疾病，如前胃弛缓、瘤胃积食、皱胃阻塞、皱胃变位等。

【症状】

（1）初期病牛精神迟钝，前胃弛缓，食欲不定或减退，反刍减少，瘤胃轻度臌胀，舌、口颜色初淡后灰暗，脉象沉涩。

（2）鼻镜干燥、龟裂，空嚼，磨牙。

（3）直肠检查于右侧最后肋区前能触到膨大的瓣胃后缘，叩击瓣胃浊音区增大到前至第6肋，后至第13肋，听诊其蠕动音消失；穿刺检查时进针阻力很大，且针尾不摇摆。

（4）触诊瓣胃区，病牛有痛感，浊音区扩大。

（5）本病晚期，病牛尿量减少，不见排粪或者仅排出少量的干硬粪球，呈黄色；或粪便干燥、色黑，呈算盘珠状，上面往往附有黏膜或血液。腹痛。

（6）病牛呼吸脉搏增数，体温升高，精神高度沉郁，最后可因身体中毒、心力衰竭而死亡。

【危害】 该病在冬、春季节易发，危害也较严重，易诱发其他疾病，如前胃弛缓、瘤胃积食、皱胃阻塞、皱胃变位等。若治疗不及时或治疗方法不妥当，往往会造成病牛死亡，影响养殖效益。

【诊断技术】 奶牛瓣胃阻塞的早期诊断主要依据排少量呈算盘珠样或栗子状的粪球，粪便干燥、色黑，反刍停止，鼻镜出现干裂等症状。直肠检查时瓣胃膨大，听诊胃肠没有蠕动音等症状可确诊，触诊右侧第7～9肋肩关节的水平线等部位时病牛较为敏感。

【防治措施】

1. 预防

(1) 加强饲养管理，合理搭配饲料，供给足够的饮水，避免给奶牛长期饲喂糠麸及混有泥沙的饲料，适当减少坚硬的粗纤维饲料喂料，增喂一些易于消化的饲料。铡草喂牛时，也不宜将饲草铡得过短。同时，注意补充矿物质饲料。

(2) 冬季要加强防寒保暖，坚持适量运动；保持饲养环境卫生，定期进行驱虫。

(3) 如果奶牛发生前胃弛缓，要尽快进行治疗，防止瓣胃内容物停滞、干涸。

2. 治疗 原则是增强前胃运动机能，促进瓣胃内容物排出。

(1) 内服泻剂，如病情轻的，可用硫酸钠（或硫酸镁）30～500g、常水8 000mL 或液体石蜡 1 000～2 000mL 或植物油 500～1 000mL 一次内服。同时，用 10%氯化钠溶液 100～200mL、20%安钠咖溶液 10～20mL 一次静脉注射。以调整水分与电解质平衡，增强前胃的兴奋性，促进胃内容物运转与排出，增强机体的抗病能力。

(2) 瓣胃注射，方法是在右侧第 7～9 肋与肩关节水平线的交点，剪毛消毒，用瓣胃穿刺针略向前下方刺入 10～12cm。如刺入正确，则可见针头随呼吸动作而微微摆动。为确保针头刺入正确，可先注射生理盐水 50mL，注完后立即回抽注射器。如果抽回的少量液体中混有粪渣，则证明已刺入瓣胃。然后用 10%硫酸溶液 2 000～3 000mL、液体石蜡 500mL 或普鲁卡因 2g、盐酸土霉素 3～5g 混合后一次注入瓣胃。

(3) 瓣胃冲洗法，即切开瘤胃，将直径为 2cm 的胶管插入网瓣孔灌注温水冲洗，直至瓣胃柔软、变小。

(4) 可用活泥鳅或小黄鳝 2kg，加若干重量的水一起灌服，连用 3d。

(5) 毛果芸香碱 0.02～0.05g，或新斯的明 0.01～0.02g，或氨甲酰胆碱 1～2mg，皮下注射。但体弱、妊娠、心肺功能不全的病牛忌用。

八、皱胃阻塞

【概念】也叫皱胃积食，是由于大量摄取含沙饲料等而导致饲料在前胃和皱胃中积聚过多或排空不畅所造成的牛皱胃内食（异）物停滞、胃壁扩张和体积增大的一种常见多发病，临床上病牛以脱水、电解质平衡紊乱及碱中毒为特征。

【病因】

(1) 饲料单一，日粮配合不平衡，长期缺乏优质干草，大量偏喂蛋白质和能量水平极低的粗饲料，如麦秸、玉米秸等。

（2）饲料加工不当，混有泥沙。粗饲料铡得过短，甚至将其粉得太碎，精饲料磨得过细。

（3）日粮中缺少矿物质，导致牛异食，如成年牛吞食胎衣、破布、塑料布、毛球等不被消化而滞留。

【症状】

（1）初期病牛呈现前胃弛缓症状，食欲、反刍减弱或消失，瘤胃、瓣胃蠕动音弱、低沉，尿量少，粪干并伴发便秘现象。

（2）后期病牛食欲废绝，反刍停止，鼻镜干燥，腹部显著增大、膨胀或下垂，瘤胃、瓣胃蠕动音消失，肠音微弱。有排粪姿势，但无粪便或粪便量少、糊状、褐色、恶臭，混杂黏液。

（3）瘤胃冲击触诊，呈波动。深部触诊和用力叩诊皱胃时，由于皱胃过度膨胀及浆膜被过度牵引，故病牛疼痛、呻吟。治疗的原则是消积止酵，缓解幽门痉挛，促进皱胃内容物排出，防止自体中毒。

（4）视诊病牛右侧中腹部至肋弓下方局限性膨胀，肷窝部不平满，冲击式触诊可有黏硬、坚实的感觉。直肠检查，肠内粪便稀少或无，可摸到粉样内容物，体温正常或低热。

【危害】皱胃阻塞是反刍动物的一种常见多发病，常继发瓣胃阻塞、瘤胃积液、自体中毒和脱水。皱胃阻塞发生后，通过内脏-内脏反射途径，前胃功能受到抑制，以致病牛食欲废绝，反刍停止，瘤胃内微生物和菌群发生紊乱，内容物腐败分解速度加剧，产生大量刺激性有毒物质，引起胃壁的炎性浸润、渗透性增强，而发生严重的脱水和自体中毒。发现病牛应及时正确诊治，排除病因，若不重视，病程久拖至重症，必将影响养殖效益。

【诊断技术】根据饲喂切细的粗硬饲草、粉碎的谷粒饲料、青贮秸秆类饲料、酒糟或夹带沙土饲料（草）等，结合对病牛进行的视诊、触诊、直肠检查情况，可初步诊断为食物性皱胃阻塞。在右侧中腹部向后下方局限性膨隆，以拳头频频冲击右侧中下部肋骨弓的右下方皱胃区，则重症病例有退让、踢脚或抵角的敏感表现。在触诊部位可闻到钢管的回击声，腹底检查能触摸到体积增大的皱胃。

在实际诊断过程中，需要将牛的皱胃阻塞与创伤性网胃炎、前胃迟缓、肠扭转、肠套叠及皱胃变位等其他类似疾病进行有效区分，以防出现误诊。在对本病进行诊断的过程中，只需要叩诊及听诊病牛的右腹部膨胀区域，常常存在与敲击钢管相类似的声音，对皱胃部位穿刺并对其内容物进行检查即可触诊。如果病牛所患为创伤性网胃炎，则常呈现异常站姿，对其剑状软骨后方进行拳击会出现疼痛；如果病牛所患为前胃迟缓，则其右腹部不会出现膨胀，对其叩诊也无法听到与敲击钢管相类似的声音；如果病牛所患为肠扭转或者肠套叠，则其直肠空虚，常常出现明显的腹痛感；如果病牛所患为皱胃变位，则一般存在瘤胃蠕动音，通过穿刺可以发现其出现变位；如果存在扭转，触诊及听诊病牛的右腹部肋弓后方，则常常会听到拍水音。

【防治措施】

1. 预防

（1）加强饲养管理，保证日粮平衡，控制精饲料喂量。

（2）饲草不能铡得过短，精饲料不能磨得过细。

（3）块茎类饲料要洗净泥沙后再喂。

（4）防止饲草料霉败，防止青贮秸秆类饲草料、酒糟酸败。

（5）减少应激，不可饥饱无常，更不可骤然变换饲草料，变换时应逐步进行，且保证充足、干净的饮水。

（6）严防塑料膜、破布、金属类等不能被消化的异物混入饲草料，不可给犊牛、孕牛饲喂青贮秸秆类饲草料、酒糟，以及其他秸秆类、粉碎得过细的饲草料。

2. 治疗　治疗原则是消积止酵，防止机体脱水和缓解自体中毒及实施手术几个方面。

（1）消积止酵　病初可用硫酸钠 300～400g、植物油 500～1 000mL、鱼石脂 20g、酒精 50mL、常水 6 000～8 000mL，混合灌服。

（2）防止机体脱水和缓解自体中毒　5％葡萄糖生理盐水 2 000～4 000 mL、10％氯化钾溶液 20～50mL、20％安钠咖溶液 10mL、40％乌洛托品 30～40mL，静脉注射，1 次/d，连续 2～3d。

（3）手术治疗　由于皱胃积食多继发瓣胃阻塞，药物治疗效果不好，因此应及早进行手术治疗。方法是切开瘤胃，冲洗瓣胃和皱胃。

九、皱胃变位

【概念】奶牛皱胃的正常剖检学位置改变，称为皱胃变位，分左方变位和右方变位两种。左方变位是皱胃通过瘤胃下方移行到左侧腹腔，嵌留在瘤胃与腹壁之间；右方变位是皱胃扭转后形态和位置发生了变化，但皱胃仍位于腹腔右侧。

【病因】目前关于皱胃变位的确切发病原因尚无定论，但多数认为与下列因素有关。

（1）病牛缺乏运动。

（2）体位突然改变。

（3）精饲料饲喂过多或增料速度过快，缺乏优质干草等容积性饲料。

（4）妊娠及分娩。皱胃变位大多在妊娠末期或分娩后发病，其中左方变位和逆时针扭转的发病率较高，且可相互转变、症状较缓、病程较长。顺时针扭转则较少发生，但发病急、病程短、症状重。

（5）可引起奶牛消化功能减退、胃肠弛缓的疾病易引起皱胃变位，如产后子宫恢复不全、子宫内膜炎、骨软症、慢性消耗性酮血病等，较长时间未能治愈的病牛也常继发皱胃变位。

【症状】

1. 皱胃左方变位及逆时针扭转

（1）全身症状　皱胃左方变位及逆时针扭转呈现反复发作的前胃弛缓症状，一般在一次性采食较多草料后即发生。奶牛发病时全身症状轻微，表现为食欲减退，厌食，嗳气，反刍减少或停止，瘤胃蠕动音减弱，排粪量减少，腹泻或腹泻与便秘交替出现，个别病例伴有腹痛或轻度瘤胃臌气。经 2～3d 将多数瘤胃内容物排出后，病牛常可恢复食欲，但采食后又发病。随着病程的进一步发展，尿酮反应多为阳性。

（2）特征症状　发病时的特征症状时有时无，皱胃左方变位及逆时针扭转特征症状如下：于左侧肩关节水平线附近、第 8～11 肋骨区域内听诊，可听到一种局限性的带金属音调的流水音；于第 8～11 肋、肩关节水平线附近听诊，配合在听诊器周围叩诊（用手指弹或用叩诊锤叩击附近肋骨），可听到高调的钢管音，冲击式触诊可听到清脆的液体振荡音。对该部位穿刺获得的胃液 pH 为 1～4，呈淡黄色或黄绿色（与饲草颜色有关）。症状特别明显时左侧肷窝凹陷，最后第 4～5 肋局限性臌胀，甚至可扩展到肋弓后，触诊紧张、有弹性，于其后方常可触到坚实的瘤胃。皱胃逆时针扭转的上述症状出现在右侧。

2. 皱胃顺时针扭转

（1）全身症状　病牛突然发生腹痛，不安、呻吟、踢腹或两后肢频频交替踏步。拒食、贪饮，但迅速表现出脱水和碱中毒症状。

（2）特征症状　特征症状出现后不消失，于右侧第 8～13 肋骨覆盖部甚至肷部呈局限性臌胀，叩诊有明显的钢管音，冲击式触诊有明显的荡水音，穿刺的胃肠内容物呈酸性反应。皱胃液早期呈淡黄色或黄绿色，后期因皱胃黏膜出血而呈暗褐色。排粪量减少，并很快停止，后期排少量呈血样乃至黑色柏油样粪便。心率加快，每分钟 100 次以上，体温正常或低于正常。

【危害】奶牛皱胃变位是奶牛最常见的皱胃疾病，是危害牛群尤其是高产群牛的多发性消化系统疾病之一。随着我国奶牛养殖业的迅猛发展，该病的危害性越来越大。每年因该病导致产奶量下降，甚至淘汰、死亡的病牛不在少数，需要牧场加以重视。

【诊断技术】

（1）皱胃左方变位及逆时针扭转　根据反复出现的前胃弛缓可初步怀疑皱胃左方变位或逆时针扭转，若能发现钢管音，进行穿刺且穿刺物 pH 为 1～4 即可确诊。症状特别明显时，根据病牛腹围变化与胁部触诊即可确诊。

（2）皱胃顺时针扭转　根据病牛明显的腹围变化与部触诊即可确诊。早期可根据钢管音、荡水音及穿刺，穿刺物为胃肠内容物且 pH 为 1～6 的确诊。

【防治措施】

1. 预防　合理搭配日粮，变换饲料时应逐步进行。保证奶牛运动充足。牛舍及运动场设计合理，防止牛体位突然改变。对可引起消化功能减退、胃肠弛缓的疾病，如乳腺炎、子宫内膜炎、酮病等应及时治疗。

2. 治疗

（1）滚转复位法　仅限于病程短、病情轻的皱胃左方变位，但成功率不高，多数病例滚转后症状即消失，但过一段时间会再次出现。其方法为将病牛饥饿 1～2d 并限制饮水，使瘤胃容积缩小。将病牛倒卧，缚住四蹄，然后将其转成仰卧，以背部为轴心，向左、右各 45°角反复滚转若干次，使牛左侧卧，转成俯卧后使牛站立。若仍未复位，再继续滚转，直至复位为止。

（2）手术法（整复固定术）

①方法。将病牛站立保定，于其左肷部（左方变位）或右肷部（右方扭转）前下切口，用腰旁神经干传导麻醉配合切口部皮下浸润麻醉。

②术部常规处理。切开腹壁后暴露皱胃，穿刺放空皱胃内的气体和液体，牵拉皱胃，将皱胃大弯中央段、大网膜附着部引至切口外。用医用 18 号丝线，在距大网膜附着部 3.0～5.0cm 处做 2 个钮扣缝合，两针距离 3.0～5.0cm 将皱胃推移复位，于钮扣缝合点对应部位的皮肤做 1 个 0.5cm 的小切口，将所做的钮扣缝合线用缝合针分别由腹腔内各自钮扣缝合点对应的腹壁处向外刺，从皮肤小切口穿出。术者用手将皱胃及大网膜固定点推至对应的腹壁处，助手将线牵紧，使网膜固定点与腹膜之间无空隙，打结，对皮肤小切口做一针结节缝合，其他同开腹术，冲洗腹腔、闭合腹壁创口。术后应用抗生素防止感染，应注意矫正脱水、维护体液电解质平衡和促进胃肠功能恢复。

3. 护理　术后加强饲养管理，注意牛舍卫生，防止病牛剧烈运动，限量给予优质饲草而不喂精饲料，保证充足的饮水，术后 10d 左右再逐渐增加精饲料。

十、日射病与热射病

【概念】奶牛适宜的环境温度为 5～21℃，最适宜的环境温度为 10～18℃，耐受温度范围为－15～26℃。当环境温度高于牛体内温度（37.5～39.5℃），或日光直射，或机体产热大于散热、体热过多而散发不及时等，易发生日射病与热射病。日射病是在炎热的季节，奶牛头部持续受到强烈的日光照射而引起的脑膜及脑实质充血甚至出血，导致中枢神经系统机能严重障碍的疾病；热射病是在闷热的外界环境条件下，奶牛因产热多、散热少，体内积热而引起的中枢神经系统机能严重紊乱性疾病。

【病因】

（1）在高温天气和强烈阳光下，奶牛因驱赶和奔跑等而导致机体产热量大、散热不及时发病。

（2）牛舍拥挤、通风不良或环境闷热，用封闭、闷热的交通工具运输奶牛时易致其发病。

（3）奶牛体质衰弱、心肺功能不全、代谢机能紊乱、出汗量过多、饮水不足、缺盐等易导致机体虚弱而发病。

（4）奶牛从北方运到南方，机体不能适应气温、环境的急剧变化，耐热能力差或受热应激时发病。

【症状】

（1）日射病　奶牛常突然发病，病初精神沉郁，四肢无力，行动迟缓，步态不稳，烦躁不安，共济失调，突然倒地，四肢做游泳状运动。随着病情的发展，病中呈现呼吸中枢、血管运动中枢机能紊乱，甚至麻痹症状。体温稍微升高，心力衰竭，静脉怒张，张口呼吸且因呼吸急促而失调，结膜发绀，瞳孔散大，皮肤干燥。食欲废绝，产奶停止，尿少或无尿。严重时会因剧烈的痉挛或抽搐而死亡，或因呼吸麻痹而死亡。

（2）热射病　奶牛表现为突然发病，体温急剧升高，可达41℃以上，皮肤温度升高，甚至烫手，全身通红，出汗。站立不动或倒地，张口喘气，从鼻孔流出粉红色泡沫样鼻液。心悸，心跳速度加快，眼结膜充血、潮红，瞳孔扩大或缩小。后期呈昏迷状态，意识丧失，四肢划动，呼吸浅而快，血压下降，濒死期多有体温下降，最终因呼吸中枢麻痹而死亡。

【危害】奶牛十分怕热，外界温度一般超过25℃就会出现采食量减少和产奶量降低等情况。因此，夏季做好防暑降温非常关键。

【诊断技术】本病在夏季多发，环境温度高时致使牛体散热不及时，可根据病牛体温急剧升高、心肺功能障碍和倒地昏迷等临床特征做出诊断。

【防治措施】

1. 预防　奶牛对热的适应能力较差，在环境温度高于体温，或受太阳直射，或闷热天气时，易发生日射病与热射病。因此，应对奶牛日射病与热射病的关键是做好炎热夏季的防暑、降温工作。

（1）在运动场内搭建遮阳凉棚。

（2）在牛舍内安装换气风扇、环流风机、冷风机、喷淋系统等，促进牛舍通风和空气流动；采用水雾降温措施，为奶牛提供新鲜的空气、湿润的环境，帮助其排出热气和氨气；高产奶牛舍、产房和挤奶厅应配备空调、冷风机、喷淋设备或放置冰块等。

（3）在牛舍及运动场地内安装喷淋设备，并定时开启。

（4）为奶牛提供充足的饮水；加喂含水分多的青绿多汁饲料和维生素类饲料。在暑热天气，可用适量的鲜芦根和鲜荷叶，水煎后供奶牛饮用。

（5）放牧时避开炎热的时间段，可利用早晨和傍晚天气凉爽时放牧。高产奶牛在高温天气停止放牧，让其在通风、阴凉、喷淋等降温条件好的场所活动。

2. 治疗　在一般情况下，日射病与热射病患病比较急。因此，饲养员要善于观察，消除病因，加强护理，发现异常情况及时处理。

（1）及时消除病因和加强护理　发现奶牛表现异常时应立即停止其运动，将其移至阴凉通风处；若卧地不起，可就地搭起遮阳凉棚，保持安静。

（2）降温疗法　不断用凉水浇洒病牛全身是最简单、有效的降温疗法，或在其头部放置冰块、冰袋，或用酒精擦拭体表，或用白酒直接喷淋头部，也可用冷水灌肠或口服1.0％的冷盐水（直接由饲养员操作，无需兽医）。体质好的奶牛可以泻血1 000～2 000mL，同时静脉注射复方氯化钠注射液2 000mL，以促进机体散热。

（3）输液疗法　对出现心肺机能障碍、功能不全的病牛，可选用复方氯化钠注射液2 000mL、20％安钠加注射液20mL、30％维生素C注射液20mL，一次静脉注射；为防止出现肺水肿，可选用地塞米松注射液按每千克体重0.1mg进行静脉注射（孕牛禁用或慎用）；对出现酸中毒的病牛，可选用5.0％碳酸氢钠注射液500～1 000mL进行静脉注射。

（4）灌肠疗法　在发病初期或近处无药物的情况下，可以立即用凉水灌肠；当病牛出现烦躁不安或痉挛时，可用水合氯醛黏浆剂进行灌肠。

（5）针灸疗法　出现急症时可静脉放血1 000～2 000mL，如用针刺耳尖、尾尖、舌底、太阳等穴位，能起到急救及辅助治疗的作用。

第六章 奶牛疾病实验室诊断技术

第一节 奶牛疾病样本采集

一、采样原则

凡是血液凝固不良、天然孔流血的病死奶牛，应耳尖采血涂片。但应首先排除炭疽，因炭疽病死的严禁剖检。采样时应从胸腔到腹腔，先采集实质脏器。尽量做到无菌，避免外源性污染，最后采集肠腔器官等易被污染的组织或内容物。

采集的病料必须具有代表性，如脏器组织应为病变的明显部位。当肉眼难以判定死因时，应全面、系统地采集病料，病料最好在使用治疗药物前采取。采集死亡病牛的内脏病料时，最迟不超过死后的 6h。血液样本在采集前一般禁食 8h，并根据采样对象、检验目的及所需血量确定采血方法与采血部位。

采样时应考虑奶牛福利和环境的影响，防止污染环境和疾病传播，做好环境消毒和废弃物的处理；同时，做好个人防护，预防被人兽共患病感染。

1. 采样注意要点 样本的采集时机是否适宜、是否具有代表性，样本处理、保存、运送是否合适、及时等，将直接影响检验结果的准确性和可靠性。

（1）根据检测要求及检验目的，应选择适当的采集时机。例如，有临床症状需要作病原分离的，则样本必须在病初发热时或有典型症状时采集；需要做免疫抗体检测的，一般在免疫 21d 后采样。

（2）按照检测规定采集足够数量和所需类型的样本，按疾病种类和检测项目侧重采集。采集样本的数量要满足检验需要，并留有余地，以备必要时复检。

（3）采集的样本除供病理组织学检验外，供病原学及血清学等检验的必须无菌操作，采集用具、容器均须灭菌处理。剖检尸体采集样本的，先采集后检查，以免人为污染样本。选取未经药物治疗、症状最典型或病变最明显的样本，如有并发症还应兼顾。

（4）对所采集的样本要做好详细记录和编号，并有保证样本质量的各种措施。

2. 采样数量确定 用于诊断时，需要 1～5 头病死奶牛的病变器官组织、血清和抗凝血各 10 份；用于免疫效果监测时，每群血清样本应采集 30 份；用于疫情监测或流行病学调查时，采集血清、各种拭子、体液、粪尿或皮毛样本等，可根据奶牛年龄、季节、周边疫情情况估算感染率，然后计算应采集的具体样本数量。

3. 送检样本注意要点 所采集的样本应尽快送往实验室。24h 内能送到实验室的，可放在 4℃ 左右的容器中运送；24h 内不能送到实验室的，需要将样本进行冷冻保存，在运送过程中样本温度要一直处于 $-20℃$。装载样本的容器必须完整无损，密封而不漏出液体。制成涂片、触片、玻片的样本，上面应标明号码，并另附说明，且在保证不被压碎的条件下运送。

二、活体样本采集

1. 咽食管分泌物（O-P 液）的采集 被检奶牛在采样前禁食（可饮少量水）12h，以免胃内容物反流污染 O-P 液。采样探杯在使用前先于 0.2% 柠檬酸或 1%～2% 氢氧化钠溶液中浸泡 5min，再用与奶牛体温一致的清水冲洗后使用。采样时奶牛应站立保定，将探杯随吞咽动作送入食管上部 10～15cm 处，轻轻来回抽动 2～3 次，然后将探杯拉出。取出 8～10mL O-P 液，倒入含有等量细胞培养液（0.5% 水解乳蛋白-Earle 液）或磷酸缓冲液（0.04mol/L，pH 为 7.4）的灭菌广口瓶中，充分摇匀后加盖封口，放冷藏箱中及时送检，未能及时送检的则应置于 $-30℃$ 温度中冷冻保存。

2. 胃液及瘤胃内容物的采集 用多孔胃管抽取。将胃管送入胃内，其外露端接在吸引器的负压瓶上，加负压后胃液即可自动流出。瘤胃内容物采集可以在奶牛反刍、当食团从食管逆入口腔时，操作人员一只手立即开口拉住舌头，另一只手深入口腔而取出。

三、血液样本的制备方法和用途

血液样本分全血、血浆和血清。全血主要用于临床血液学检查，如血细胞计数、分类和形态学检查。因受血细胞数量增减的影响，全血样本较少用于化学物质检验。血浆用于血浆生理、病理性化学成分的测定，适用于临床生化检验，特别是各类离子、酶和激素的测定。血清适用于多数临床生化和免疫学检查。

1. 静脉采血 颈静脉穿刺最为方便。常在颈静脉中 1/3 与下 1/3 交界处剪毛、消毒，术者紧压颈静脉下端，待血管怒张（颈静脉充分显露出来）时用静脉注射针头对准血管刺入，即可采得血液样本。此外，奶牛可在腹壁皮下静脉（乳前静脉）采血，注意针头不应太粗，以免形成血肿。奶牛的尾中静脉采血也很方便，助手尽量向上举尾，术者用针头在第2～3尾椎垂直刺入，轻轻抽动注射器内芯（也可用一次性真空采血管），直到抽出一定量的血液为止。静脉采血时若需反复多次，应从远心端开始，以免发生栓塞而影响整条静脉。

2. 末梢采血 适用于需血量少、采血后立即进行检验的项目，如涂制血片、血细胞计数、血红蛋白测定及出血时间测定和凝血时间测定等。在耳尖部剪毛、消毒，待酒精挥发干燥后，用针头刺入0.5～1cm血液即可流出。用棉球擦去第一滴血液，用第二滴血液作为血样。

四、尿液样本采集

奶牛排尿时，用洁净容器可直接接取。可用塑料袋固定在母牛外阴部或公牛的阴茎下接取尿液，也可以用导管导尿或膀胱穿刺采集。采集尿液宜在早晨进行。尿液应盛于干净的玻璃容器中，随即送往实验室进行检验。如果不能马上检查而天气又炎热时，为防止尿液发酵分解，须将其保存在冰箱中，或加入防腐剂保存，常用的防腐剂有硼酸、麝香草酚、甲苯和福尔马林等。

五、乳汁样本采集

先对乳房进行消毒（取样者的手应事先消毒），弃去最初所挤的3把乳汁，然后再采集10mL左右乳汁于灭菌试管中。血清学检验的乳汁不应冻结、加热或强烈震动。

六、皮肤样本采集

病变皮肤如有新鲜的水疱皮、结节、痂皮等可直接剪取3～5g。有寄生虫病时，如感染疥螨、痒螨等时，则在皮肤病健交界处，用小刀刮取皮屑，直到皮肤轻度出血为止，接取皮屑供检验。

七、粪便样本采集

1. 用于病毒检验的粪便采集 要求粪便必须新鲜。少量采集时以灭菌的棉拭子从直肠深处黏膜上蘸取粪便，并立即投入灭菌的试管内密封，或在试管内加入少量保护液再密封。多量采集时，可将奶牛肛门周围消毒后，用器械或用戴上乳胶手套的手伸入直肠取粪；也可用压舌板插入直肠，轻用力下压，刺激奶牛排粪，以收集粪便。

2. 用于细菌检验的粪便采集 最好是在使用抗菌药物之前，从直肠内采集新鲜粪便。方法同"用于病毒检验的粪便采集"。

3. 用于寄生虫检验的粪便采集 选自新排出的粪便或直接从直肠内采集，

以保持虫体、虫体节片及虫卵的固有形态，一般不少于 60g。并应从粪便的内外各层采取，以冷藏不冻结状态保存。

第二节　乳汁检测

乳在一定程度上可以体现奶牛的身体状况，对乳进行测定可以对奶牛乳腺炎和一些其他疾病进行诊断。乳腺炎的症状有很多，生产上可以根据牛奶特性（如有无凝块、絮状物及乳汁的色泽、酸碱度等）、奶中的体细胞数、乳房外表特征（如红、肿、热、痛和乳房质地）、乳房组织的病理变化（如乳腺组织纤维化、萎缩、脓肿）及全身症状等，借助特定的检测方法，对奶牛乳腺炎进行诊断。

一、隐性乳腺炎的现场快速检测

患隐性乳腺炎病牛，其乳房和乳汁无异常，但培养乳汁时有细菌，体细胞数增加，增加的多少可在一定程度上反映炎症的程度。患隐性乳腺炎的奶牛是带菌体，可以感染其他健康牛，但由于临床症状不明显而往往被忽视，造成产奶量损失，并可能在一定条件下转变成临床乳腺炎患牛。隐性乳腺炎的发病率高，则整个牛群乳房的健康状况差。

乳房组织感染后，由于炎症的发生，乳房血管扩张，渗透性改变，血液成分中的白细胞、缓冲物质（如 $NaHCO_3$）、蛋白质等成分渗出而进入乳腺泡，使乳汁成分发生改变。患有隐性乳腺炎的奶牛，乳汁的生理生化指标，如体细胞数、电导率、pH、各种酶等发生了较大幅度的变化。因此，可以根据乳中生理生化指标的变化间接诊断隐性乳腺炎。

1. pH 检测　患有乳腺炎的奶牛所产牛奶偏碱性，碱性的高低决定于发炎的程度。将精密 pH 试纸浸入奶中，根据其表现出的色泽判定牛奶是否正常。也可用溴麝香草酚蓝试验进行检测，若出现黄色，则 pH 正常。乳区感染时牛奶则会呈现绿色或至微蓝色，视 pH 高低而定，颜色越深则其 pH 越高，说明乳腺炎感染越严重。但是，pH 判定的是大部分急性或亚急性病例，对于许多慢性病例则 pH 检测结果不一定明显。因此，对出现阳性反应的奶牛最好再用其他方法进行验证。

2. CMT、LMT、BMT 试验　加州乳腺炎试验（CMT）、兰州乳腺炎试验（LMT）、北京乳腺炎试验（LMT）的原理基本类似。既可用于现场检查单个乳区挤出的牛奶，又可用于检查桶装奶（即从同一头奶牛各乳区或从同一个牛群挤入桶内的混合奶）。

正常牛奶中体细胞的数量有限。CMT 的基本原理是使用阴离子表面活性剂——烷基或烷基硫酸盐，破坏乳中的体细胞，释放其中的蛋白质，蛋白质与试剂结合产生沉淀或凝胶。细胞中聚合的 DNA 是 CMT 产生反应的主要成分，乳中体细胞越多，释放的 DNA 越多，产生的凝胶也就越多。

3. 导电性检测法　乳汁中阴离子和阳离子的浓度决定了其电导率。如果乳房发生感染，乳腺上皮组织细胞产生乳糖的能力下降，血乳屏障的渗透性改变，乳汁渗透压就低于血浆渗透压，血管壁（也包括组织间液）与乳腺细胞之间形成渗透压差。这一压差提高了血液成分渗入乳汁的能力，钠离子、氯离子进入乳汁，氯化钠含量增加，使乳汁的电导率升高，故可通过检测乳汁的电导率来监测隐性乳腺炎。除乳腺炎外，奶牛品种、胎次、泌乳阶段、挤奶间隔和乳汁成分等均对乳汁电导率的值有明显影响。

由各种病原感染引起的乳汁电导率变化可能不完全相同，如由金黄色葡萄球菌感染引起的亚临床型乳腺炎中，乳汁的电导率明显增加，但乳房链球菌和凝固酶阴性葡萄球菌感染时则电导率不出现明显增加，这可能与不同病原对乳汁的影响不同有关。当感染大肠埃希氏菌时，乳汁的电导率迅速增加，但持续时间较短，这与体细胞数的变化一样。

4. 体细胞数检测　乳汁中的体细胞通常由巨噬细胞、淋巴细胞、中性粒细胞和少量的乳腺组织上皮细胞等组成。在正常的生理状况下，每毫升牛奶中有 2 万～20 万个体细胞，其数量受年龄、胎次、泌乳期、季节、机体应激、个体特征及挤奶操作等因素的影响。

乳腺炎是目前引起体细胞数增加的最主要原因，且乳腺炎发生时最重要的表现就是乳汁中体细胞数增加。当奶牛的泌乳系统受到不同种类细菌的侵袭而发生感染时，通过机体的免疫机制，血液中的白细胞就会穿越毛细血管壁和乳腺泡壁层，通过腺泡腔移入乳汁中，这样乳腺组织分泌的乳汁中体细胞数量随即大幅度上升，从几十万个甚至达到几百万个。因此，可通过对乳汁中体细胞数的变化来判断奶牛是否患有隐性乳腺炎。

如果奶牛自身的免疫系统不能消除病原，则乳腺就会发生慢性感染，体细胞数会长期升高。一般情况下，乳汁中体细胞数会有波动，但只要有感染存在，其数量肯定会高于阈值。如果体细胞数长时间过高，则说明奶牛发生了慢性感染。但有时低体细胞数的乳区也可能含有细菌，这种情况只有进行微生物学检查才能确诊。

5. 酶的检测　当奶牛发生乳腺炎时，一些酶类，如溶菌酶、溶酶体酶、过氧化氢酶、凝固酶、C 反应蛋白、间质金属蛋白酶、乳酸脱氢酶和多种酪氨酸酶等，都存在于乳腺炎的发生部位和乳汁中。

（1）髓过氧化物酶　已作为奶牛隐性乳腺炎的指示性物质，可以通过对髓氧化物酶的研究将奶牛隐性乳腺炎的检测上升到分子水平。乳汁中的髓过氧化物酶是多型核中性粒细胞、单核细胞、巨噬细胞释放的嗜天青颗粒的主要成分，并在炎症过程中扮演着吞噬和溶菌的重要角色。成熟奶牛体内的髓过氧化物酶是亚铁血红素糖蛋白，四聚体，两条重链大小为 60ku，两条轻链大小为 5ku，分子质量为 150ku。已经确定牛的髓过氧化物酶有 3 种形式。目前可用特异的酶联免疫吸附试验检测牛奶中的髓过氧化物酶来诊断奶牛是否患有乳腺炎。

（2）乳酸脱氢酶 该酶主要来自被损害的上皮细胞和大量的乳汁白细胞，其活性增加反映白细胞大量聚集的炎症过程和乳腺组织的损害程度。研究发现，不同乳腺炎病原感染乳腺时酶的构象呈现不同变化，与阴性感染的乳腺相比，乳酸脱氢酶、酸性磷酸酶（ACP）、谷草转氨酶（GOT）和谷丙转氨酶（GPT）的活性均增强。

（3）溶酶体酶 该酶是一种反映炎症的可靠指标，在中性粒细胞发生吞噬、细胞溶解，以及在上皮细胞受损时可释放进入乳汁。乳汁中溶酶体酶的活性大多是在细胞器中，因此要对样本进行解冻才能最大限度地检测到其活性。许多研究表明，溶酶体酶是乳腺炎病原感染乳房时的可靠指标，其活性与体细胞数关系极为密切，准确反映了乳房内炎症的程度。

（4）其他酶类 发生乳腺炎时许多酶的活性会发生改变，因此有可能用于乳腺炎的诊断，如各种脂肪酶、乳酸脱氢酶、酯酶、磷酸酶等。另外，纤溶酶也明显增加，可能是血纤维蛋白溶酶原从血液中进入乳汁，可能作为乳腺炎诊断的指标。但受奶牛生理状况和环境等因素的影响，纤溶酶的浓度变化很大。乳汁中的纤溶酶活性与体细胞数呈正相关，当体细胞数从 10 万个/mL 增加到 130 万个/mL 时则纤溶酶活性可增加 2.3 倍。

二、乳中病原微生物的分离培养与检测

根据引起乳腺炎的病原种类不同，奶牛乳腺炎的感染可分两种：一种是传染性病原微生物，其定殖于乳房，并可通过挤奶工或挤奶机传播；另一种是环境性微生物，通常不引起乳腺感染，但奶牛的乳头、乳房（或通过创口）或挤奶器被污染后，病原微生物进入乳腺就可能引起感染。为了确定感染乳腺炎的病原种类，需要对奶样进行特殊的实验室检查、鉴定。根据检查结果，按病原种类，有针对性地选择疗效好的治疗方式，并采取适当的预防措施。此外，还有一些病原微生物可存在于乳液中，如布鲁氏菌、结核分枝杆菌等。

培养基主要为高盐甘露醇琼脂、伊红美蓝琼脂等。经 37℃ 培养 24～48h 后，观察溶血现象及菌落形态、色泽；然后挑取单个菌落接种于肉汤培养液中，再培养 18～24h 后纯化、涂片进行革兰氏染色，镜检菌体形态，必要时可进行生化试验鉴定和分子生物学鉴定。

1. 金黄色葡萄球菌　金黄色葡萄球菌是葡萄球菌属中毒力最强的细菌，也是最常见的化脓性球菌，常通过对乳腺上皮细胞的黏附作用侵害乳腺，引起乳腺炎。

（1）形态及染色　该菌呈球形或稍呈椭圆形，直径为 $0.5\sim1.5\mu m$，排列成葡萄状。无鞭毛，不能运动。无芽孢，除少数菌株外一般不形成荚膜。易被常用的碱性染料着色，革兰氏染色为阳性。

（2）培养及生化特性　该菌培养时需氧或兼性厌氧，少数专性厌氧。对营养的要求不高，在普通培养基上生长良好，在含有血液和葡萄糖的培养基中生长更佳。生长温度为 $28\sim38℃$，但最适生长温度为 $37℃$；生长时所需 pH 为 $7.2\sim7.6$，但最适 pH 为 7.4。在肉汤培养基中培养 24h 后能均匀地混浊生长，在琼脂平板上可形成圆形凸起、边缘整齐、表面光滑、湿润、不透明的菌落。产生金黄色色素，色素为脂溶性。葡萄球菌在血琼脂平板上形成的菌落较大，有的菌株菌落周围能形成明显的全透明溶血环（β溶血），也有的不发生溶血。凡溶血性菌株大多具有致病性。大多数致病菌株耐高浓度 NaCl（$10\%\sim15\%$），故对严重污染的病料可用却普曼琼脂分离细菌。多数葡萄球菌能分解葡萄糖、麦芽糖和蔗糖，产酸而不产气；致病性菌株能分解甘露醇；过氧化物酶阳性。

（3）检测

①直接涂片镜检。取标本涂片，革兰氏染色后镜检，根据细菌形态、排列情况和染色性可做出初步诊断。

②分离培养及鉴定。将标本接种于血琼脂平板，在甘露醇高盐培养基中进行分离培养，孵育后挑选可疑菌落进行涂片、染色、镜检。致病性葡萄球菌的主要特点是凝固酶阳性，产生金黄色色素，有溶血性，可发酵甘露醇。近年来，采用免疫学方法检测葡萄球菌肠毒素的较多，如反向间接血凝、ELISA、放射免疫等方法较快速敏感。

2. 链球菌　链球菌是化脓性球菌的另一类常见细菌，广泛存在于自然界、动物粪便、健康人的鼻咽部，能引起各种化脓性炎症、猩红热、丹毒、败血症、脑膜炎、产褥热及变态反应性疾病等。20 世纪初期，90% 左右的链球菌性乳腺炎由无乳链球菌所致。青霉素自问世后，由于其对链球菌性乳腺炎具有特效，同时奶牛场实行了综合防治措施，因而链球菌性乳腺炎的发病率在发达国家逐渐减少。

根据本菌对绵羊红细胞的溶血能力，将其分为 α 溶血性链球菌、β 溶血性链球菌、γ 链球菌。α 溶血性链球菌菌落周围有 $1\sim2mm$ 宽的草绿色溶血环，称 α 溶血或甲型溶血。这类链球菌亦称草绿色链球菌。此类链球菌为条件性致病菌，多引起局部化脓性炎症。β 溶血性链球菌菌落周围可形成一个 $2\sim4mm$

宽、界限分明、完全透明的溶血环，完全溶血，称 β 溶血或乙型溶血。这类细菌又称溶血性链球菌，致病力强，常引起人和动物的各种链球菌病，大部分致病性链球菌属于此类。γ 链球菌不产生溶血素，菌落周围无溶血环，故又称不溶血性链球菌，一般不致病。

根据细胞壁中多糖抗原的不同，将链球菌分成 A、B、C、D、E、F、G、H、K、L、M、N、O、P、Q、R、S、T、U、V（即 A～H、K～V）共 20 个血清群，该分类方法称为 Lancefield 分类法。

（1）形态及染色　革兰氏染色阳性，球形或卵圆形，直径为 0.6～1.0μm。呈链状排列，短者由 4～8 个细菌组成，长者由 20～30 个细菌组成。菌链的长短与菌种及生长环境有关，一般来说致病菌株较长，非致病菌株较短；固体培养基培养的多为短链，液体培养基培养的多为长链。A、B、C、D 血清群中，多数菌株在血液或血清培养基上的幼龄培养菌或病料中有常见的荚膜。无芽孢，无鞭毛（D 血清群的一些菌株除外）。

（2）培养及生化特性　需氧或兼性厌氧，有些为厌氧菌。对营养的要求较高，普通培养基中需加有血液、血清、葡萄糖等才能生长。最适温度 37℃，最适 pH 7.4～7.6，在血琼脂平板上可形成细小的露滴状、灰白色、圆而微凸、表面光滑、边缘整齐的菌落；不同菌株有不同的溶血现象（如马链球菌马亚种为明显的 β 溶血、化脓链球菌为强 β 溶血、马链球菌兽疫亚种为强 β 溶血、无乳链球菌为弱 β 或 α 溶血、乳腺炎链球菌为 α 或 γ 溶血、停乳链球菌为 α 溶血、肺炎链球菌为 α 溶血）。在血清肉汤中培养后有黏稠或絮状沉淀，上清液清朗。能发酵简单的糖类，产酸而不产气。一般不分解菊糖，不被胆汁或 1‰去氧胆酸钠所溶解，这两种特性能用来鉴定甲型溶血型链球菌和肺炎球菌。

（3）检测

①直接涂片镜检。取乳液涂片，革兰氏染色，镜检，发现革兰氏阳性呈链状排列的球菌，就可以作出初步诊断。

②分离培养及鉴定。用棉拭子蘸取乳液直接划线接种在血琼脂平板上，培养后观察有无链球菌菌落及溶血情况。有 β 溶血的菌落，应与葡萄球菌相区别。生化试验及动物试验（小鼠、家兔）有助于鉴定链球菌。

3. 大肠埃希氏菌　在相当长的一段时间内，大肠埃希氏菌一直被当作正常肠道菌群的组成部分，认为是非致病菌。直到 20 世纪中叶，才认识到一些特殊血清型的大肠埃希氏菌对人和动物有致病性，尤其是常引起婴儿和幼畜（禽）严重的腹泻和败血症。该菌是一种普通的原核生物，根据不同的生物学特性将致病性大肠埃希氏菌分为六类：肠致病性大肠埃希氏菌、肠产毒性大肠埃希氏菌、肠侵袭性大肠埃希氏菌、肠出血性大肠埃希氏菌、肠黏附性大肠埃希氏菌和弥散黏附性大肠埃希氏菌。大肠埃希氏菌属于革兰氏阴性菌。

（1）形态及染色　大肠埃希氏菌是革兰氏阴性短杆菌，大小为 $0.5×$ $(1～3)$ μm。周生鞭毛，能运动，无芽孢。能发酵多种糖类，产酸、产气。

（2）培养及生化特性　该菌在培养时无需添加生长因子。用伊红-亚甲蓝琼脂培养基培养，致病性大肠埃希氏菌菌落呈深紫色，并有金属光泽，此可鉴别大肠埃希氏菌是否存在致病性。犊牛出生后该菌很快就在其肠道中生长。在舍饲条件下，主要由于牛舍、牛床不洁净，乳头直接被粪便污染，或者在运动场上与土壤接触，故自然感染是通过乳头管进入内部引起的。大肠埃希氏菌超急性乳腺炎出现毒血症，主要是吸收其所产生的内毒素所致。

（3）检测　粪便样本能直接接种肠道杆菌选择性培养基进行培养。血液样本需先经肉汤增菌，再转种血琼脂平板。乳液样本可同时接种血琼脂平板和肠道杆菌选择性培养基。37℃孵育 18～24h 后，观察菌落并涂片染色镜检，采用一系列生化反应进行鉴定。肠致病性大肠埃希氏菌须先进行血清学定型试验，必要时鉴定肠霉毒素。泌尿系统方面的疾病除确定大肠埃希氏菌外还应计数，只有当每毫升尿液中含菌量≥100 000 个时才有诊断价值。

4. 棒状杆菌　化脓棒状杆菌和牛棒状杆菌可侵入乳腺，引起乳腺炎。化脓棒状杆菌常引起干奶牛急性化脓性乳腺炎，导致乳汁稠厚；有厌氧菌共生时能产生特殊的臭味，个别有砂砾样沉淀物，随后化脓，内有大量脓液且脓液中含有大量革兰氏阳性杆菌。由化脓棒状杆菌和牛棒状杆菌导致的奶牛乳腺炎在英国呈季节性流行，因其常发生于 6—9 月，故又称为夏季乳腺炎，病牛多为青年母牛和干奶牛。化脓棒状杆菌不在普通琼脂上生长，但生长于血琼脂中。经 36～48h 培养后可长出直径为 1～2mm 的小菌落，呈圆形、凸起、乳白色、表面光滑、有光泽并出现 β 溶血圈。培养牛棒状杆菌时，奶样须先培养 48h，否则很少可以长出菌落。在血琼脂平板上长出的菌落直径有 1～2mm，不溶血、无色或白色到乳脂色、圆形、不透明，表面粗糙，常存在于乳汁的乳脂部分。

5. 假单胞菌　为革兰氏阴性杆菌，可引起严重的乳腺炎（常成为慢性），但感染率一般低于 1%。由于假单胞菌在乳房内呈周期活动，因此诊断困难。最好是连续采集新鲜的奶样，反复用血琼脂平板培养、分离。采样时必须注意无菌操作。长于血琼脂平板上的菌落常较大（直径 3～4mm），不规则，呈扩散状，灰色，其中心色黑暗、边缘透明。铜绿假单胞菌的一个显著特点是可产生深的蓝绿色色素，这种色素在培养基表面能产生一种金属光泽并扩散到附近的培养基上，但并非所有菌株都可产生这种色素。

6. 克雷伯氏菌　克雷伯氏菌属于肠杆菌科成员，是目前除了大肠埃希氏菌之外最重要的条件性致病菌，当机体免疫力下降时可以引起多种感染。本菌在自然环境中分布广泛，是人和动物肠道、呼吸道的条件性致病菌。克雷伯菌可以使多种动物感染而患病。奶中的克雷伯菌可能来自环境与工作人员的传播，也可能来自患有奶牛乳腺炎的病牛。

（1）形态及染色　克雷伯氏菌为革兰氏阴性的小杆菌，长 $0.6\sim6.0\mu m$、宽 $0.3\sim1.5\mu m$，成单、对或短链状排列。本菌为兼性厌氧菌，无鞭毛，无运动。有较厚的荚膜。多数菌株有菌毛，菌毛分为Ⅰ型和Ⅲ型。其中，Ⅰ型菌毛属于甘露糖敏感型，Ⅲ型菌毛属于抗甘露糖型，也有的菌株两种菌毛都具备。

（2）培养及生化特性　在 LB 培养基上培养时菌落较大，呈黏液状，用接种环挑起，容易拉丝。生长温度范围为 $12\sim43℃$，最佳生长温度是 $37℃$，最适生长 pH 是 $7.0\sim7.6$。本菌在缺盐条件下生长良好，也能耐受浓度为 8% 的NaCl。兼性厌氧，在完全缺氧条件下生长较差，在营养丰富的培养基上能生长成光亮的半球形菌落。本菌的生化反应比较活跃，能发酵的糖种类广泛，包括乳糖和蔗糖在内，氧化酶阴性，硫化氢、明胶液化、靛基质均阴性。硝酸盐还原试验为阳性。

（3）检测

①直接涂片镜检。取被污染的生鲜乳直接涂片或离心后取沉淀物涂片，革兰氏染色镜检时为阴性的球杆菌，有明显的荚膜。

②分离培养及鉴定。将标本接种于血琼脂和 MAC 等肠道选择鉴别培养基，经 $37℃$、$18\sim24h$ 孵育，取发酵乳糖的 M 型菌落或血平板上灰白色大而黏稠的菌落涂片、染色、镜检，然后移种于生化反应培养基。

③荚膜肿胀试验。鉴别本菌与类似菌属可用特异性诊断血清进行荚膜肿胀试验，方法是将该菌接种于能促进荚膜生长的华-佛培养基，经 $37℃$、$18\sim24h$孵育后，取 1 滴培养物于载玻片上，向其上加 1 滴墨汁或美蓝染液，再加 1 滴接种环特异性抗血清，混合后加盖玻片，于油镜下观察。同时，用不加抗血清做空白对照，加抗血清者菌体周围空白圈明显大于空白对照者的为阳性。

7. 布鲁氏菌　布鲁氏菌是革兰氏阴性的短小杆菌，牛、羊、猪等动物最易感染，能引起母畜传染性流产。人类接触带菌动物或食用病畜及其乳制品后均可被感染。患病和感染奶牛是布鲁氏菌的主要传播源，本菌可以广泛散布于奶牛的排泄物、分泌物和乳汁中。乳汁中的布鲁氏菌主要来源于病牛。

（1）形态及染色　革兰氏染色阴性，球杆状或细小的短杆状；多单在，无芽孢、无鞭毛，毒力较强的菌株有薄的微荚膜。病料中或初次分离时较小，传代培养后猪种布鲁氏菌和牛种布鲁氏菌逐渐变为杆状，而羊种布鲁氏菌仍呈球杆状。常用的柯兹罗夫斯基染色法（即柯氏染色法）能将本菌染成红色，其他组织细胞与杂菌均被染成绿色或蓝色。

（2）培养及生化特性　本菌为严格需氧菌。牛种布鲁氏菌在初次分离时，需在 5%～10% CO_2 环境中才能生长（但培养几代后就不需要 CO_2），最适温度为 37℃，最适 pH 为 6.6～7.2。对营养的要求高，生长时需硫胺素、烟酸、生物素和泛酸钙等；在普通琼脂上生长贫瘠，但营养物质，如马血清、血液、葡萄糖、甘油和胰酪蛋白胨等都可促进本菌生长。实验室常用肝汤琼脂、马铃薯浸汁琼脂、胰蛋白胨琼脂等培养基进行培养。用肝汤琼脂或胰蛋白胨琼脂培养 4d 后，本菌呈细小、柔软、湿润、圆形隆起、透明和闪光的露滴状，大小不等，小的有 0.05～0.1mm，大的有 0.5～1.0mm。在血琼脂上培养时，该菌为灰白、隆起的细小圆形菌落，不溶血。在麦康凯培养基中不能生长。必须注意：布鲁氏菌常易发生 S-R 变异。本菌生长速度缓慢，培养 48h 后才出现透明的小菌落，在鸡胚上培养也能生长。

（3）检测　鉴于布鲁氏菌病有可能由实验室感染所致，所以发达国家规定凡涉及本菌的样本检测，均应在生物安全二级实验室中进行；凡涉及本菌的培养，则需在生物安全三级实验室内操作。布鲁氏菌病常表现为慢性或隐性感染，其诊断和检疫主要依靠血清学检测及变态反应检测，细菌学检测仅用于发生流产的动物和其他特殊情况。乳汁环状试验用于检测新鲜乳汁中的抗体，操作简便，准确性较高，被广泛用于牛、羊布鲁氏菌病的诊断。

8. 结核分枝杆菌　本菌俗称结核杆菌，因繁殖时呈分枝状生长而得名。卡介苗的出现使得由本菌导致的发病率较低。严格来讲，结核杆菌不属于食源性致病菌，其主要传播途径是飞沫散播，但是牛结核杆菌可能随着患病奶牛的奶侵入人体而传播疾病。结核分枝杆菌可发生形态、菌落、毒力、免疫原性和耐药性等变异。卡介苗是牛分枝杆菌在含有甘油、胆汁、马铃薯的培养基中经 13 年 230 次传代而获得的减毒活疫苗株，现广泛用于预防接种。

（1）污染来源与途径　主要来自患病工作人员的飞沫及患病奶牛的乳汁。

（2）形态及染色　结核分枝杆菌为细长或稍弯曲的杆状，长 1.5～4μm、宽 0.2～0.5μm，两端钝圆，单个或成丛排列。无鞭毛，无芽孢，有荚膜。细胞壁脂质含量较高，有大量的分枝菌酸包围在肽聚糖层外，从而导致革兰氏染色不易着色，常用齐-尼氏抗酸染色法，结核分枝杆菌被染成红色，而其他非抗酸菌则被染成蓝色。

（3）培养及生化特性　专性需氧菌。最适培养温度为 37℃，最适 pH 为 6.5～6.8。生长缓慢且对营养的要求较高，常用罗氏固体培养基培养，接种固体培养基后 2～4 周才出现肉眼可见的菌落。菌落干燥，坚硬，表面呈颗粒状，为乳白色或米黄色，形似菜花样。在液体培养基中，加入 Tween，有利于细菌分散和均匀生长。由于液体培养基中细菌接触的营养面较大，因此生长较为迅速，一般 1～2 周即可生长。结核分枝杆菌不发酵糖类。与牛分枝杆菌的区别是，结核分枝杆菌可以合成烟酸和还原硝酸盐。

（4）检测

①直接涂片镜检。将可疑被污染的乳样直接涂片，抗酸染色，若镜检找到抗酸菌则可能是结核分枝杆菌。单凭形态染色不能确定是否为结核分枝杆菌，需要进一步的分离培养和鉴定。

②分离培养及鉴定。先用选择性培养基分离，再通过培养和生化试验进行鉴定。

9. 菌落总数　乳液是微生物生长的理想培养基，因此含有复杂而多样化的微生物种群，现检测到的微生物已超过 100 个属、400 个种，包括革兰氏阴性菌（≥90 种）、革兰氏阳性菌（≥90 种）、过氧化氢酶阳性菌（≥90 种）、乳酸菌（≥60 种）、酵母菌（≥70 种）和霉菌（≥40 种）。上述细菌包括能降低牛奶品质、影响消费者身体健康甚至导致死亡的有害菌，以细菌为主，如结核分枝杆菌、沙门氏菌、大肠埃希氏菌、李斯特菌、弯曲杆菌、金黄色葡萄球菌和空肠弯曲菌等，曾多次引起人类疾病。

菌落总数就是指在一定条件下（如需氧情况、营养条件、pH、培养温度和时间等），每克（每毫升）待检样本所生长出来的细菌菌落总数。按国家标准方法规定，即指在需氧情况下、37℃培养 48h，能在菌落计数平板上生长的细菌菌落总数。厌氧或微需氧菌、有特殊营养要求的以及非嗜中温的细菌，由于现有条件不能满足其生理需求，故难以繁殖生长。由于菌落总数并不表示实际中的所有细菌总数，也并不能区分其中的细菌种类，因此有时被称为杂菌数、需氧菌数等。乳中的菌落总数严重超标，说明其卫生状况达不到要求。消费者饮用微生物超标严重的乳，很容易患肠道疾病，可能引起呕吐、腹泻等症状。

但需要强调的是，菌落总数和致病菌有本质区别。菌落总数包括致病菌和有益菌，对人体有损害的主要是其中的致病菌，它们会破坏肠道里正常的菌落环境，虽然一部分可能在肠道被杀灭，但还有一部分则会留在身体里引起腹泻或损伤肝脏等；而有益菌包括常被提起的乳酸菌等。但菌落总数超标也意味着致病菌超标的机会增大，增加危害人体健康的概率。

检测时菌落总数往往采用的是平板计数法，经过培养后数出平板上生长出的菌落个数，从而就能计算出每毫升或每克待检样本中可以培养出的菌落数量，用 CFU/mL 或 CFU/g 表示。目前，检测方法见《食品安全国家标准　食品微生物学检验　菌落总数测定》（GB 4789.2—2010）、《中华人民共和国进出口商品检验行业标准　出口食品平板菌落计数》（SN 0168—1992）等。

10. 分子诊断技术　与乳汁微生物培养鉴定相比，分子诊断技术不仅具有快速、敏感和特异的特点，可以在数小时内对病原微生物做出鉴定，而且还能对凝固酶阴性葡萄球菌、乳房链球菌、副乳房链球菌等用传统的生化试验和血清学方法很难或无法鉴别的乳腺炎病原做出鉴定。

16～23S rDNA 间隔区序列不仅可应用于奶牛乳腺炎诊断，还广泛用于乳腺炎病原菌的流行病学调查等。

第三节　血液检测

一、血常规检测

血常规检测是最一般、最基本的血液检测。血液由液体和有形细胞两大部分组成，血常规检测的是血液中的细胞部分。血常规检测是诊断病情的常用辅助手段之一，现多用血常规分析仪进行检测。

1. 红细胞比容检测　红细胞比容是指压紧的红细胞在全血中所占的百分率，目前多用 L/L 为单位（如 36% 就是 0.36L/L），是鉴别各种贫血不可缺少的一项指标。

红细胞比容增高，见于由各种原因引起的脱水造成的血液黏稠，如急性胃肠炎、液胀性胃扩张、肠梗阻、胃肠破裂、渗出性腹膜炎等，通常可从红细胞比容增高的程度估计患病奶牛的脱水程度并粗略地估计输液量。红细胞比容降低见于由各种原因引起的贫血。

血浆颜色的改变有助于判断某些疾病。如颜色深黄，为血浆中直接胆红素或间接胆红素增加，见于肝脏疾病、胆道梗阻、溶血性疾病等；颜色呈淡红或暗红色，为溶血性疾病的特征。

2. 红细胞计数　红细胞计数是指将血液适当稀释后，计算单位体积血液内所含红细胞的数目，临床上用来诊断有无贫血和对贫血进行分类。

（1）检测原理　将血液经一定量的等渗稀释液稀释后，填充于特制的计数室内，置显微镜下计数，然后换算出 $1mm^3$ 血液内的红细胞数。现多以每升血液中所含红细胞个数表示。

（2）临床诊断价值

①红细胞增多。相对性红细胞增多，是血浆量减少、血液浓缩引起的，常见于腹泻、呕吐、饮水不足等。绝对性红细胞增多，是红细胞增生所致，见于充血性心力衰竭、慢性肺气肿、肺肿瘤等。

②红细胞减少。多见于各种类型贫血。

③红细胞形态异常。红细胞大小不均，中央区苍白，大的红细胞数量增多，见于营养不良性贫血。中央淡染区扩大，小的红细胞数量特别多，见于缺铁性贫血。红细胞呈梨形、星状，见于重症贫血；呈串钱状，见于炎症和肿瘤性疾病。红细胞体积变小、着色暗，缺乏中央凹陷，见于自身免疫性和同族免疫性溶血性贫血。红细胞内含有蓝黑色大小不一的颗粒，是铅中毒的特征性

表现。

3. 血红蛋白含量测定　测定血红蛋白，指测定血液中各种血红蛋白的总质量浓度，用 g/L 表示。其方法较多，常规方法为沙利目视比色法、光电比色法、测铁法、相对体积质量（密度）法、血氧法及试纸法，国际推荐氰化高铁血红蛋白法。测定血红蛋白的临床诊断价值如下：

（1）血红蛋白增加　一股为相对性地增加，见于由各种原因引起的脱水，如腹泻、大汗、肠阻塞、肠变位、胸腹腔的渗出炎症等。此外，真性红细胞增多症及继发性红细胞增多症（如肺的慢性疾病、充血性心力衰竭等）均可使血红蛋白含量增加。

（2）血红蛋白减少　血红蛋白减少比较常见，多见于出血性贫血、溶血性贫血、营养不良性贫血、梨形虫病、营养衰竭症、钩端螺旋体病、胃肠道寄生虫病、溶血性毒物中毒等。

4. 红细胞沉降测定　血液中加入抗凝剂后，一定时间内红细胞向下沉降的毫米数，叫做红细胞沉降速率，简称血沉。

（1）检测原理　一般认为，红细胞表面带负电荷，血浆中的白蛋白也带负电荷，而血浆中的球蛋白、纤维蛋白则带正电荷。动物体内发生异常变化时，血细胞数量及血中的化学成分也会有所改变，将直接影响正、负电荷的相对稳定。如正电荷增多，则红细胞表面因带负电荷所以相互吸附，形成串钱状，重力原因使红细胞的沉降速度加快；反之，红细胞相互排斥，故其沉降速度变慢。

（2）检测方法　主要有魏氏法和涅氏法两种。

①魏氏法。魏氏血沉管全长 30cm，内径为 2.5mm，管壁有 0～200 个刻度，每两个刻度之间的距离为 1mm。容量 1.0mL 左右，附有特制的血沉架。测定时先取一只小试管，依准备加入血量的多少按比例加抗凝剂，自奶牛颈静脉采血，轻轻混合；随后用魏氏血沉管吸取抗凝全血至刻度 0 处，于室温下垂直固定在血沉架上，经 15min、30min、45min 和 60min 各观察一次，分别记录红细胞沉降数值。

②涅氏法。用捏氏血沉管测定时先向血沉管中加入 10%乙二胺四乙酸液 4 滴，由颈静脉采血至刻度 0 处，堵塞管口，轻轻颠倒混合数次，使血液与抗凝剂充分混合。然后于室温中垂直立于试管架上，经 15min、30min、45min、60min 各观察一次，分别记录红细胞柱高度的刻度数值。记录时常用分数形式表示，即分母代表时间、分子代表沉降数值，如 30/15、70/30、95/45、115/60。

由于各种方法测得的血沉值不同，故在撰写报告时应注明采用的是哪一种方法。

注意事项：血沉管必须垂直放置，管子稍有倾斜就会使血沉加快；要在20℃左右的温度下测定，外界温度过高可使血沉加快，外界温度过低可以减缓血沉；血液柱面上不应带有气泡，因为其可使血沉变慢；采血后应在 3h 内测定；对于冷藏的血液，应先将其温度回升到室温后再做；抗凝剂要加适量，少了会使血液产生小的凝血块，多了会使血液中的盐分过多，血沉变慢。

临床上检查血沉可以发现贫血和脱水性疾病，发现体内潜在的病理过程。在疾病发生发展中，定期检查血沉变化，可了解疾病的进程。血沉加快，多见于贫血、溶血性疾病、急性炎症、恶性肿瘤、风湿症、结核病、急性肾炎、急性传染病、创伤、手术、烧伤、骨折及某些毒物中毒等。血沉减慢，见于大量脱水（腹泻、呕吐、肠阻塞、大量出汗、多尿等）、肝脏疾病及心力衰竭等。

血沉测定可以用来推断疾病预后和潜在的病理过程：血沉增快而无明显症状，表示体内的病理过程依然存在或者尚在发展中。炎症处于发展期，血沉增加；炎症处于稳定期，血沉趋于正常；炎症处于消退期，血沉恢复正常。血沉测定还可用于疾病的鉴别诊断，如良性肿瘤，血沉基本正常；恶性肿瘤，血沉增快。

5. 网织红细胞计数　网织红细胞是晚幼红细胞脱核后向完全成熟红细胞间的过渡细胞，属于尚未完全成熟的红细胞，其胞质中残存嗜碱性物质核糖核酸，经活体染色后形成核酸与碱性染料复合物，呈深染的颗粒状或网状结构。凡含两个以上深染颗粒或具有线网状结构的无核红细胞，即为网织红细胞。在形态学上，网织红细胞被认为和嗜多色性红细胞都属晚幼红细胞脱核后生成的同种新生红细胞，因染色处理方法不同而表现出不同的形态特点。

网织红细胞的检测方法主要有人工计数法、流式细胞仪计数法、专用网织红细胞分析仪计数法、血细胞分析仪计数法等。

临床上，网织红细胞增多，表明骨髓红细胞生成旺盛；网织红细胞减少，主要和正常造血功能减低（如再生障碍性贫血、溶血性贫血）有关。在缺铁性贫血、巨幼红细胞贫血治疗过程中，网织红细胞增多，表明治疗有效，骨髓增生功能良好；网织红细胞不增多，表明治疗无效，并提示有骨髓造血功能障碍。

6. 白细胞计数　计算 1mm^3 血液内白细胞的数目称为白细胞计数。健康奶牛血液中的白细胞数比较稳定，而在出现炎症、感染、组织损伤和白血病等情况下，白细胞数量通常会发生变化。本检验与白细胞分类计数配合，有很大的临床诊断价值。

（1）检测原理　用稀醋酸溶去红细胞，留下白细胞，对此稀释血液内一定容积的白细胞进行计数，求得 1mm^3 血液内的白细胞数，现多以每升血液中所含的白细胞个数表示。

（2）临床诊断价值

①白细胞数增多。感染某些球菌，如葡萄球菌、链球菌、肺炎球菌、脑膜炎球菌等时，可使白细胞数显著增多；感染某些杆菌，如大肠埃希氏菌、铜绿假单胞菌、炭疽杆菌时，也可使白细胞数增多；此外，感染真菌时，白细胞数也有所增加。患有大叶性肺炎、小叶性肺炎、重剧性胃肠炎、腹膜炎、肾炎、创伤性网胃心包炎、子宫炎、肿瘤、急性出血性疾病、中毒性疾病（如酸中毒、尿毒症等）等，白细胞数可大幅增加。白细胞数极显著增加是患白血病的一个重要特征。

②白细胞数减少。患某些病毒性传染病，如流行性感冒等时，造血器官受到抑制致使白细胞数下降。长期使用某些药物或一过性用量过大时，如磺胺类药物、氯霉素等也可导致白细胞数减少。

7. 白细胞分类计数　各种白细胞所占的百分率称为白细胞分类计数。外周血液中主要有 5 种白细胞，各有其特定的生理功能。其中任何一种白细胞的数量发生变化，均可使白细胞分类计数发生变化。在病理情况下，白细胞不但会发生数量上的变化，而且还会发生质量上的改变。白细胞分类计数能反映白细胞在质量上的变化，结合白细胞计数，对于疾病诊断、预后判断和治疗效果观察等都有重要意义。

为准确进行分类计数，在识别各种白细胞时应特别注意细胞大小、形态、胞浆中染色颗粒的有无，染色及形态特征，核的染色、形态等特点。根据胞浆中有无染色颗粒，而将白细胞区分为颗粒细胞和非颗粒细胞；前者又根据其在胞浆中染色颗粒的着色特性分为嗜碱性、嗜酸性及中性粒细胞，后者则包括淋巴细胞及单核细胞。

白细胞分类计数的临床诊断价值如下：

（1）白细胞绝对值　各种白细胞的百分比只反映其相对比值，不能说明其绝对值。例如，在白细胞总数增加的情况下，若中性粒细胞百分比增加，淋巴细胞的百分比可相对减少，但这不等于淋巴细胞的绝对值减少。为了准确地分析各种白细胞的增减，应计算其绝对值，即：某种白细胞的绝对值＝白细胞总数×该种白细胞的百分数。

（2）核指数　指未完全成熟的中性粒细胞与完全成熟的中性粒细胞之比。根据核指数可以判断核的左移和右移，以及白细胞的再生性和变质性变化，即：核指数＝（髓细胞＋幼年型白细胞＋杆状型白细胞）/分叶型中性粒细胞。血液中年轻的或衰老的白细胞增加时，核指数即发生变化。核指数增大，表示未成熟的中性粒细胞比例增多，称为核左移。反之，核指数减小，则表示成熟的中性粒细胞比例增多，称为核右移。核指数一般为 0.1 左右。

（3）中性粒细胞的增减及核象变化　中性粒细胞增多，见于某些急性传染病（如炭疽）、某些化脓性疾病（化脓性胸膜炎、腹膜炎、创伤性网胃心包炎、肺脓肿等）、某些急性炎症（胃肠炎、肺炎、子宫炎、乳腺炎等）、某些慢性传染病（结核病）、大手术后（1周之内）、外伤、烫伤、酸中毒的前期等。中性粒细胞减少，通常表示机体反应性降低，常见于疾病发生的垂危期、某些病毒性疾病、全身严重感染及再生障碍性贫血等。

在分析中性粒细胞数量变化的同时，应注意其核象变化。如白细胞总数增多时核左移，表示骨髓造血功能加强，机体处于积极防御阶段；白细胞总数减少时核左移，则表示骨髓造血功能减退，机体的抗病力降低。分叶核的百分比增大或核的分叶增多（细胞核分为 4～5 叶甚至多叶者）称为核右移，可见于重度贫血或严重的化脓性疾病。

8. 血小板计数　临床上，血小板增多见于组织损伤、溶血性贫血、流感、传染性胸膜肺炎、肺炎、恶性肿瘤、骨髓性白血病、骨折及大手术后等，血小板减少见于再生障碍性贫血、某些中毒性疾病及败血性疾病等。

9. 血细胞分析仪　通过电阻抗原理，血细胞分析仪可在很短时间内对细胞进行计数，克服手工法计数的固有误差，有测定参数多、分析速度快、结果准确、重复性好、性能相对稳定等优势，为疾病的诊断、治疗及预后分析提供了重要依据。

（1）血细胞分析仪的分类

①按自动化程度分。有半自动血细胞分析仪、全自动血细胞分析仪和血细胞分析工作站、血细胞分析流水线。

②按检测原理分。有电容型、电阻抗型、激光型、光电型、联合检测型、干式离心分层型和无创型。

③按仪器分类白细胞的水平分。有二分类、三分类、五分类、五分类＋网织红血细胞分析仪。

（2）血细胞分析仪的基本结构　各类型血细胞分析仪的基本结构各不同，但大都由机械系统、电学系统、血细胞检测系统等以不同的形式组成。

①机械系统。各类型的血细胞分析仪的基本结构虽各有差异，但均有机械装置（如全自动进样针、分血器、稀释器、混匀器、定量装置等）和真空泵，以完成样本吸取、稀释、传送、混匀，以及将样本移入各种参数的检测区。此外，机械系统还发挥清洗管道和排出废液的功能。

②电学系统。包括电路中的主电源、电压元器件、控温装置、自动真空泵电子控制系统，以及仪器的自动监控、故障报警和排出等。

③血细胞检测系统。国内常用的血细胞分析仪，按使用检测技术可分为电阻抗检测和光散射检测两大类。

二、血液生化检测

血液生化检测主要用于检测血浆和血清。目前，在临床检验中多采用检测试条或试剂盒，或用相关仪器（如干式、湿式生化仪）。根据仪器的自动化程度分为全自动生化仪和半自动生化仪。

1. 葡萄糖的检测　血糖指血液中的葡萄糖，正常情况下糖的分解代谢与合成代谢保持动态平衡，血糖的浓度相对稳定，病理状态下血糖浓度的改变对于判断糖代谢异常及诊断相关疾病有重要意义。

（1）检测方法　目前常用邻甲苯胺法检测血糖，其检测原理：己醛糖溶液在酸性与加热情况下脱水生成 5-羟甲基-2-呋喃甲醛，再与邻甲苯胺缩合成芳香族第一级蓝色席夫碱，其颜色深浅与葡萄糖含量成正比。

（2）临床诊断价值

①血糖升高。生理性或一过性升高鉴于精神紧张、兴奋、对奶牛的强制保定、疼痛及注射可的松类药物等；病理性升高见于胰腺炎、酸中毒、癫痫、抽搐、脑内损伤、肾上腺皮质功能亢进、甲状腺功能亢进及濒死期等。

②血糖降低。见于胰岛素分泌增多、肾上腺皮质功能不全、甲状腺功能减退、坏死性肝炎、肝炎后期、消化吸收不良性的胃肠炎、饥饿、衰竭症、慢性贫血、酮血症、功能性低血糖症及中毒等。

2. 钙的检测

（1）检测方法　主要有高锰酸钾滴定法和乙二胺四乙酸滴定法。

①高锰酸钾滴定法。血清中加草酸铵后能将钙沉淀为草酸钙，以氨液洗去多余的草酸铵，再加硫酸使草酸游离，用标准高锰酸钾液滴定，计算钙的含量。

②乙二胺四乙酸滴定法。血清钙离子在碱性溶液中与钙红指示剂结合成可溶性的络合物，使溶液显红色。乙二胺四乙酸二钠对钙离子的亲和力强，能与该络合物中的钙离子结合，使指示剂重新游离而使溶液显蓝色，故以乙二胺四乙酸滴定。当溶液由红色变蓝色时，即表示到达终点。以同样方法滴定已知钙含量的标准液，从而可计算出血清钙的含量。

（2）临床诊断价值

①血清钙增高。少见于原发性甲状腺功能亢进、假性甲状旁腺功能亢进（见于淋巴肉瘤）、维生素 D 中毒、骨内肿瘤转移、某些慢性疾病（如慢性肺气肿、慢性心脏病等）。

②血清钙降低。临床上较多见于甲状旁腺功能降低、骨软症、青草搐搦症、佝偻病等。

3. 钾的检测

（1）检测原理　血清中的钾离子与四苯硼钠作用后，能形成不溶于水的四苯硼钾，其浊度与钾离子的浓度成正比，根据浊度可测得血清钾的含量。

（2）临床诊断价值

①血清钾增高。主要见于肾上腺皮质功能减退，临床上会出现补钾超量、肾脏疾病（排钾能力下降）、组织遭受损害、酸中毒、休克、循环障碍、输血不当（引起血管内溶血，红细胞内的钾进入血液）、大量输注高渗盐水或甘露醇、脱水等。

②血清钾降低。主要见于给予利尿剂（尿钾排出增多）；长期使用较大剂量的肾上腺皮质激素，同时未能及时补钾；大量反复输入不含钾盐的生理盐水等体液；代谢性酸中毒；严重腹泻或呕吐；肾上腺皮质功能亢进；脱水之后大量饮水等。

4. 钠的检测

（1）检测原理　血清中的钠离子与乙酸铀镁试剂作用后，生成乙酸铀镁钠沉淀，亚铁氰化钾与试剂中剩余的乙酸铀作用，生成棕红色的亚铁氰化铀。血液中的钠含量越高，则剩余的乙酸铀越少，显色越淡；反之，则显色越深。由剩余的乙酸铀量，可以间接计算出血清钠的含量。

（2）临床诊断价值

①血清钠增高。主要见于输入过量的高渗盐水、食盐中毒（常见于猪）、严重脱水、长期使用肾上腺皮质激素药物、某些慢性疾病（如充血性心力衰竭、肝硬化及肾病等，常同时伴有水肿）等。

②血清钠降低。主要见于持续性腹泻（胃液丢失、失钠大于失水），肾脏疾病，大出汗，胸、腹腔大量产生渗出液（反复穿刺放液，钠盐从渗出液中大量丢失），使用利尿剂，水中毒（见于犊牛）等。

5. 镁的检测

（1）检测原理　血清中的镁在氢氧化钠介质中形成氢氧化镁胶体粒子，与达旦黄的结合物呈现橘红色，显色强度与血清中镁的浓度成正比。加入聚乙烯醇能使颜色处于稳定状态。

（2）临床诊断价值

①血清镁增高。主要见于产后瘫痪（可达 $4\sim5mg/100mL$）；急性或慢性肾功能衰竭；治疗低血镁症时，镁制剂用量过大或静脉注射速度过快等。

②血清镁降低。主要见于青草搐搦（当血清镁降至 $1\sim2mg/100mL$ 时，常不出现临床症状；当血清镁降至 $1mg/100mL$ 以下后，则多呈现搐搦症状）；犊牛低血镁搐搦；长期使用肾上腺皮质激素类药物等。

6. 无机磷的检测

（1）检测原理　以三氯醋酸沉淀血清中的蛋白质后，血清无机磷仍保留在酸性滤液中，加钼酸试剂能与滤液中的磷结合成磷钼酸，再以氯化亚锡把它还原成蓝色的化合物钼蓝。与同样处理的标准液比色，可求得无机磷的含量。

（2）临床诊断价值

①血清无机磷增高。主要见于牛骨质疏松症、过量补给维生素 D、肾功能不全或衰竭、骨折愈合期、纤维性骨营养不良、肠道阻塞，以及由胃肠道疾病所致的酸中毒、甲状旁腺功能减退等。

②血清无机磷降低。主要见于饲料低磷性骨软症、饲料低磷性佝偻病、肾小管变性病变、注射大量葡萄糖之后、原发性甲状旁腺功能亢进等。

7. 氯化物的测定

（1）检测原理　以标准硝酸汞溶液滴定血清中的氯化物，用二苯卡巴腙作为指示剂，硝酸汞与氯化物作用后可生成溶解而不离解的氯化汞。当滴定到达终点时，过量硝酸汞中的汞离子与二苯卡巴腙作用，生成紫红色的络合物。根据硝酸汞的用量，可求得样本中氯化物的含量。

（2）临床诊断价值

①血清氯化物增高。主要见于代谢性酸中毒、肾脏疾病、咽炎、食管梗阻（饮水障碍、血液浓稠、氯化物相对性升高）、肾上腺皮质功能亢进、循环障碍（肾血流量减少、氯化物自尿中排出量下降）等。

②血清氯化物降低。主要见于严重的腹泻、大出汗、长期饥饿、拒食、胃肠道大手术之后（胃肠液大量损失）、肾上腺皮质功能减退、肝硬化等。

三、血液寄生虫检测

检查孢子虫时一般采用涂片法，血片宜薄，用高倍镜。

检查锥虫时一般采用沉集法，将从颈静脉采集的血液，盛在预先装有 3.8% 枸橼酸钠的沉淀管内，离心沉淀 $5 \sim 10 min$。此时红细胞沉淀于管底部，白细胞在红细胞上面，虫体聚集在红细胞、白细胞交界处或白细胞层内。用吸管吸取此交界处或白细胞层内的材料涂片镜检观察，可以看到活的锥虫虫体，在奶牛处在特别发热期时的检出率较高。

四、血清学诊断

为了对可疑病例进行确诊，或检测某种病原的感染程度，经常用血清学诊断法。可以使用已知抗原来测定被检奶牛血清中的特异性抗体，也可用已知抗体来测定被检材料中的抗原。常用的血清学试验有以下几种：

1. 沉淀试验

（1）环状沉淀试验　将含有沉淀原的透明渗出液重叠在含有沉淀素的免疫血清上，在两液的接触面出现环状的白色沉淀物。常用于抗原的定性试验中。

（2）琼脂扩散沉淀试验　是以琼脂为介质的免疫扩散试验。可溶性抗原和抗体在介质（半固体的琼脂）中扩散，如果抗原与抗体具有特异性，当二者相遇时在比例最合适处能形成肉眼可见的沉淀线。琼脂扩散试验虽然灵敏度较低，但特异性高，且简单易行，便于推广，适合在农村牧区检疫，常用于牛传染性鼻气管炎、牛蓝舌病等的诊断。

（3）免疫电泳　这是将电泳和琼脂扩散结合起来的一种抗原抗体分析方法，能分析病牛血清中存在的异常球蛋白成分，借以诊断疾病。将待检样本置于制好的琼脂板上，经过电泳，将各种不同成分分离在不同的位置上。然后在电泳图形的一侧挖一长方形小槽，加入与此抗原相应的抗血清。再将琼脂板置于一定温度下作用一定时间，已被分离的抗原的各种成分与抗血清的抗体成分均在琼脂上扩散，抗原的每一种成分与相应抗体相遇后均形成一个特异的弧形沉淀线，染色后可以很清晰地被显示出来。

2. 凝集试验　直接凝集试验，常用于布鲁氏菌病的诊断；间接凝集试验、细胞凝集试验、间接乳胶凝集试验，常用于牛衣原体病、链球菌性奶牛乳腺炎的诊断。

凝集试验与沉淀试验的不同点是：①凝集原是颗粒性物质（如细菌或细胞）的悬浮液；而沉淀原是细菌的胶体浸出液，多清晰、透明，也有呈乳状的。②凝集试验因抗原分子大，为了不使抗体过多，常将抗体作高倍稀释，因此多用已知凝集原来检查未知抗体；而沉淀试验则相反，沉淀原分子小，反应面积较大，为不使抗原过多，常稀释抗原，因此多用已知抗体来鉴定未知抗原。

3. 补体结合试验　补体是动物血清蛋白的一种酶系，能与任何一种抗原-抗体复合物结合，如果抗原是细胞，则可使细胞（细菌或红细胞）溶解。补体的性质极不稳定，凡能破坏蛋白质的因素，如温度、酸碱度、氧化剂、紫外线等，皆能破坏补体。补体结合试验具有较高的特异性和敏感性，常用于牛传染性胸膜肺炎的诊断。

4. 与活体或活细胞有关的试验　如病毒—抗病毒血清中和试验、调理吞噬试验，常用于口蹄疫的诊断；毒素—抗毒素中和试验，用于肉毒梭菌中毒的诊断。

5. 与标记抗体有关的试验　如荧光抗体检查法、酶联免疫吸附测定法、放射免疫检查法等，可用于多种传染病抗原或抗体检验。

五、其他检测

1. 黄疸指数的检测

（1）检测原理　黄疸指数是表示血清中胆红素含量的一个指数，是用配成不同浓度的重铬酸钾的标准溶液与血清颜色相比较而得。

（2）临床诊断价值

①黄疸指数增多。生理状态下，奶牛可因采食含有胡萝卜素而导致黄疸指数增多；病理性增多见于急性或慢性肝炎、中毒性肝炎、急性黄色肝萎缩、溶血性疾病、妊娠毒血症、阻塞性黄疸及长期拒食等。

②黄疸指数减少。见于骨髓再生障碍性贫血及继发性贫血等。

2. 血清胆红素的检测

（1）检测原理　在某些疾病的发病过程中，血液内可能存在两种胆红素。一种是直接胆红素或肝胆红素，是经过肝脏处理又和葡萄糖醛酸结合的水溶性物质，遇到重氮试剂可产生红色的或紫红色的重（偶）氮胆红素；另一种是间接胆红素或血胆红素，是未经肝脏处理并附有类脂质或蛋白的非水溶性物质，遇到重（偶）氮试剂不产生反应，要经甲醇、乙醇等助溶剂作用后，才可和试剂产生红色或紫红色的重（偶）氮胆红素。

（2）临床诊断价值　根据血清胆红素分类，能判断黄疸类型。健康血清，直接反应为阴性，间接反应可为弱阳性（＋）。有阻塞性黄疸时，直接反应为强阳性（＋＋＋＋），间接反应为弱阳性（＋）。有溶血性黄疸时，直接反应为阴性，间接反应为强阳性（根据溶血程度的不同，可以是＋＋、＋＋＋或＋＋＋＋）。有肝实质性黄疸时，直接反应为强阳性（＋＋＋＋），间接反应亦为强阳性（＋＋＋）。在兽医临床中，遇到结膜发黄的病牛，应采血进行检测，以便鉴别3种不同类型的黄疸。必要时可结合尿液及粪便检验，进行全面分析。

3. 血清总蛋白、白蛋白及球蛋白的检测　血清总蛋白主要由白蛋白和球蛋白组成，白蛋白占80％，球蛋白通过电泳分为α、β、γ球蛋白三部分。α-球蛋白和β-球蛋白由肝脏生成，γ-球蛋白由淋巴结、脾脏、骨髓生成。

（1）检测原理　蛋白质中的肽键，与碱性酒石酸钾/钠作用后能产生紫色反应，称为双缩脲反应。根据颜色的深浅，与经同样处理的蛋白标准溶液比色，即可求得蛋白质的含量。

（2）临床诊断价值

①血清总蛋白变化。血清蛋白增多，脓血症，见于脱水（腹泻、出汗、呕吐和多尿）、水的摄入减少、休克、淋巴肉瘤、肾上腺皮质功能减退等；球蛋白生成亢进或增加，溶血和脂血症，多见于奶牛食后采血；血清蛋白减少，蛋白生成减少，见于低白蛋白血症、低球蛋白症、血液稀薄、营养差、输液等。

②白蛋白变化。白蛋白增加，脓血症、脂血症，多见于奶牛采食后；白蛋白减少，见于食物中缺少蛋白、蛋白消化不良、吸收不良、慢性腹泻、营养不良、进行性肝病、慢性肝病、肝硬化（肝病时白蛋白减少，而球蛋白往往增多）、分解代谢增加（妊娠、泌乳、恶性肿瘤）、多发性或延长性心脏代偿失调、贫血和高球蛋白血症；丢失和分解代谢增加，见于蛋白丢失性肾病、肾小

球肾炎和肾淀粉样变性、发热、感染、急性或慢性出血、蛋白丢失性肠病、寄生虫病、甲状腺功能亢进和恶性肿瘤；严重血清丢失，见于严重渗出性皮肤病、腹水、水肿、烧伤和外伤。

③球蛋白变化。血清球蛋白增多，多见于脓血症、泛发性肝纤维化、急性或慢性肝炎、一些肿瘤、急性或慢性细菌感染、抗原刺激、网状内皮系统疾病、异常免疫球蛋白的合成等；α-球蛋白增多，见于炎症、肝脏疾病、热症、外伤、感染、新生瘤、肾淀粉样变、寄生虫和妊娠。β-球蛋白增多，见于肾病综合征、急性肾炎、新生瘤、骨折、急性肝炎、肝硬化、化脓性皮肤炎、严重寄生虫寄生（如蠕形螨病）、淋巴肉瘤和多发性骨髓瘤。多克隆 γ-球蛋白（IgG、IgM、IgA 和 IgE）增多，见于慢性炎症性疾病、慢性抗原刺激、免疫介导性疾病和一些淋巴肿瘤等，免疫介导性疾病有自体免疫性溶血、免疫介导血小板减少症及淋巴肉瘤等。血清球蛋白减少，见于肝脏等血液蛋白生成器官疾病；球蛋白和白蛋白增加丢失和分解代谢，见于急性或慢性出血、溶血性贫血，蛋白丢失性肠病和肾病。严重血清丢失，见于烧伤和严重渗出性皮炎。

4. 血清丙谷转氨酶的检测

（1）检测原理　丙谷转氨酶作用于丙氨酸及 α-酮戊二酸组成的基质，产生丙酮酸；产生的丙酮酸与 2,4-二硝基苯肼作用，形成丙酮酸二硝基苯腙，在碱性溶液中呈现棕红色。

（2）临床诊断价值　丙谷转氨酶存在于机体肝脏、心肌、脑、骨骼肌、肾脏及胰腺等组织的细胞内，但以肝细胞及心肌细胞中的含量较多。丙谷转氨酶显著增高，见于各种肝炎急性期及药物中毒性肝细胞坏死；中等程度增高，见于肝硬化、慢性肝炎及心肌梗死；轻度增高，见于阻塞性黄疸及胆道炎等。

5. 血清天门冬氨酸氨基转移酶活力的检测

（1）检测原理　血清天门冬氨酸氨基转移酶作用于由天门冬氨酸及 α-酮戊二酸组成的基质，产生草酰乙酸；草酰乙酸脱羟后形成丙酮酸；丙酮酸与2,4-二硝基苯肼作用形成丙酮二硝基苯腙，其在碱性溶液中呈现棕红色。

（2）临床诊断价值　天门冬氨酸氨基转移酶显著增高，见于各种急性肝炎、手术之后及药物中毒性肝细胞坏死；中等程度增高，见于肝硬化、慢性肝炎、心肌炎等；轻度增高，见于心肌炎、胸膜炎、肾炎及肺炎等。

6. 血清碱性磷酸酸的检测

（1）检测原理　碱性磷酸酶分解磷酸苯二钠后可产生游离的酚和磷酸，酚在碱性溶液中与 4-氨基安替匹林作用，经铁氰化钾氧化生成红色醌的衍生物，根据红色深浅可测出酶活性的高低。

（2）临床诊断价值　血液中碱性磷酸酶主要来自骨骼、牙齿和肝脏，因此正常情况下，在犊牛血清中的含量较高。但随年龄的增长逐次下降，奶牛在妊娠期也有轻度增高。

①病理性升高。出现肝脏阻塞性黄疸、肝实质性损害时仅见轻度升高。出现骨骼疾病时，如纤维素性骨炎、骨瘤、佝偻病、骨软症、骨折等会有病理性升高。

②病理性下降。有贫血、恶病质、低镁血症抽搐时也可见降低。

7. 尿素氮的检测

（1）检测原理　血清或血浆中的尿素能与二乙酰作用生成二嗪衍生物的有色复合物。

（2）临床诊断价值　尿素氮是奶牛生产性能测定的常规指标之一，尿素氮值异常可以反映奶牛的繁殖障碍。研究发现，尿素氮值大于 15mg/dL 的奶牛，其产后第 1 次配种天数显著高于尿素氮值低于 15mg/dL 的奶牛，且个体情期受胎率显著低于对照组。此外，尿素氮值的高低可以体现奶牛氮代谢的情况，避免因氮排放过度而造成环境污染。

8. 肌酐的检测

（1）检测原理　血清或血浆的无蛋白血滤液中肌酐能与碱性苦味酸作用，发生雅飞（Jaffe）反应，产生黄红色的苦味酸肌酐。

（2）临床诊断价值　肌酐是肌肉肌酸和磷酸肌酸的代谢产物，其数值不受食物中蛋白质含量、蛋白质代谢，以及奶牛年龄、性别或运动的影响，经肾小球滤出后，能直接从尿中排出，因此可作为检查肾小球滤过率是否正常的一种初步诊断指标。因肌酐容易自肾脏排出，故对肾脏损伤的早期诊断没有尿素氮的指标灵敏。血液肌酐增高可见于肾脏损伤，肾小球滤过率下降，如急性肾炎、肾前性的肾脏供血障碍、肾后性的泌尿系统阻塞、肾功能衰竭、肌酐指标明显升高，提示预后不良。血液肌酐降低无临诊意义。

（3）注意事项　苦味酸为易爆化学药品，应妥善保存，以防发生意外事故。血中酮体也可与碱性苦味酸溶液发生显色反应，使测定的结果偏高。如怀疑患酮血症，则应同时测定病牛尿中的酮体，加以鉴别。

9. 血氨的检测

（1）检测原理　钨酸蛋白沉淀剂能沉淀血液中的蛋白质，上清液中的 NH_4^+ 与酚次氯酸盐反应（波氏反应）后能生成蓝色的靛蓝。

（2）临床诊断价值　血氨比尿素氮更能准确评价牧场 TMR 日粮的蛋白质水平。评价 TMR 日粮能蛋平衡、牧场牛群瘤胃健康度、TMR 日粮对于繁殖的影响，比尿素氮更能准确评价牧场 TMR 日粮中的蛋白质水平。

10. 肌酸磷酸激酶的检测　肌酸磷酸激酶主要存在心肌和骨骼肌内。正常时血清中的含量很少，犊牛在 100IU/L 以内。当心肌和骨骼肌受到损伤时，血清中此酶的含量急剧上升，因而在诊断上有特异性。但此酶的生物半衰期很短，仅 4~6h。如无进一步损伤，在血清中的含量可在 3~4d 内恢复正常。反之，在持续发生损伤时则呈稳定性升高，因而对此酶的连续测定对预后也有重要价值。如对此酶和 AST 一并测定，尽管 AST 在血清中的含量升高对原发性肌肉组织的损伤并非一个可信指标，但它的生物半衰期较长，有肌肉损害时在 7d 以内仍可保持升高；如果血清中肌酸磷酸激酶含量很快下降，AST 含量也缓慢下降，则提示肌肉没有受到进一步的损害。

11. 乳酸脱氢酶的检测

（1）检测原理　乳酸脱氢酶在辅酶的递氢作用下，使乳酸脱氢而生成丙酮酸。丙酮酸二硝基苯肼在碱性溶液中呈红棕色，显色的深度与内酮酸的浓度成正比。当用标准丙酮酸溶液做比色测定时，即可定量并进而推算出乳酸脱氢酶的活性。

（2）临床诊断价值　乳酸脱氢酶存在于肝脏、心肌、骨骼肌、肾脏等部位，当有肝脏实质损伤、肾脏疾病、白血病等疾病时升高。在急性肝炎和心肌损伤时明显升高，有胆道疾病时也升高。

12. 血浆二氧化碳结合力的检测

（1）检测原理　向血浆中加入一定量的盐酸后，血浆中的碳酸氢钠被中和，放出二氧化碳，再用氢氧化钠滴定剩余的盐酸，即可求出二氧化碳的含量。

（2）临床诊断价值　血液中存在碳酸氢根离子与碳酸的缓冲体系，当它们的量发生变化时，血液 pH 也就发生变化。当碳酸氢根离子浓度降低而碳酸浓度升高时，pH 降低，产生酸中毒；当碳酸氢根离子浓度升高而碳酸浓度降低时，则 pH 增高，产生碱中毒。测定二氧化碳含量，就是测定与钠结合的碳酸氢根离子内所含有的二氧化碳容量。通过测定二氧化碳含量来计算机体内碱的贮备量，以推断酸碱平衡的情况，从而为治疗疾病提供依据。在临床诊断上，血浆二氧化碳可发生如下变化：

①含量增加。

A. 代谢性碱中毒。是由于碳酸氢钠过多所致，如胃酸分泌过多、小肠梗阻、呕吐、摄入碱过多等。

B. 呼吸性酸中毒。是由于二氧化碳过多所致，当发生呼吸障碍时二氧化碳不能自由呼出，血液中碳酸浓度增加，见于肺气肿、肺炎、心力衰竭等。

②结合力减低。

A. 代谢性酸中毒。是由于碳酸氢钠不足所致，见于长期饥饿、肾炎后期、严重腹泻、服用氯化铵过多等。

B. 呼吸性碱中毒。是由于二氧化碳不足所致，如换气过度呼出的二氧化碳过多，见于发热性疾病、脑炎等。

13. 凝血时间的检测

（1）检测原理　凝血时间指离体静脉血与体外异物表面接触后，体内内源性凝血系统被激活，最后生成纤维蛋白而使血液凝固的时间。

（2）临床诊断价值

①凝血时间延长。见于重度贫血、肝脏严重损伤（凝血酶原、纤维蛋白原缺乏）、某些出血性疾病等。发生炭疽时，几乎不凝血。

②凝血时间缩短。多见于纤维素性肺炎等。

14. 出血时间的检测

（1）检测原理　毛细血管的自行止血功能，主要取决于毛细血管的收缩、血管内皮细胞的黏合能力、血小板黏合积聚和白色血栓的形成功能、血清素物质的释放及血浆中抗出血因子等因素。出血时间是鉴别出血性疾病及施行外科手术或肝脏、脾脏穿刺等为防止大量出血而必须检验的项目之一。

（2）临床诊断价值　动物出血时间延长，见于血小板减少性疾病、肝脏受损、维生素 K 缺乏、贫血及某些中毒等。

15. 自动生化分析仪及临床应用　自动生化分析仪是一种把生化分析中的取样、加试剂、去干扰、混合、恒温、反应、检测、结果处理，以及清洗等过程中的部分或全部步骤进行自动化操作的仪器。它完全模仿并代替了手工操作，实现了临床生化检验中的主要操作机械化、自动化。

自动生化分析仪的结构分为分析部分和操作部分，二者可分为两个独立单元，也可组合为一体机。分析部分主要由检测系统、样本和试剂处理系统、反应系统、清洗系统等组成；操作部分就是计算机系统，储存所有的系统软件，以控制仪器的运行和操作并进行数据处理。

第四节　尿液检测及临床诊断价值

尿液检测包括尿液理化检查及尿沉渣镜检，主要用于泌尿系统疾病的诊断与疗效判断，也可用于其他器官系统疾病诊断，如糖尿病、急性胰腺炎、黄疸、重金属中毒；还可用于药物检测，如用庆大霉素、磺胺类药物、抗肿瘤药等。

一、尿液的物理检测及临床诊断价值

（一）物理检测
包括颜色、透明度、气味和密度检测。

1. 颜色　健康奶牛的尿液呈草黄色或水样白色。在病理情况下，可能有血尿、血红蛋白尿（酱油色）、胆红素尿（深黄色、震荡后可产生黄色泡沫）等。

2. 透明度　健康奶牛的尿液透明、无沉淀物，病理情况下可变浑浊。

3. 气味　在病理情况下，尿液气味会发生改变。有膀胱炎、长久尿潴留时，尿液有刺鼻的氨臭味；尿道或膀胱有坏死化脓性炎症时，尿液有腐败的臭味；患酮血病时，尿液有丙酮味（烂苹果味）。

4. 密度　正常尿液密度因溶解于其中的固体物质的量而变化，密度高低与排尿量的多少成反比。但有糖尿病时例外，此时尿量多，密度也高。

（二）临床诊断价值

1. 尿密度增高　奶牛饮水过少，气温高而出汗多时尿量减少，密度增高，这是生理现象。在病理情况下，凡是伴有少尿的疾病，如发热性疾病、便秘及一切使机体失水的疾病（如严重胃肠炎、急性液胀性胃扩张、热射病等），则尿量少而浓稠密度也增高。此外，当有渗出性胸膜炎、腹膜炎、急性肾炎时，尿密度也会增加。

2. 尿密度降低　奶牛大量采食多汁的饲料和饮入大量水后，尿量增多，密度减低，这是正常现象。在病理情况下，肾功能不全，不能将原尿浓缩而发生多尿时，尿密度降低（糖尿病例外）。当有间质性肾炎、肾盂肾炎、非糖性多尿症、神经性多尿症、牛酮血病时，尿的密度也可降低。

二、尿液的化学检测及临床诊断价值

1. 酸碱反应

（1）检测方法　测定酸碱反应用 pH 试纸较为简便。

（2）临床诊断价值　正常情况下，奶牛尿液的 pH 为 8 左右。尿液变为酸性，见于长期食欲不振、营养不良，以及由某些原因引起的采食困难（如咽炎）或有营养代谢疾病（如骨软病、乳牛酮血病）等。

2. 尿蛋白

（1）检测原理　蛋白质遇酸类、重金属盐或中性盐时能发生沉淀，或加热、加酒精而凝固。

（2）临床诊断价值　健康奶牛的尿液中，仅含有微量的蛋白质，难以检出；但当喂饲大量蛋白质饲料、妊娠等时，可呈现一过性的蛋白尿。病理性蛋白尿主要见于急性及慢性肾炎。此外，有膀胱、尿道炎症时，亦可出现轻微的蛋白尿。多数的急性热性传染病、某些饲料中毒、某些毒物及药物中毒等也会出现蛋白尿。尿中蛋白含量高且持续不降，则表示病情严重，结局多属不良。

3. 尿中潜血　健康奶牛尿液中不含有红细胞或血红蛋白。尿液中不能用肉眼直接观察出来的红细胞或血红蛋白叫做潜血（或叫隐血），可用化学方法加以检查。

（1）检测原理　尿液中的血红蛋白或红细胞被酸破坏所产生的血红蛋白，有过氧化氢酶的作用，可以分解过氧化物产生氧，使联苯胺氧化呈蓝色的联苯胺蓝。

（2）临床诊断价值　尿中出现红细胞，多见于泌尿系统各部位出血，如急性肾小球肾炎、肾盂肾炎、膀胱炎、尿结石等。此外，当有出血性败血症、出血性钩端螺旋体病、炭疽等时，尿中也会出现潜血阳性反应。当有某些溶血性疾病，如新生犊牛的溶血性黄疸、血孢子虫病、中毒等时，尿中也可里出现潜血阳性。

4. 糖尿　糖尿一般指尿液中含有葡萄糖，有生理性糖尿和病理性糖尿两种。奶牛采食含糖量高的饲料或受到应激时，血糖水平超出肾阈值，尿液中就可能出现葡萄糖，这属于生理性糖尿，是暂时性的。病理性糖尿见于糖尿病、长期痉挛、脑膜炎出血等。

（1）检测原理　葡萄糖中含有醛基，在热碱溶液中能将硫酸铜还原为氧化亚铜，从而出现棕红色的沉淀。

（2）注意事项　如尿液内含大量蛋白质，则应先除去蛋白质再进行试验；当给患病奶牛使用某些药物时，如链霉素、金霉素、四环素、氯霉素、青霉素等，乳糖、半乳糖、果糖、麦芽糖或其他还原糖类及抗坏血酸、水杨酸盐、类固醇等，由于还原反应可产生假阳性葡萄糖反应。尿液内含多用尿酸盐时也有还原作用，会干扰结果的判定，应将尿液放置于冰箱内使尿酸盐沉淀，滤去后再做试验。冷藏尿液会出现假阴性反应，所以应将尿液加热到室温后再测。

（3）临床诊断价值　病理性糖尿，见于糖尿病、急性胰腺坏死或炎症、肾上腺皮质功能亢进、垂体前叶功能亢进或下丘脑损伤、脑内压增加、甲状腺功能亢进、慢性肝脏疾病、肾脏疾病等。暂时性糖尿又称生理性糖尿，多见于应激引起机体肾上腺素分泌增多及肾小管对葡萄糖的重吸收功能暂时性降低，也见于大量饲喂含糖的饲料或静脉注射葡萄糖等。

5. 尿酮体　对尿液中的酮体进行检验是奶牛疾病诊断中，确诊酮病的重要依据。酮体是 β-羟丁酸、乙酰乙酸和丙酮的总称，是体内脂肪代谢的中间产物，在肝脏内形成，经血液运送到骨骼肌、心脏、肝脏、肾脏等组织，进行氧化，生成二氧化碳和水。由某些原因造成碳水化合物不足时，可使脂肪大量分解，导致酮体氧化不全，而从尿液中排出，叫做酮尿。因为酮体和乙酰乙酸在尿液内出现最早，反应灵敏，故一般不做 β-羟丁酸检验。

（1）检测原理　新鲜尿液中的乙酰乙酸、丙酮在碱性溶液中与亚硝基铁氰化钠作用能产生紫红色的亚铁五氰化铁，后者在醋酸液中不但不褪色，而且颜色深度还会增加。

（2）临床诊断价值

①酮血症。妊娠期、低血糖时尿酮体阳性反应。注意区别严重酮血症和由于其他原因，如奶牛长时间不吃食物、剧烈运动、应激等引起的轻型酮血症和轻型酮尿。

②糖尿病。高血糖而缺乏糖的正常利用。

③持续性发热、酸中毒、高脂肪饲料、饥饿、慢性代谢性疾病。大量储存脂肪代谢的原因。当有恶性肿瘤、磷中毒及用氯仿或乙醚麻醉时，尿中酮体也会增多。

④内分泌紊乱。见于垂体前叶或肾上腺皮质功能亢进、过量雌性激素。

⑤其他。肝损伤、长时间呕吐、腹泻、传染病（能量不平衡引起）等。

三、尿沉淀检测

尿沉淀检测是指对尿液中无机沉淀物与有机沉淀物进行显微镜观察，对诊断泌尿系统疾病及某些全身性疾病有重要价值。将尿液送到化验室后，先检测其 pH，如是碱性尿，则立刻滴加 10% 醋酸溶液数滴，使尿液变为弱酸性。因为管型在碱性尿中最容易崩解。尿沉淀检测一般在采尿后 30min 内完成，在 1 000～3 000r/min 下离心 3～5min，去上清液，取沉淀检测。暂时不能检测时，应将尿液放入冰箱保存或加防腐剂。

1. 上皮细胞

（1）类型　鳞状上皮细胞（扁平上皮细胞）是个体最大的细胞，轮廓不规则，像薄盘，单独或几个连在一起。含有 1 个圆而小的核，是尿道前段和阴道上皮细胞，奶牛发情时在尿液中数量增多。有时可以成堆存在，类似移行上皮细胞的癌细胞和横纹肌肉瘤细胞。

①移行上皮细胞。是尿道、膀胱、输尿管和肾盂的上皮细胞，因来源不同，所以有圆形、卵圆形、纺锤形和带尾形细胞之分。细胞大小介于鳞状上皮细胞和肾小管上皮细胞之间，胞浆内常有颗粒结构，有 1 个小的核。

②肾小管上皮细胞。小而圆，具有 1 个较大圆形核的细胞，细胞质内有颗粒，比白细胞稍大，存在于新鲜尿液中。也常因细胞变性，导致细胞结构不够清楚。

（2）临床诊断价值　尿液中有一定数量的上皮细胞是正常现象。鳞状上皮细胞可能大量存在尿液中，尤其是母牛的导尿样本中，有时移行上皮细胞在尿液中也存在。在病理情况下，如有急性肾间质肾炎时，尿液中存在大量肾小管上皮细胞，但是常常难以辨认；有膀胱炎、肾盂肾炎、导尿损伤和尿石病时，移行上皮细胞在尿液中大量存在；有阴道炎和膀胱炎时，鳞状上皮细胞可能在尿液中大量存在；泌尿系统有肿瘤时，尿沉淀中有大量上皮肿瘤细胞存在。

2. 红细胞

（1）形态　尿液中的红细胞呈黄色，一般为圆形，在浓稠尿液中可能皱缩，表面带刺，颜色较深。在稀释低渗尿液中，形成1个无色环，称为影细胞或红细胞淡影。在碱性尿液中，红细胞和管型，甚至白细胞容易溶解。

（2）临床诊断价值　如果尿液中有红细胞，则表示泌尿生殖道某处出血，须注意区别导尿时引起的出血。

3. 白细胞　尿液中的白细胞多为中性粒细胞，也可见到少数淋巴细胞和单核细胞。

（1）形态　白细胞比红细胞大，比上皮细胞小。注意区别核，白细胞的核一般为多分叶核，但常由于变性而不清楚。

（2）临床诊断价值　正常尿液中存在一些白细胞，但量较少。白细胞多说明泌尿生殖道某处有感染或有龟头炎、子宫炎等。

4. 管型　管型一般形成在肾的髓袢、远曲肾小管和集合管，通常为圆柱状，有时为圆形、方形、无规则形或逐渐变细形。

（1）透明管型　透明管型由血浆蛋白和肾小管黏蛋白组成，为无色、均质、半透明、两边平行和两端圆形的柱状结构。在碱性或相对密度小于1.003的中性尿液中易溶解，所以不常见。高速离心有时也能破坏管型。透明管型多与肾脏受到中等程度刺激或损伤、热症、麻醉、循环紊乱等因素有关。

（2）颗粒管型　颗粒管型是在透明管型表面含有颗粒，这些颗粒是白细胞或肾小管上皮细胞破碎后的产物。大量的颗粒管型出现，表示有严重的肾脏疾病，甚至存在肾小管坏死，常见于任何原因的慢性肾炎、肾盂肾炎、细菌性心内膜炎等。

（3）肾小管上皮细胞管型　是由透明管型表面含有肾小管脱落的上皮细胞形成，常呈两列上皮细胞出现，见于急性或慢性肾炎、急性肾小管上皮细胞坏死、间质性肾炎、肾淀粉样变性、肾病综合征、肾盂肾炎、金属及其他化学物质中毒等。

（4）蜡样管型　蜡样管型呈黄色或灰色，比透明管型宽，高度折光，常发现折断端呈方形，见于慢性肾脏疾病，如进行性严重的肾炎和肾变性、肾淀粉样变性。

（5）脂肪管型　脂肪管型是透明管型表面含有无数反光的脂肪球，用苏丹Ⅲ可染成橘黄色，见于变性肾小管病、中毒性肾病和肾病综合征。

（6）血液和红细胞管型　血液管型，柱状均质，呈深黄色或橘色。红细胞透明管型呈深黄色，可以看到在管型中的红细胞，见于肾小球疾病，如急性肾小球炎、急性进行性肾炎、慢性肾炎急性发作、肾单位出血。

（7）白细胞管型　是白细胞粘在透明管型上，见于肾小管炎、肾化脓、间质性肾炎、肾盂肾炎、肾脓肿等。

5. 黏液线　黏液线是长而细、弯曲而缠绕的细线。暗视野下才能看到，尤其是当黏液线粘到其他物体上时比较容易看到。黏液线是尿道受到刺激或生殖道分泌物污染尿样所致。

6. 微生物

（1）细菌　只有在高倍镜下才能看到，其形态通过染色可以看得更清楚。正常尿液中无细菌，如果导的尿液、接的中段尿液或穿刺得到的尿液中含有大量杆状或球状细菌，则说明泌尿道有细菌感染。尤其是尿液中含有异常白细胞和红细胞时，见膀胱炎和肾盂肾炎。当有生殖道感染（如有子宫炎、阴道炎等）时，也可以看到尿沉淀中的细菌。

（2）真菌　对奶牛能造成危害的有白假丝酵母菌和马拉色菌。由污染引起的尿道感染酵母菌较少见，有时可见白假丝酵母菌尿道感染。芽生菌和组织胞浆菌也可引起全身的多系统（包括尿道）感染。

7. 结晶体　尿液中结晶体的形成与尿液 pH、晶质的溶解性和浓度、温度、用药等有关。检验应在采尿后立即进行。当在尿液中发现大量结晶体时，可能有尿结石存在。但有时发现奶牛有尿结石，而尿液中却无结晶体。尿酸盐结晶形成结石后，用 X 线拍片，因结石可透过 X 线，故很难显示出来。

亮氨酸和酪氨酸结晶，见于肝坏死、肝硬化、急性磷中毒；胱氨酸结晶，见于先天性胱氨酸病，另外有结石可能；胆固醇结晶，见于肾盂肾炎、膀胱炎、肾淀粉样变性、脓尿等；胆红素结晶，见于阻塞性黄疸、暴发急性肝衰竭、肝硬化、肝癌、急性磷中毒；尿酸铵结晶，见于门腔静脉分流、其他肝脏疾病、尿石病；磷酸铵铁结晶，见于正常碱性尿和伴有尿结石尿中；草酸盐结晶，见于乙二醇和某些植物中毒，在酸性尿中存在多量时可能是尿结石；马尿酸结石，见于乙二醇中毒；磺胺结晶，见于应用磺胺药物的治疗时。

第五节　粪便检测

粪便检测是临床上了解消化系统病理变化的一种辅助方法，主要包括以下内容。

一、感官检查

1. 气味　健康奶牛的粪便无难闻的臭味，但有酸臭味或腐败臭味时常见于肠炎、消化不良等。

2. 形状　粪便稀薄，无固有形状，见于肠炎、消化不良；呈算盘珠样，见于瓣胃阻塞。

3. 颜色　粪便颜色因饲料种类、内服药物及病理情况而不同。粪便呈黑色，见于胃及前部肠管出血；粪便表面附有红色血液，见于后部肠管出血。

二、pH 测定

一般用 pH 试纸测定粪便的 pH。奶牛的正常粪便呈弱碱性，当肠管内糖类发解过程旺盛时，粪便的酸度增加；当蛋白质腐败分解过程旺盛时，粪便的碱度增加，常见于胃肠炎等。

三、潜血检验

粪便中不能用肉眼直接观察出来的血液叫做潜血，整个消化系统不论哪一部分出血，都可使粪便含有潜血。

1. 原理　血红蛋白有过氧化氢酶的作用，它可分解过氧化氢而产生氧，使联苯胺氧化为联苯胺蓝而呈蓝色反应。

2. 临床诊断价值　见于出血性胃肠炎、牛创伤性网胃炎、皱胃溃疡及其他能引起胃肠道出血的疾病。

四、寄生虫卵检查

1. 原理　密度较小的线虫卵、绦虫卵及球虫卵囊等，可悬浮在饱和盐水中；密度较大的吸虫卵，可离心沉淀。用这种方法，将粪便涂在载玻片上可以观察到虫卵。

2. 器材与试剂
（1）器材　有载玻片、盖玻片、小烧杯、60 目金属铜筛、显微镜等。
（2）试剂　有饱和盐水。

3. 方法
（1）饱和盐水漂浮法　在 50mL 烧杯内，加少量饱和盐水，用竹签挑取不同部位的粪便 5～10g，在饱和盐水中调成糊状；再加饱和盐水，搅成稀水样；挑去大块粪渣，加饱和盐水至满，覆以载玻片。静置 30min，小心翻转载玻片，加盖玻片镜检。

（2）沉淀法　取粪便约 5g，加 50mL 水搅拌均匀，用金属筛过滤，滤液静置沉淀 20～40min；倾去上清液，保留沉渣，再加水混匀、沉淀。如此反复操作直到上层液体透明后，吸取沉渣镜检。

4. 观察　寄生虫的卵大小不一，观察时应注意形状、大小、卵壳、卵盖和卵细胞等。

第六节　瘤胃内容物检测

瘤胃内容物包含经口腔进入的食糜、瘤胃分泌物与脱落的组织。

一、物理检测

1. 气味　饲喂干草或青贮料的健康奶牛，其瘤胃液略呈发酵的芳香味。若有酸臭或腐败味，则多为瘤胃内过度发酵，见于瘤胃积食、臌气。

2. 颜色　健康奶牛的瘤胃液为浅绿色。若为黄褐色，则表示青贮料过饲；若为灰白色，则表示精饲料过饲；若为白色，则表示瘤胃酸中毒。

3. 黏稠度　用玻璃棒轻蘸少许瘤胃液观察。正常瘤胃液黏稠度适中。过于稀薄，见于瘤胃功能降低、酮病、瘤胃酸中毒；黏稠度增加且混有大量气泡，多为泡沫性臌气。

4. 沉渣　将瘤胃液倒入试管后观察。正常瘤胃液很快有沉渣出现，若沉渣过粗且成块，则多为瘤胃功能下降。

二、化学检测

1. pH 测定

（1）测定方法　用 pH 试纸条浸湿被检的新鲜瘤胃液后，立即与标准比色板比较，判断瘤胃液的 pH 范围。健康奶牛瘤胃液的 pH 一般为 6.0～7.0。

（2）临床诊断价值　pH 下降为乳酸发酵所致，见于过饲以碳水化合物为主的精饲料。当瘤胃功能降低和 B 族维生素显著缺乏时，pH 可降至 5.5 以下。奶牛过饲谷物（如玉米等）而发生瘤胃酸中毒时，pH 常在 4.0 左右。过饲以蛋白质为主的精饲料及瘤胃碱中毒时，微生物活动受到抑制，消化功能发生紊乱，pH 可达 8.0 以上。

2. 发酵试验

（1）检测原理　取滤过的瘤胃液 50mL，加入葡萄糖 40mg，置于糖发酵管中，于 37℃温箱中培养 60min，读取产生气体的毫升数。健康奶牛瘤胃液的发酵速度为 1～2mL/h，最多时可达 5～6mL/h。

（2）临床诊断价值　当有营养不良、食欲减退、前胃弛缓和某些发热性疾病时，糖发酵能力降低，产气量常在 0.5mL 以下。

3. 纤维素消化试验

（1）测定方法　取滤过的瘤胃液 10mL 盛于试管中，加入 10% 葡萄糖液 0.2～0.3mL；把棉线一端拴在一个玻璃球上，悬于滤液中，于 39℃恒温箱中观察棉线断裂的时间。

（2）临床诊断价值　棉线断裂的时间：健康奶牛在 38～54h，而消化机能减退的奶牛则在 60h 以上。

三、微生物学检测

（1）测定方法　可应用纤毛虫计数板，将瘤胃液过滤后计数。健康奶牛的瘤胃液中含有大量的纤毛虫。纤毛虫的种类繁多，大小差异甚大。它们对反刍动物的代谢过程有重要作用，所以计算纤毛虫的数量对疾病诊断和疗效观察都有一定的意义。

（2）临床诊断价值　瘤胃内的纤毛虫是正常消化必不可少的原虫。有前胃弛缓时，纤毛虫数量可降至 7.0 万个/mL；而有瘤胃积食及瘤胃酸中毒时，纤毛虫数量可降至 5.0 万个/mL 以下，甚至无纤毛虫。瘤胃内纤毛虫数量逐渐恢复，提示病情好转。

参 考 文 献

阿丽旦·吾普尔，2019. 牛常见寄生虫病的防治 [J]. 中国畜禽种业，15（7）：137.

白彩霞，2014. 奶牛行为信息的观察与分析原则 [J]. 畜牧兽医科技信息，454（10）：66.

白云龙，王刚，吴凌，等，2017. 酸性尿液的泌乳奶牛血/尿临床病理学变化 [J]. 黑龙江八一农垦大学学报，29（5）：21-24，53.

包玉林，火焱，红霞，等，2004. 荷斯坦乳牛休息行为与气候因素的关系 [J]. 内蒙古科技与经济（24）：77-78.

宝华，宋利文，张航，等，2019. 围产后期亚临床酮病对奶牛氧化应激、免疫功能和生产性能的影响 [J]. 饲料工业，40（15）：49-56.

毕玉香，2022. 牛流行热的临床症状与综合防治 [J]. 养殖与饲料，21（4）：104-105.

蔡双庆，侯喜林，2019. 牛传染性鼻气管炎的诊断与防治 [J]. 中国畜禽种业（12）：118.

柴同杰，刘文波，2005. 魏氏梭菌毒素疫苗研制及其免疫家兔抗体消长规律 [J]. 中国兽医学报，25（3）：259.

陈长江，范秀兰，谈明禄，等，2017. 青海省湟源县规模奶牛场布病、衣原体病和弓形虫病血清学调查分析 [J]. 青海畜牧兽医杂志，47（1）：33-35.

陈凤梅，程光民，范作良，等，2014. 规模化奶牛场生物安全体系的建立 [J]. 山东畜牧兽医，35（10）：72-73.

陈立伟，2016. 奶牛产后瘫痪的病因、症状与防治 [J]. 现代畜牧科技（8）：113.

陈溥言，2006. 兽医传染病学 [M]. 北京：中国农业出版社.

陈仁锋，2022. 弓形虫病的诊断与防治分析 [J]. 畜禽业（1）：125-126.

陈筱菲，2012. 自动生化分析仪分析技术 [J]. 临床检验杂志（电子版），1（1）：36-39.

代豪庆，李景芝，2022. 畜禽巴氏杆菌病的综合防控 [J]. 中国动物保健，24（4）：55-56.

丁原军，2017. 奶牛梨形虫病的临床表现、鉴别诊断和防治措施 [J]. 现代畜牧科技（7）：133.

丁治南，2019. 牛无浆体病的流行特点与研究进展 [J]. 中国动物保健，21（11）：45-47.

窦志，肖喜东，2018. 奶牛瘤胃酸中毒的防治与病例介绍 [J]. 中国乳业（4）：3.

杜琳，周雪，赵红梅，等，2016. 华北地区牛源无乳链球菌的分离鉴定及生物学特性 [J]. 微生物学通报，43（3）：567-574.

杜曼·米扎木汗，2015. 母牛卵巢囊肿病因、症状及防治方法 [J]. 现代畜牧科技（4）：109.

段建辉，赵保国，2014 集约化奶牛牧场应采取的防疫制度 [J]. 养殖技术顾问（8）：215.

段云峰，律娜，蔡峰，等，2020. 不同保存液和保存期限下肠道微生物组的变化 [J]. 生物工程学报，36（12）：2525-2540.

段真真，李佳，古力拜克然木·阿吾提，等，2019. 阿克苏地区牛感染嗜吞噬细胞无浆体病情况调查分析［J］. 当代畜牧（8）：16-17.

朵红，2012. 青海省东南部棘球蚴病流行病学及棘球绦虫基因多态性研究［D］. 兰州：甘肃农业大学.

冯晓玲，2020. 牛羊口蹄疫诊断与防制［J］. 畜牧兽医科学（电子版）（22）：48-49.

付瑶，王俊，齐志国，等，2021. 高产奶牛酮病发病机理及防治措施［J］. 中国奶牛（10）：28-31.

甘立芳，史文军，林为民，2018. 垦区奶牛蹄糜烂发病原因分析与应对［J］. 养殖与饲料（12）：3.

高丽霞，雒亚洲，郭爱萍，2010. 奶牛行为学浅议［J］. 中国乳业（6）：42-44.

高树，马广英，徐天海，等，2015. 奶牛卵巢性疾病的发病机理与诊治［J］. 中国奶牛（Z1）：20-25.

高腾云，付彤，廉红霞，等，2015. 集约化奶牛场粪污处理与循环利用［J］. 北方牧业（1）：18-19.

古丽娜尔·木斯塔法，2021. 牛巴氏杆菌病的防控［J］. 养殖与饲料，20（8）：98-99.

顾小梅，赵国友，薛永华，2019. 常见寄生虫虫卵、包囊和幼虫的一般鉴定［J］. 饲料博览（2）：83.

关向晖，2014. 牛莫尼茨绦虫病的病原与诊治［J］. 养殖技术顾问（4）：174.

郭娟，2019. 牛生殖道弯曲杆菌病的流行诊断及治控措施［J］. 饲料博览（7）：71.

郭启勇，柳国锁，钱军，等，2020. 奶牛酮病的研究进展［J］. 中国乳业，218（2）：74-77.

郭永丽，张君，张俊峰，等，2020. 牛白血病的危害及防控策略［J］. 中国动物检疫，37（7）：80-86.

韩博，苏敬良，吴培福，等，2006. 牛病学——疾病与管理［M］. 北京：中国农业大学出版社：390-391.

韩素勤，孙丹怀，范庆宗，1988，奶牛副结核综合诊断［J］. 中国兽医杂志，4（14）：29-30.

何宏刚，2019. 奶牛蹄叶炎的预防与治疗［J］. 畜牧兽医杂志，38（3）：93-95.

何继军，郭建宏，刘湘涛，2015. 我国口蹄疫流行现状与控制策略［J］. 中国动物检疫（6）：10-14.

何邵阳，2001. 牛结核病研究进展［J］. 预防兽医学研究进展，3（4）：34-39.

何小丽，李凡飞，张凯，等，2018. 国内外牛传染性鼻气管炎的流行现状及防控措施的研究进展［J］. 现代畜牧兽医（6）：53-57.

何治富，郑慧慧，王万，等，2021. 牛支原体病的研究进展及防控措施［J］. 兽医导刊（1）：127.

贺加双，马卫明，邓立新，等，2009. 牛蹄叶炎的研究进展［J］. 中国牛业科学，35（4）：48-50.

胡海燕，2016. 牛溶血性曼氏杆菌病的诊治［J］. 当代畜牧，9（2）：59.

胡鸿斌，2021. 牛蜱虫病的防治 [J]. 兽医导刊 (7)：34.

胡玉婷，杨发龙，2021. 溶血性曼氏杆菌及其毒力因子研究进展 [J]. 中国兽医杂志 (57)：59-63.

黄兵，董辉，朱顺海，等，2020. 世界牛球虫种类与地理分布 [J]. 中国动物传染病学报，28 (6)：1-18.

黄兵，沈杰，2006. 中国畜禽寄生虫形态分类图谱 [M]. 北京：中国农业科学技术出版社.

黄德生，李绍珠，2004. 无浆体病 [J]. 云南畜牧兽医 (4)：6.

黄光伟，2019. 畜禽养殖场蚊蝇危害与防治措施 [J]. 湖北植保 (3)：43-45.

黄学家，2020. 正确识别奶牛的行为信号 [J]. 中国乳业 (5)：42-45.

黄元年，2021. 奶牛产后瘫痪的病因、临床症状、鉴别诊断与防治 [J]. 中国动物保健，23 (11)：27-29.

及美拉，2021. 牛无浆体病的防控 [J]. 养殖与饲料，20 (8)：102-103.

季程远，张姝，黄舒烨，等，2015. 中草药提取物抗鸽毛滴虫病研究进展 [J]. 现代农业科技 (14)：275-278.

贾庆红，沈丽丽，2014. 奶牛产后瘫痪的综合防治 [J]. 养殖技术顾问 (3)：98-99.

江斌，吴胜会，林琳，等，2012. 畜禽寄生虫病诊治图谱 [M]. 福州：福建科学技术出版社.

江馗语，张文军，李静，等，2020. 辽宁地区肉牛常见寄生虫的防治对策 [J]. 现代畜牧兽医 (6)：30-33.

江涛，2021. 肉牛生殖道弯曲杆菌病的流行病学、临床症状、诊断方法及防治 [J]. 现代畜牧科技 (3)：147-148.

姜富贵，林雪彦，闫振贵，等，2018. 全混合日粮粗饲料水平对奶牛的挑食行为、瘤胃内容物及血清指标的影响 [J]. 动物营养学报，30 (7)：2561-2570.

姜海芳，2010. 牛边缘无浆体主要表面蛋白 5（MSP5）单克隆抗体的制备及抗原表位的鉴定 [D]. 大庆：黑龙江八一农垦大学.

姜强，2020. 奶牛蹄叶炎及综合防控 [J]. 畜牧兽医科技信息 (8)：121.

姜忠玲，姜连炜，李华涛，等，2021. 我国北方地区围产期奶牛乳热症发病率调查及分析 [J]. 中国兽医杂志，57 (6)：92-95.

靳纬坤，袁湘祥，王锦辉，等，2021. 基于大片吸虫分泌排泄产物层析组分的牛片形吸虫病间接 ELISA 诊断方法的建立 [J]. 中国畜牧兽医，48 (8)：3010-3018.

孔繁瑶，1997. 家畜寄生虫学 [M]. 北京：中国农业大学出版社.

孔繁瑶，2010. 家畜寄生虫学 [M]. 2版. 北京：中国农业大学出版社.

孔繁德，陈琼，1999. 我国家畜猝死症的病因与防治对策 [J]. 中国兽医杂志，25 (3)：50-52.

孔祥英，2020. 奶牛产后瘫痪的诊断与治疗 [J]. 畜牧兽医科技信息 (2)：1.

库尔班·衣米提，2017. 牛伊氏锥虫病的诊断和防治 [J]. 畜牧兽医科技信息 (7)：66-67.

兰彩霞，2016. 浅谈动物检测样品的采集、保存、运输 [J]. 中国畜牧兽医文摘，32 (2)：65.

李斌，2018. 牛无浆体病的流行特点与研究进展［J］. 今日畜牧兽医，34（7）：63.

李超，王明琼，赵永攀，等，2022. 围产期奶牛低钙血症血液生化指标分析［J］. 动物医学进展，43（3）：84-88.

李德光，王开功，周碧君，等，2009. 奶牛场蚊蝇体内细菌种类的调查［J］. 贵州农业科学，37（11）：111-112.

李福兴，尚德秋，2010. 实用临床布鲁菌病［M］. 哈尔滨：黑龙江科学技术出版社.

李富祥，李华春，2016. 溶血性曼氏杆菌病 TaqMan 荧光定量 PCR 检测方法的建立及应用［J］. 中国兽医科学，46（10）：1213-1218.

李桂芳，2020. 肉牛恶性卡他热的流行病学、临床症状、诊断及防治［J］. 现代畜牧科技（5）：47-48.

李国清，1999. 兽医寄生虫学［M］. 广州：广东高等教育出版社.

李国清，2006. 兽医寄生虫学：双语版［M］. 北京：中国农业大学出版社.

李宏敏，2022. 牛病毒性腹泻的危害、流行病学、诊断和防治措施［J］. 现代畜牧科技，88（4）：76-80.

李金岭，2021. 奶牛代谢性血红蛋白尿病的诊治实例［J］. 中国乳业（1）：31-32.

李金明，2020. 牛结节性皮肤病防治技术规范［J］. 兽医导刊（21）：4-5.

李晶，2012. 血清总蛋白测定方法及临床意义［J］. 中国现代药物应用，6（9）：28-29.

李明，2020. 奶牛蹄病的流行病学调查及防治［J］. 畜牧兽医科技信息（11）：2.

李清萍，2021. 瘤胃内容物在奶牛疾病诊疗中的应用［J］. 养殖与饲料，20（4）：69-70.

李胜利，曹志军，范学珊，2005. 试论调整时期我国奶牛养殖业健康发展的若干问题［J］. 中国乳业（4）：4-7.

李淑艳，2019. 如何应用奶牛信号提高牧场饲养管理水平［J］. 北方牧业（14）：22-23.

李帅辰，2020. 中性粒细胞活化及相关蛋白酶变化在奶牛急性蹄叶炎模型中的研究［D］. 哈尔滨：东北农业大学.

李天增，黄慧文，师新川，等，2021. 国内牛病毒性腹泻的流行病学调查与分析［J］. 中国奶牛（9）：36-39.

李伍杰，李孟波，2019. 粪便检查在奶牛生产中的应用［J］. 广西畜牧兽医，35（1）：33-35.

李祥瑞，2011. 动物寄生虫病彩色图谱［M］. 北京：中国农业出版社.

李小曼，曾澳，刘炳琦，等，2020. 奶牛新孢子虫病研究进展［J］. 浙江畜牧兽医，45（4）：11-12.

李晓波，2012. 奶牛蹄病的发生与诊治［J］. 中国畜牧兽医文摘（5）：124-124.

李新萍，陶岳，张孝恩，等，2017. 血清中钙、磷、镁、铜、铁、锌离子水平对奶牛乳房水肿的影响［J］. 中国奶牛（4）：41-43.

李奕欣，姜志刚，2021. 牛溶血性曼氏杆菌白细胞毒素、脂蛋白 E 和外膜蛋白 A 的免疫原性研究［J］. 中国预防兽医学报，7（43）：753-758.

李云霄，金鑫，张营，2007. 魏氏梭菌病诊断方法研究进展［J］. 动物医学进展，28（7）：88-93.

李志超，2016. 奶牛卵巢囊肿的发病原因和诊断［J］. 黑龙江动物繁殖，24（4）：25-26.

栗明来，2009. 延庆县奶牛梨形虫病流行病学调查与防治技术［D］. 北京：中国农业科学院.

廖景亚，2007. 来自奶牛的信号：蹄和行走指数评分［J］. 乳业科学与技术（2）：105-106.

林清，昝林森，2011. 规模化牛场粪污无害化处理及资源化利用方法探讨［J］. 家畜生态学报，32（1）：73-75.

凌丹，颜兴才，李城机，等，2021. 一例牛囊尾蚴病检疫处理及体会［J］. 广西畜牧兽医，37（6）：272-273.

刘保光，贺志沛，吴华，等，2013. 兽医临床肺炎克雷伯菌的流行现状及防治措施研究［J］. 农业灾害研究，3（8）：32-33.

刘芳，张培艺，2013. 牛吸虫病和牛胎毛滴虫病的诊断与防治［J］. 畜牧与饲料科学，34（3）：123-125.

刘海军，2013. 奶牛产后瘫痪的病因及防治［J］. 中国畜牧兽医文摘，29（6）：127.

刘焕奇，迟良，邹明，2016. 牛蹄叶炎的影响因素分析［J］. 中国动物检疫，33（1）：57-58.

刘景翠，2021. 奶牛新孢子虫病的防治措施分析［J］. 中国动物保健，23（6）：37-38.

刘倩，程娜，周岩，等，2013. 片形吸虫病研究进展［J］. 中国寄生虫学与寄生虫病杂志，31（3）：229-234.

刘群，李博，齐长明，等，2003. 乳牛新孢子虫病血清学检测初报［J］. 中国兽医杂志，39（2）：8-9.

刘仁磊，2021. 牛肺炎型巴氏杆菌病的防控方法［J］. 饲料博览（4）：96-97.

刘汝侯，许素梅，李群，2021. 犊牛大肠杆菌病的诊断和防控措施［J］. 农业工程技术，41（8）：83.

刘思国，于辉，宫强，等，2003. 牛结核病研究进展［J］. 畜牧兽医科技信息，19（10）：10-14.

刘思佳，赵圣国，郑楠，等，2020. 瘤胃微生物 RNA 提取中样品前处理方法的优化［J］. 微生物学杂志，40（1）：88-93.

刘晓雅，王朝好，李婷，等，2020. 牛支原体病诊断技术的研究进展［J］. 中国兽医科学，50（10）：1294-1300.

刘肖利，刘璐瑶，李镔罡，等，2022. 奶牛乳房炎源大肠埃希氏菌的耐药性分析和毒力基因检测［J］. 动物医学进展，43（1）：46-51.

刘兴奎，2020. 牛螨虫病的诊断及治疗［J］. 畜牧兽医科技信息（2）：110.

龙森，李鹏，尤丽霞，2010. 奶牛亚急性瘤胃酸中毒（SARA）防治措施［J］. 饲料工业，31（23）：61-64.

卢俊杰，2002. 人和动物寄生线虫图谱［M］. 北京：中国农业科学技术出版社.

陆承平，2001. 兽医微生物学［M］. 北京：中国农业出版社.

陆继宁，鄂玉飞，2018. 肉牛锥虫病的流行病学、临床症状、诊断及防治［J］. 畜牧兽医科技信息，3（39）：105.

陆游，南文龙，陈义平，等，2020. 牛结节性皮肤病诊断方法研究进展 [J]. 中国动物检疫，37（9）：82-88.

吕晓伟，敖日格乐，王纯洁，等，2006. 不同气候因素对荷斯坦奶牛维持行为的影响 [J]. 中国奶牛（7）：10-12.

罗可亮，2021. 奶牛蹄叶炎的致病机制与防治技术 [J]. 中国动物保健，23（7）：30-31.

罗鹏，丁艳艳，梁铁刚，等，2020. 牛冠状病毒病研究概况 [J]. 当代畜禽养殖业（7）：8-9.

罗世民，史海容，苏五珍，等，2021. 1 例牛莫尼茨绦虫病的防治 [J]. 养殖与饲料，20（11）：115-116.

罗晓平，李军燕，杨祥树，等，2019. 基于动物福利的羊捻转血矛线虫病防控技术研究进展 [J]. 动物医学进展，40（6）：69-72.

骆小梅，2021. 奶牛蹄叶炎的诊断和防治 [J]. 畜牧兽医科技信息（12）：90.

马丽，周璐露，张金凤，等，2020. 毛滴虫病研究进展 [J]. 动物医学进展，41（9）：97-101.

毛东杰，2019. 肉牛锥虫病的流行病学、临床特征和防治措施 [J]. 现代畜牧科技，12（60）：90-91.

孟凡曜，李富强，2021. 牛囊尾蚴病的诊治与预防 [J]. 畜牧兽医科技信息（8）：199.

孟根，2021. 新生犊牛牛白血病的风险因素及控制措施 [J]. 兽医导刊（19）：24-25.

孟莹，2013. 犬源毛滴虫的分离鉴定及其生物学特性研究 [D]. 长春：吉林大学.

苗春来，2017. 奶牛弓形虫病的临床表现、实验室诊断及防治措施 [J]. 现代畜牧科技（8）：145.

莫超越，黄贤元，2021. 网织红细胞检测及其在疾病诊治的临床应用研究进展 [J]. 检验医学与临床，18（15）：2288-2291.

牟达，2021. 牛无浆体病的诊断及防制 [J]. 吉林畜牧兽医，42（6）：63-66.

内蒙古蒙牛乳业股份有限公司（集团），2020. 牧场奶牛福利推广实施体系 [M]. 北京：中国农业出版社.

牛得亮，2017. 牛羊绦虫病的诊疗方案 [J]. 现代畜牧科技（9）：80.

牛国庆，武果桃，牛琛，等，2015. 奶牛生态低碳养殖技术 [J]. 山西农业科学，43（4）：447-449.

努尔波拉提·哈冷别克，2018. 牛螨病的流行病学、临床症状、诊断和防治措施 [J]. 现代畜牧科技（11）：63.

欧鲁木加甫，2019. 牛无浆体病流行特点与研究进展 [J]. 畜牧兽医科学（电子版）（8）：130-131.

潘丽丽，2020. 猪牛羊感染口蹄疫疫病防治对策分析 [J]. 中国畜禽种业，16（6）：123.

普利，2019. 牛血孢子虫病防治 [J]. 畜牧兽医科学（电子版）（10）：118-119.

齐长明，2006. 奶牛疾病学 [M]. 北京：中国农业科学技术出版社：14-15.

渠拥军，王越，程飞鹏，等，2022. 浅析牛流行热的流行特点、诊断和防治方法 [J]. 中国动物保健，24（3）：34-36.

冉小龙，2021. 牛乳房炎治疗与预防 [J]. 兽医临床科学（15）：41-42.

热万·克孜尔，2017. 如何治疗奶牛产后瘫痪 [J]. 畜牧兽医科技信息（3）：68-69.

赛尔江·哈力，2020. 牛链球菌性乳房炎的综合防控措施 [J]. 当代畜禽养殖业，22（6）：32-33.

沈思思，陈亮，冯万宇，等，2022. 牛冠状病毒研究进展 [J]. 动物医学进展，43（1）：112-116.

沈泰钰，2017. 亚急性瘤胃酸中毒奶牛生产性能、饲料能耗及粪尿排放特征的研究 [D]. 大庆：黑龙江八一农垦大学.

施立松，2021. 奶牛产后瘫痪的病因、临床症状分析与治疗 [J]. 中国动物保健，23（6）：42-48.

石晶，吕英，李庆章，2010. 乳酶作为奶牛隐性乳房炎诊断指标的研究进展 [J]. 中国乳品工业，38（8）：28-31.

石少英，卜登攀，赵勐，2004. 奶牛亚急性瘤胃酸中毒的研究进展 [J]. 中国牛业科学，40（6）：37-40.

石艳会，2019. 肉牛常见疾病及其防治 [J]. 疾病防控，9（11）：63.

史文军，林为民，孙新文，2018. 垦区奶牛蹄糜烂发病情况调查 [J]. 养殖与饲料（11）：3.

侍贤利，李鹏兴，2020. 奶牛酮病的发生原因，临床症状和防治措施 [J]. 中国动物保健，252（2）：32-32.

侍献成，2022. 牛病毒性腹泻的兽医治疗研究 [J]. 中国动物保健，24（3）：35-36.

斯钦图，2021. 肉牛无浆体病的流行病学、临床症状、诊断和防治措施 [J]. 现代畜牧科技（6）：137-138.

宋洁，王丽芳，张腾龙，等，2020. 复合植物提取物对乳腺炎奶牛生产性能、乳品质和免疫机能的影响 [J]. 动物营养学报，32（12）：5724-5732.

宋洁，张三粉，敖长金，等，2019. 内蒙古地区生鲜乳中体细胞数分析及其对产奶量、乳品质的影响 [J]. 动物营养学报，31（4）：1904-1909.

苏宏松，2016. 奶牛恶性卡他热的流行、诊断和预防 [J]. 当代畜禽养殖业（4）：26-27.

孙翠萍，2013. 畜牧业生物安全体系的探讨 [J]. 当代畜牧（23）：10-11.

孙昊，2020. 奶牛大肠杆菌病的综合防控 [J]. 现代畜牧科技，9（87）：159-160.

孙浩，耿广多，杜乐新，2014. 两例牛毛滴虫病的诊治体会 [J]. 中国乳业（4）：32-33.

孙可印，2020. 牛羊螨病的诊断和防治 [J]. 畜牧兽医科技信息（1）：69.

邰倩，2017. 宁夏地区永宁县牛支原体病流行病学调查及防治技术研究 [D]. 兰州：甘肃农业大学.

汤芬，2019. 猪牛口蹄疫病的防治对策研究 [J]. 畜禽业30（7）：88.

唐欣浩，张秀江，王连杰，等，2019. 河北省部分地区奶牛肢蹄病发病情况调查及防治效果 [J]. 中国兽医杂志，55（4）：4.

陶洁，洪天旗，王亨，等，2019. 我国牛病毒性腹泻流行现状与防控策略 [J]. 微生物学通报，46（7）：1850-1858.

田艾灵，朱兴全，黄思扬，2017. 片形吸虫排泄分泌产物的研究进展 [J]. 畜牧兽医学报，48（2）：201-206.

田进锡，2018. 奶牛产后瘫痪病因及防治措施 [J]. 中国畜禽种业，14（3）：1.

田克恭，李明，2013. 动物疫病诊断技术 [M]. 北京：中国农业出版社.

童树喜，2021. 牛流行热的流行病学调查及防治 [J]. 中国畜牧业（5）：72-73.

汪明，2003. 兽医寄生虫学 [M]. 北京：中国农业出版社：335-337.

王天宇，李继东，张志诚，等，2021. 牛支原体病流行病学及其诊断技术研究进展 [J]. 畜牧与兽医，53（12）：134-139.

王标，吴妍妍，陈红莉，等，2020. 犊牛链球菌性肺炎的诊断与防治 [J]. 现代畜牧兽医（8）：31-34.

王炳杰，2020. 奶牛酮病的诊断与防治方法 [J]. 中国乳业（11）：3.

王昌玉，王存军，单存松，2021. 奶牛肢蹄病的原因及防治措施 [J]. 中国乳业（1）：46-48.

王长江，王琴，沙依兰古丽，等，2013. 动物疫病净化的基本要求和方法探讨 [J]. 中国动物检疫，30（8）：40-43.

王超，2022. 我国牛病毒性腹泻病毒研究热点与趋势分析 [J]. 黑龙江畜牧兽医（6）：77-81.

王春璇，2013. 奶牛疾病防控治疗学 [M]. 北京：中国农业出版社：146-148.

王凤娟，何卫红，2020. 疫病监测采样的一般原则与采样方法 [J]. 山东畜牧兽医，41（6）：86-87.

王光华，2010. 产气荚膜梭菌的分子诊断与免疫研究 [D]. 北京：中国农业科学院.

王广生，张占东，张文志，等，2011. 奶牛产后瘫痪病因及治疗对策 [J]. 中国乳业（5）：48-50.

王宏博，高雅琴，郭天芬，等，2010. 奶牛亚急性瘤胃酸中毒的研究进展 [J]. 黑龙江畜牧兽医（19）：30-32.

王洪梅，姚琨，赵贵民，等，2013. 规模化奶牛场口蹄疫的免疫预防及生物安全防控措施 [J]. 中国畜牧杂志，49（6）：36-40.

王慧钢，2021. 夏季畜禽养殖场蚊蝇综合防治 [J]. 畜牧兽医科学（电子版）（14）：154-155.

王加启，2006. 现代奶牛养殖科学 [M]. 北京：中国农业出版社.

王金涛，桑学波，庄雨龙，等，2011. 奶牛蹄叶炎的发病机理与临床症状 [J]. 现代化农业（7）：31-32.

王可为，2009. 牛梨形虫病的防治 [J]. 当代畜牧（32）：73.

王乐，王晶，王丽娟，等，2019. 6 株奶牛乳房炎肺炎克雷伯菌的分离、鉴定及生物学特性 [J]. 中国兽医学报，39（6）：1202-1207.

王丽红，2021. 牛白血病的诊断和防治方法及措施 [J]. 中国畜禽种业，17（12）：66-67.

王玲，2021. 牛疥螨病防治 [J]. 中国动物保健，23（11）：30-32.

王敏，杨昆，冯苗，2017. 浅析奶牛蹄糜烂病的鉴别诊断及综合防治措施 [J]. 农技服务（11）：1.

王萍萍，高锐，2007. 曼氏杆菌病 [J]. 畜牧兽医科技信息 (10)：8-10.

王双林，刘义军，赵丽莉，2011. 关于畜禽场生物安全体系中动物福利的一些思考 [J]. 中国兽医杂志，47 (10)：91-92.

王薇，孙业富，韩东升，2019. 全自动血液分析仪在体液细胞计数中的应用 [J]. 吉林医学，40 (4)：837-839.

王文娟，王娟，2013. 奶牛产业生态环境存在的问题和解决措施 [J]. 中国动物保健，15 (4)：62-63.

王晓岑，刘群，张西臣，2019. 新孢子虫病免疫预防研究进展 [J]. 中国兽医学报，39 (10)：2096-2100.

王晓峰，2011. 畜牧业生物安全体系的探讨「J]. 畜牧兽医科技信息 (6)：29-30.

王孝云，2021. 牛囊尾蚴病及其防治方法 [J]. 今日畜牧兽医，37 (11)：96.

王秀莲，马鹏革，杨艳荣，等，2010. 动物疫病实验室诊断样品采集技术 [J]. 农业科学研究，31 (2)：95-96.

王秀清，韦人，徐平，等，2010. 奶牛规模养殖场及奶牛园区消毒防疫管理 [J]. 黑龙江畜牧兽医 (8)：22-23.

王雪，2018. 肉牛边虫病的流行病学、临床表现、诊断和防控 [J]. 现代畜牧科技 (9)：99.

王杨，2019. 奶牛酮病的发病原因、临床症状和防治措施 [J]. 现代畜牧科技，52 (4)：100-101.

王永艳，王仲兵，郑明学，等，2019. 牛传染性鼻气管炎的流行与防控 [J]. 动物医学进展 (1)：112-115.

王羽，王巍，2017. 诊治溶血性曼氏杆菌引发羊肺炎病例 [J]. 中国兽医杂志，3 (53)：110.

王志刚，2021. 家畜毛尾线虫病、毛圆线虫病的诊治 [J]. 畜牧兽医科技信息 (1)：60-61.

韦艺媛，俞英，2011. 奶牛乳房炎检测方法与分子抗病育种研究进展 [J]. 中国奶牛 (8)：52-58.

魏春光，2022. 奶牛产后瘫痪的病因、临床症状及防治措施 [J]. 现代畜牧科技 (1)：95-96.

魏佳，何国声，姚宝安，2005. 东毕吸虫病的研究进展 [J]. 河北科技师范学院学报，19 (1)：70-77.

乌冬其木格，2022. 牛结节性皮肤病防控现状与措施分析 [J]. 中国动物保健，24 (2)：24-25.

无公害生鲜乳生产质量安全控制规范，2015 [J]. 中国畜牧业 (21)：56-60.

吴愁，2017. 牛梨形虫病防治 [J]. 中国畜禽种业，13 (5)：116.

吴海云，2013. 几种新型电化学生物传感器的构建与应用研究 [D]. 太原：山西农业大学.

吴家斌，叶德海，张思哲，2011. 四种不同常用药物杀灭蚊幼虫（孑孓）效果比较试验 [J]. 畜禽业 (6)：12-13.

吴志明，刘光辉，2008. 纵观剖析动物免疫失败成因—规模化畜禽养殖场动物疫病控制现

状分析及防止对策 [J]. 中国动物保健 (4)：15-17.

吴志明，刘莲芝，李桂喜，2006. 动物疫病防控知识宝典 [M]. 北京：中国农业出版社 .

席晓敏，马晨，黄卫强，等，2014. 健康牛与乳房炎患牛乳中微生物多样性的比较研究 [J]. 中国奶牛 (17)：14-20.

肖定汉，2012. 奶牛病学 [M]. 北京：中国农业大学出版社 .

肖望成，殷文婷，张安洁，等，2021. 牛传染性鼻气管炎流行现状与防治分析 [J]. 中国奶牛 (1)：29-33.

肖喜东，顾洁，李海，等，2009. 奶牛蹄病的原因与防治对策 [J]. 中国乳业 (4)：2.

邢萌茹，刘慧敏，孟璐，等，2018. 奶牛乳房炎主要致病菌耐药性研究进展 [J]. 中国乳品工业，46 (9)：28-35.

徐国学，2020. 肉牛囊尾蚴病的流行病学、症状、屠宰检疫及防治措施 [J]. 现代畜牧科技 (7)：133-134.

徐慧，韦莉，2008. 溶血性曼氏杆菌 PCR 诊断试剂盒的研究 [J]. 微生物与人类健康科技论坛论文汇编 (12)：61-64.

徐腾腾，张腾龙，王丽芳，等，2019. 复合植物提取物对奶牛生产性能及血清免疫、抗氧化指标的影响 [J]. 动物营养学报，31 (12)：5707-5718.

薛飞，朱远茂，马磊，2016. 我国牛传染性鼻气管炎研究现状及防控展望 [J]. 中国奶牛 (6)：39-43.

薛华，2005. 发热——奶牛病重的信号 [J]. 北方牧业 (23)：20.

闫国庆，沈爱蓉，李宏伟，等，2013. 血细胞分析仪法和温氏法测定红细胞比容的比较 [J]. 实验与检验医学，31 (2)：193-194.

严作廷，王东升，王旭荣，等，2011. 我国奶牛主要疾病研究进展 [J]. 中国草食动物，31 (6)：69-72.

杨光友，2009. 动物寄生虫病学 [M]. 3 版 . 成都：四川科学技术出版社 .

杨恒，刘贤侠，高树，等，2013. 奶牛卵巢囊肿的发病调查与临床诊断 [J]. 中国奶牛 (3)：41-45.

杨金生，李琳，刘云志，等，2019. 奶牛产后瘫痪的诊断与综合防治 [J]. 中国乳业 (5)：4.

杨金雨，李赞，王丹，2018. 重新认识牛流行热及其疫苗 [J]. 中国奶牛 (5)：47-49.

杨开红，2013. 奶牛围产期血液生理生化指标动态变化的研究 [D]. 扬州：扬州大学 .

杨了寒，熊家军，张淑君，2015. 奶牛福利中的行为学应用 [C] //中国畜牧兽医学会动物福利与健康养殖分会成立大会暨首届规模化健康与福利养猪高峰学术论坛论文集：15-22.

杨茂胜，吴位珩，廖梅，等，2019. 牛梨形虫病的诊断与防治 [J]. 中国动物保健 (9)：34-35.

杨敏，王慧党，于潞，等，2016. 环介导等温扩增法检测牛奶中结核分枝杆菌条件的优化 [J]. 中国畜牧兽医，43 (7)：1688-1693.

杨铭伟，2015. 牛支原灭活疫苗的研制与免疫效果研究 [D]. 石河子：石河子大学 .

杨荣荣，张立新，杨帆，等，2021. 牛奶中布鲁氏菌检测技术研究进展 [J]. 草食家畜
　　（1）：26-32.

姚玉红，2007. 口蹄疫流行现状及防制措施 [J]. 中国公共卫生，23（6）：766-767.

叶树华，2008. 牛冠状病毒病的防治 [J]. 畜牧兽医科技信息（6）：39.

叶向光，2020. 常见医学蜱螨图谱 [M]. 北京：科学出版社.

殷国荣，2007. 医学寄生虫学 [M]. 2版. 北京：科学出版社.

于讳茹，2018. 血浆 GH 在奶牛产后的变化特征及其与亚临床酮病的相关性 [D]. 南宁：
　　广西大学.

于晋海，刘群，夏兆飞，2006. 牛新孢子虫病和弓形虫病的流行病学调查 [J]. 中国兽医
　　科学，36（3）：247-251.

俞海怡，沈金阳，李姣姣，等，2021. 一种新孢子虫病实时 RPA 快速检测方法的建立及应
　　用 [J]. 江苏海洋大学学报（自然科学版），30（4）：30-34.

袁晓丹，黄思扬，田艾灵，等，2019. 片形吸虫分子检测技术的研究进展 [J]. 中国兽医科
　　学，49（2）：241-246.

袁晓丹，王春仁，朱兴全，2019. 片形吸虫病的危害与防制 [J]. 中国动物传染病学报，27
　　（2）：110-113.

张芳，刘瑞宁，陈颖珏，等，2017. 牛传染性鼻气管炎诊断方法研究进展 [J]. 动物医学进
　　展，38（4）：93-957.

张凤莲，蔡强，2020. 牛蹄病的诊断与治疗 [J]. 兽医导刊（15）：1.

张葛欣，2016. 牛趾间皮炎和趾间蜂窝织炎的诊治 [J]. 养殖技术顾问（8）：130.

张海峰，2021. 牛肺炎链球菌病的综合诊断及防控措施 [J]. 中兽医学杂志（12）：51-52.

张惠祥，田玉平，2006. 奶牛饲养质量与营养代谢病 [M]. 银川：宁夏人民出版社.

张金柠，钱梦樱，唐永杰，等，2021. 金黄色葡萄球菌表面蛋白 A 对奶牛乳腺上皮细胞的
　　黏附作用 [J]. 畜牧兽医学报，52（5）：1369-1377.

张晶晶，2020. 浅谈牛冠状病毒 [J]. 中国动物保健，22（6）：30.

张瑞华，张克春，2010. 奶牛酮病致病机理及诊治方法研究进展 [J]. 上海畜牧兽医通讯
　　（1）：26-28.

张瑞阳，2015. 组学技术研究亚急性瘤胃酸中毒对奶牛瘤胃微生物代谢和上皮功能的影
　　[D]. 南京：南京农业大学.

张士义，朱岱，江森林，等，2003. 中国布鲁氏菌病防治 50 年回顾（续前）[J]. 中国地方
　　病防治杂志，18（6）：347-350.

张泰彪，朱新荣，2020. 荷斯坦牛血液中矿物质含量与常见疾病发病关系的研究 [J]. 中国
　　奶牛（3）：30-33.

张涛，杨莉，周景瑞，等，2021. 治疗牛支原体病复方中药提取工艺的优化及其体外抑菌
　　效果 [J]. 黑龙江畜牧兽医（14）：116-121，127.

张文波，魏玉明，齐明，2014. 牛场蚊蝇的危害及综合防控措施 [J]. 中国牛业科学，40
　　（5）：94-96.

张文财，刘得元，2010. 奶牛引进需要注意的问题 [J]. 现代农业科技（9）：325.

张文奎，康健，2014. 奶牛蹄病的发病原因与防治 [J]. 农民致富之友 (1)：1.

张新银，郭静，2019. 奶牛蹄趾间皮炎的病因分析与防治——以石河子下野地垦区为例 [J]. 养殖与饲料 (8)：98-100.

张幼成，1991. 奶牛疾病学 [M]. 2版. 北京：农业出版社.

张志梅，2022. 乳牛腐蹄病致病原因及防治措施 [J]. 福建畜牧兽医，44 (1)：2.

张智，刘泽，2022. 溶血性曼氏杆菌病 $PlpE$ 基因原核表达及间接 ELISA 方法的建立 [J]. 黑龙江畜牧兽医 (2)：79-84.

张祖勇，2016. 常见动物病原学检测样品活体采集技术 [J]. 贵州畜牧兽医，40 (1)：55-56.

赵红英，2022. 牛病毒性腹泻的诊断与防治 [J]. 兽医导刊 (5)：118-119.

赵建清，2019. 母牛卵巢囊肿的分析诊断和治疗 [J]. 饲料博览 (9)：69.

赵培盛，2022. 牛支原体病的防控技术 [J]. 兽医导刊 (2)：76-77.

赵其平，董辉，韩红玉，等，2006. 奶牛球虫卵囊检测方法研究 [C] // 中国畜牧兽医学会家畜寄生虫学分会第九次学术研讨会论文摘要集：65.

赵晓娟，2014. 奶牛蹄叶炎的发病原因及诊治 [J]. 浙江畜牧兽医 (2)：44-45.

赵占中，刘群，2004. 蹄叶炎：毒素、组织胺与代谢紊乱 [J]. 中国草食动物，24 (4)：29-30.

赵志杰，2021. 奶牛三类蹄病的诊断和防治 [J]. 畜牧兽医科技信息 (3)：2.

郑克雷，李慧虹，黄佳敏，等，2020. 犬源毛滴虫研究进展 [J]. 动物医学进展，41 (11)：104-107.

郑拓，苗艳，朱庆贺，等，2022. 牛冠状病毒感染的临床症状、诊断和防治 [J]. 现代畜牧科技 (1)：79-80.

钟华晨，王丽芳，张三粉，等，2020. 复合植物水提物对奶牛乳房炎致病菌的体外抑制效果 [J]. 饲料工业，41 (18)：17-22.

钟华晨，张三粉，冯小慧，等，2020. 植物提取物对奶牛乳房炎致病菌的抑菌效果研究 [J]. 黑龙江畜牧兽医 (23)：117-121，126.

周措吉，2022. 母牛产后瘫痪的病因与防治措施 [J]. 吉林畜牧兽医，43 (1)：76-78.

周良生，2017. 奶牛伊氏锥虫病的特点、临床症状、实验室检查及防治 [J]. 现代畜牧科技 (6)：128.

周清敏，2017. 奶牛常见蹄病的病因及治疗 [J]. 中国动物保健，19 (3)：49-50.

周岩，熊彦红，许学年，2018.《片形吸虫病诊断》标准解读 [J]. 中国寄生虫学与寄生虫病杂志，36 (4)：425-428.

朱奎玲，张超良，徐闯，等，2016. 酮粉法和血酮仪诊断奶牛酮病的效果评价 [J]. 黑龙江八一农垦大学学报，28 (6)：39-42.

朱立军，2014. 奶牛结核病的诊断与预防措施 [J]. 畜牧与饲料科，35 (9)：109-111.

朱兴全，2006. 小动物寄生中病学 [M]. 北京：中国农业科学技术出版社：136-139.

庄夕栋，2022. 牛支原体病的发病特点以及诊断和控制 [J]. 中国动物保健 (2)：28-30.

左铃兰，江国林，2009. 奶牛腐蹄病的诊治 [J]. 云南畜牧兽医 (3)：30.

左龙，2021. 肉牛瘤胃酸中毒的病因、临床特征、剖检变化和防治措施 [J]. 现代畜牧科技 (9)：95-96.

Abaker J A，Xu T L，Jin D，et al，2017. Lipopolysaccharide derived from the digestive tract provokes oxidative stress in the liver of dairy cows fed a high-grain diet [J]. Journal of Dairy Science，100 (1)：666-678.

Alvergnas M，Strabel T，Rzewuska K，et al，2019. Claw disorders in dairy cattle：effects on production，welfare and farm economics with possible prevention methods [J]. Livestock Science，222 (10)：54-64.

Amory J R，Barker Z E，Wright J L，et al，2008. Associations between sole ulcer，white line disease and digital dermatitis and the milk yield of 1824 dairy cows on 30 dairy cow farms in England and wales from February 2003 – November 2004 [J]. Preventive Veterinary Medicine，83 (3/4)：89-99.

Antanaitis R，Žilaitis V，Kučinskas A，et al，2015. Changes in cow activity，milk yield，and milk conductivity before clinical diagnosis of ketosis，and acidosis [J]. Veterinarija ir Zootechnika，70 (92)：3-9.

Aschenbach J R，Gäbel G，2000. Effect and absorption of histamine in sheep rumen：significance of acidotic epithelial damage [J]. Journal of Animal Science，78 (2)：464-470.

Aschenbach J R，Oswald R，Gabel G，2000. Transport，catabolism and release ofIhistamine in the ruminal epithelium of sheep [J]. Pflugers Archiv-EuropeanJournal of Physiology，440 (1)：171-178.

Aschenbach J R，Zebeli Q，Patra A K，et al，2019. Symposium review：the importance of the ruminal epithelial barrier for a healthy and productive cow [J]. Journal of Dairy Science，102 (2)：1866-1882.

Barbosa A A，Luz G B，Rabassa V R，et al，2016. Concentration of minerals in the hoof horny capsule of healthy and lame dairy cows [J]. Semina Ciencias Agrarias，37 (3)：1423-1429.

Bergsten C，2001. Effects of conformation and management system on hoof and leg diseases and lameness in dairy cows [J]. Veterinary Clinics of North America：Food Animal Practice，17 (3)：1-23.

Bergsten C，2003. Causes，risk factors，and prevention of laminitis and related claw lesions [J]. Acta Veterinaria Scandinavica，44 (1)：1-10.

Bergsten C，Telezhenko E，Ventorp M，et al，2015. Influence of soft or hard floors before and after first calving on dairy heifer locomotion，claw and leg health [J]. Animals，5 (2)：662-686.

Bramley E，Costa N D，Fulkerson W J，et al，2013. Associations between body condition，rumen fill，diarrhoea and lameness and ruminal acidosis in Australian dairy herds [J]. New Zealand Veterinary Journal，61 (6)：323-329.

Chapinal N, Leblanc S J, Carson M E, et al, 2012. Herd-level association of serum metabolites in the transition period with disease, milk production, and early lactation reproductive performance [J]. Journal of Dairy Science, 95: 5676-5682.

Chapwanya A, Usman A Y, Irons P C, 2016. Comparative aspects of immunity and vaccination in human and bovine trichomoniasis: a review [J]. Tropical Animal Health and Produciton, 48 (1): 1-7.

Chirico J, Jonsson P, Kjellberg S, et al, 2010. Summer mastitis experimentally induced by Hydrotaea irritans exposed to bacteria [J]. Medical and Veterinary Entomology, 11 (2): 187-192.

Cláudia B, Rosangela E Z, Letícia T G, et al, 2020. Bovine genital campylobacteriosis: main features and perspectives for diagnosis and control [J]. Ciência Rural, 50: 3.

Cook N B, Ward W R, Dobson H, 2001. Concentrations of ketones in milk in early lactation, and reproductive performance of dairy cows [J]. Veterinary Record, 148 (25): 769-772.

Donovan G A, Risco C A, Temple D C, et al, 2004. Influence of transition diets on occurrence of subclinical laminitis in Holstein dairy cows [J]. Journal of Dairy Science, 87 (1): 73-84.

Enemark J, 2008. The monitoring, prevention and treatment of subacute ruminal acidosis (SARA): a review [J]. Veterinary Journal, 176 (1): 32-43.

Golder H M, Celi P, Rabiee A R, et al, 2012. Effects of grain, fructose, and histidine on ruminal pH and fermentation products during an induced subacute acidosis protocol [J]. Journal of Dairy Science, 95 (4): 1971-1982.

Gutema F D, Shiberu T, Agga G E, et al, 2020. Bovine cysticercosis and human taeniasis in a rural community in Ethiopia [J]. Zoonoses and Public Health, 67: 525-533.

Hoberg E P, Lichtenfels J R, Gibbons L, 2004. Phylogeny for species of Haemonchus (Nematoda: Trichostrongyloidea): considerations of their evolutionary history and global biogeography among Camelidae and Pecora (Artiodactyla) [J]. Journal of Parasitology, 90 (5): 1085-1102.

Jan Hulsen, 2011. 奶牛信号——牧场管理的实用指南 [M]. 李胜利译. 北京: 中国农业大学出版社.

Jewell M T, Cameron M, Mckenna S L, et al, 2021. Relationships between type of hoof lesion and behavioral signs of lameness in Holstein cows housed in Canadian tie stall facilities [J]. Journal of Dairy Science, 104 (1): 937-946.

Jurdak R, Elfes A, Kusy B, et al, 2015. Autonomous surveillance for biosecurity [J]. Trends Biotechnology, 33 (4): 201-207.

Kim D, Kim E K, Seong W J, et al, 2017. Identification of microbiome with 16S rRNA gene pyrosequencing and antimicrobial effect of egg white in bovine mastitis [J]. Korean Journal of Veterinary Research, 57 (2): 117-126.

Konishi M, Kobayashi S, Tokunaga T, et al, 2019. Simultaneous evaluation of diagnostic marker utility for enzootic bovine leukosis [J]. BMC Veterinay Research, 15 (1): 406.

Kremer P V, Nueske S, Scholz A M, et al, 2007. Comparison of claw health and milk yield in dairy cows on elastic or concrete flooring [J]. Journal of Dairy Science, 90 (10): 4603-4611.

Kristensen E, Jakobsen E B, 2011. Danish dairy farmers' perception of biosecurity [J]. Preventive Veterinary Medicine, 99 (2/4): 122-129.

Lauren J O C, Stephen W, Walkden B, et al, 2006. Ecology of the free-living stages of major trichostrongylid parasites of sheep [J]. Veterinary Parasitology, 142 (1): 1-15.

Lean I J, Westwood C T, Golder H M, et al, 2013. Impact of nutrition on lameness and claw health in cattle [J]. Livestock Science, 156 (1/3): 71-87.

Linda J S, 2010. Bovine repiratory coronavirus [J]. Veterinary Clinics of North America-Food Animal Practice, 26 (2): 394-364.

Liu L, Li X, Li Y, et al, 2014. Effects of nonesterified fatty acids on the synthesis and assembly of very low density lipoprotein in bovine hepatocytes in vitro [J]. Journal of Dairy Science, 97 (3): 1328-1335.

Livesey C T, Fleming F L, 1994. Nutritional influences on laminitis, sole ulcer and bruised sole in Friesian cows [J]. Veterinary Record, 114 (21): 510-512.

Marchesini G, De Nardi R, Gianesella M, et al, 2013. Effect of induced ruminal acidosis on blood variables in heifers [J]. BMC Veterinary Research, 9 (1): 98.

Martin S, James C, Leopold G, et al, 2009. Defining postpartum uterine disease and the mechanisms of infection and immunity in the female reproductive tract in cattle [J]. Biology of Reproduction, 81 (6): 1025-1032.

Mcart J A, Nydam D V, Oetzel G R, 2012. Epidemiology of subclinical ketosis in early lactation dairy cattle [J]. Journal of Dairy Science, 95: 5056-5066.

Midla L T, Hoblet K H, Weiss W P, et al, 1998. Supplemental dietary biotin for prevention of lesions associated with aseptic subclinical laminitis (pododermatitis aseptica diffusa) in primiparous cows [J]. American Journal of Veterinary Research, 59 (6): 733-738.

Miles S, Magnone J, García-Luna J, et al, 2021. Ultrastructural characterization of the tegument in protoscoleces of Echinococcus ortleppi [J]. International Journal for Parasitology, 51 (12): 989-997.

Moser E A, Divers T J, 1987. Laminitis and decreased milk production in first-lactation cows improperly fed a dairy ration [J]. Javma-Journal of the American Veterinary Medical Association, 190 (12): 1575-1576.

Narsapur V S, 1998. Pathogenesis and biology of anoplocephaline cestodes of domestic animals [J]. Annales de Recherches Veterinaires, 19 (1): 1-17.

Neveux S, Weary D M R, Rushen J, et al, 2006. Hoof discomfort changes how dairy cattle distribute their body weight [J]. Journal of Dairy Science, 89 (7): 2503-2509.

Ott S L, Wells S J, Wagner B A, 1999. Herd-level economic losses associated with Johne's disease on US [J]. Dairy Operations, 40 (34): 179-192.

Patton J, Kenny D A, McNamara S, 2007. Relationships among milk production, energy balance, plasma analytes, and reproduction in Holstein-Friesian cows [J]. Journal of Dairy Science, 90 (2): 649-658.

Perez M A, Charfeddine N, 2016. Short communication: association of foot and leg conformation and body weight with claw disorders in Spanish Holstein cows [J]. Journal of Dairy Science, 99 (17): 9104-9108.

Plaizier J C, Khafipour E, Li S, et al, 2012. Subacute ruminal acidosis (SARA), endotoxins and health consequences [J]. Animal Feed Science and Technology, 172 (1/2): 9-21.

Reichel M P, Alejandra A M, Gondim L F, et al, 2013. What is the global economic impact of *Neospora caninum* in cattle-the billion dollar question [J]. International Journal For Parasitology, 43: 133-142.

Roberts M C, 2010. Pseudomonas aeruginosa mastitis in a dry non-pregnant pony mare [J]. Equine Veterinary Journal, 18 (2): 146-147.

Robles I, 2020. Associations of free stall design and cleanliness with cow lying behavior, hygiene, lameness, and risk of high somatic cell count [J]. International Journal of Dairy Science, 104 (2): 2231-2242.

Sagliyan A, Gunay C, 2020. Prevalence of lesions associated with subclinical laminitis in dairy cattle [J]. Israel Journal of Veterinary Medicine, 65 (1): 27-33.

Santschi D E, Lacroix R, Durocher J, et al, 2016. Prevalence of elevated milk β-hydroxybutyrateconcentrations in Holstein cows measured by Fourier-transforminfrared analysis in dairy herd improvement milk samples and association with milk yield and components [J]. Journal of Dairy Science, 99: 9263-9270.

Schoepke K, Weidling S, Pijl R, et al, 2013. Relationships between bovine hoof disorders, body condition traits, and test-day yields [J]. Journal of Dairy Science, 96 (1): 679-689.

Singh Y, Lathwal S S, Tomar S K, et al, 2011. Role of biotin in hoof health and milk production of dairy cows [J]. Animal Nutrition & Feed Technology, 11 (2): 293-302.

Teske S S, Huang Y, Tamrakar S B, et al, 2011. Animal and human dose-response models for brucella species [J]. Risk Analysis, 31: 1576-1596.

Todd D D D, 2000. Subclinical ketosis in lactating dairy cattle [J]. Veterinary Clinics of North America Food Animal Practice, 16 (2): 231-253.

Walker P J, Klement E, 2015. Epidemiology and control of bovine ephemeral fever [J]. Veterinary Research, 46: 124.

Waller P J, Rudby M L, Ljungstrm B L, et al, 2004. The epidemiology of abomasal nematodes of sheep in Sweden, with particular reference to over-winter survival strategies [J]. Veterinary Parasitology, 122 (3): 207-220.

Warnick L D, Janssen D, Guard C L, et al, 2001. The effect of lameness on milk production in dairy cows [J]. Journal of Dairy Science, 84 (9): 1988-1997.

Webster A J, 2001. Effects of housing and two forage diets on the development of claw horn lesions in dairy cows at first calving and in first lactation [J]. Veterinary Journal, 162 (1): 56-65.

Yousef A A, Suliman G A, Elashry O M, et al, 2010. A randomized comparison between three types of irrigating fluids during transurethral resection in benign prostatic hyperplasia [J]. BMC Anesthesiology, 10 (1): 7.

Zhang G, Dervishi E, Dunn S M, et al, 2017. Metabotyping reveals distinctmetabolic alterations in ketotic cows and identifies early predictive serumbiomarkers for the risk of disease [J]. Metabolomics, 13 (4): 43.

进境牛检疫疫病

奶牛疾病检测试剂盒

奶牛生理指标

牛的一、二、三类疫病